药食同源物质的活性成分提取及在面条制品中的应用研究

李翠翠 著

哈尔滨工业大学出版社

内 容 简 介

本书系统地阐述了药食同源物质的活性成分提取及在面条制品中的应用。全书共 9 章，分别介绍了药食同源的起源与发展、我国药食同源食品产业的发展、活性成分的提取与分离、面条的发展与研究现状、桔梗总皂苷的提取纯化及性质研究、黄精多糖的提取及对面条品质的影响、山茱萸面条的研发及品质研究、功能面条的研发及展望。

本书可作为从事天然产物分离分析、功能面制品加工、谷物资源利用等相关研究领域的专业技术人员及研究生的参考用书。

图书在版编目（CIP）数据

药食同源物质的活性成分提取及在面条制品中的应用研究 / 李翠翠著. — 哈尔滨：哈尔滨工业大学出版社，2022.7（2024.6 重印）

ISBN 978-7-5767-0257-6

Ⅰ. ①药… Ⅱ. ①李… Ⅲ. ①植物-生物活性-化学成分-研究 ②面条-食品加工 Ⅳ.①Q942.6 ②TS213.24

中国版本图书馆 CIP 数据核字（2022）第 123281 号

策划编辑　王桂芝
责任编辑　张　颖
出版发行　哈尔滨工业大学出版社
社　　址　哈尔滨市南岗区复华四道街 10 号　邮编 150006
传　　真　0451-86414749
网　　址　http://hitpress.hit.edu.cn
印　　刷　辽宁新华印务有限公司
开　　本　720 mm×1 000 mm　1/16　印张 17.5　字数 300 千字
版　　次　2022 年 7 月第 1 版　2024 年 6 月第 2 次印刷
书　　号　ISBN 978-7-5767-0257-6
定　　价　99.00 元

前　言

随着经济发展和社会进步，追求健康已经成为人们较为关心的话题之一。《"健康中国2030"规划纲要》提出"人民身体素质明显增强，2030年人均预期寿命达到79.0岁，人均健康预期寿命显著提高"和"全民健康素养大幅提高，健康生活方式得到全面普及"的目标。现代人已将中医药和食疗作为养生保健的主要手段，努力提高自身的健康水平。来源于药食同源物质的有效成分主要有黄酮类、生物碱类、多糖类、挥发油类、醌类、萜类、木脂素类、香豆素类、皂苷类、强心苷类、酚酸类及氨基酸与酶等，这些物质既有中医药的功效属性，又有食品属性，可作为提高全民身体健康素质的有效途径。

我国丰富的资源优势和积极的农业政策扶持促生了众多面条企业的成长和发展，已经形成大规模的面条产业集群，拥有一系列面条品牌，它们成为我国面条产业的主力军，对我国面条制品工业的发展起举足轻重的作用，在解决好"三农"问题方面发挥了重要作用。然而，随着我国面条工业的快速发展，也暴露出较多问题，如面条整体档次偏低、新产品研发能力不足、产业体系发展不平衡、缺乏对面条内在品质的研究等，严重限制了我国食品工业的快速发展，明显感觉后继无力，发展潜力已经受到较大影响。

现阶段，人们对自身健康更加重视，消费者对食品的要求也越来越高，面制品开始向营养化、保健化、功能化转变。单纯以小麦面粉加工的传统面条制品已难以满足消费者的需求，研发符合现代主食消费观的新型面条产品成为推动传统主食面条工业化发展的方向和动力。目前，围绕杂粮面、营养强化面、果味面、蔬菜面、功能性挂面等面条开展产品研发及相关理论研究成为热点。

本书围绕药食同源物质在面条中的应用展开研究，探讨了桔梗、黄精、山茱萸、山药、白扁豆、茯苓、西洋参等物质活性成分提取方法和它们对面条品质的影响。

第 1 章概述了药食同源的起源与发展；第 2 章介绍了我国药食同源食品产业的发展；第 3 章概述了活性成分的提取与分离；第 4 章介绍了面条的发展与研究现状；第 5 章阐述了桔梗总皂苷的提取纯化及性质研究；第 6 章研究了黄精多糖的提取及对面条品质的影响；第 7 章介绍了山茱萸面条的研发及品质研究；第 8 章介绍了功能面条的研发；第 9 章为展望。

本书由南阳理工学院李翠翠撰写，在本书的研究和撰写过程中，得到了河南工业大学陆启玉教授，郑州轻工业大学纵伟教授、张华教授以及河南农业大学黄现青教授、张剑教授等的悉心指导，也得到了南阳理工学院科研处、研究生处以及张仲景康养与食品学院的领导、专家们的大力支持和帮助，在此一并表示感谢。

由于作者水平有限，书中疏漏及不足之处在所难免，请各位读者多提宝贵意见！

作　者

南阳理工学院

2022 年 4 月

目　　录

第1章 药食同源的起源与发展

在中医药行业，习惯按照传统将既是食品又是中药材的物质称为药食同源物质。肖培根院士将"药食同源"诠释为"药食两用""药食同理""药食同用"等更为丰富的内涵。2021年11月，国家卫生健康委员会发布关于印发《按照传统既是食品又是中药材的物质目录管理规定》（以下简称《管理规定》，国卫食品发〔2021〕36号）的通知，标志着我国药食同源物质管理从20世纪80年代开始，经过前期探索、试点及调整，历经40余年，正式进入依法管理阶段。同时，《管理规定》的出台也标志着我国药食同源物质相关产业不再是介于药品与食品的边缘产业，而正式成为中医药行业不可或缺的组成部分。药食同源物质管理是我国药品食品管理体系的创新，也是对我国中医药历史和习惯的尊重，体现了我国药品食品监管的科学与智慧。药食同源物质的规范化发展必然为实现《"健康中国2030"规划纲要》目标、深化卫生体制改革、应对老龄化社会养生保健需求提供强大助力。

1.1 药食同源概念的起源

1.1.1 "食"是人类进化的主要动力之一

《汉书·郦食其传》记载："民以食为天"。"食"一直是人类甚至所有生命体面临的首要问题，食物在一定程度上影响了人类的进化和发展方向。现代分子生物学和解剖学证据显示，人类祖先（智人）起源于非洲。古代非洲热带雨林所产的各种水果及植物占据了早期人属动物70%以上的食物来源。人类从发明狩猎工具、学会用火及探索群体合作模式后才开始能捕猎大型动物，吃肉才开始普遍起来，肉食对人类增加能量摄入和推动人脑的进化具有重要意义。随着东非的气候由暖湿变为冷干，非洲生态类型开始由热带雨林向稀树草原过渡，生态结构变化导致人类向狩猎采集社会过渡，据估计，狩猎采集社会56%～65%的营养素来源于动物。随着人类文明进程加速，人类狩猎能力不断进步，人类数量不断增加，可狩猎动物数量不断减少，近 1 万年来人类开始驯化动物和种植谷物，逐步步入农耕文明。

1.1.2　在寻找食物的过程中发现药

古代传说认为，神农氏是我国从狩猎文明向农耕文明转化的主要推动者，神农氏的两大发明：一是医药，有神农尝百草的传说；二是耕稼，即神农教会人们"察酸苦之味""食五谷种庄稼"。三皇五帝时期，相传大禹因治水有功建立我国历史上第一个王朝——夏朝，由于夏朝年代久远，文献资料极少，但可以查到精通烹调技艺的庖人烹饪药物以便于服用的资料。发展到周代，朝廷所设立的医疗机构中就有"食医"这一职位，《周礼·天官》称食医"掌和王之六食、六饮、六膳、百馐、百酱、八珍之齐"，疾医则是"掌养万民之疾病"。至此，人们对食品和药品的认知已经达到一定高度，食品和药品开始逐步分离出来。

1.1.3　药食殊途

人类文明进入春秋战国时期，关于食品和药品的传世著作逐步丰富，从资料可见，当时药食同源理论已经达到相当高的水平，尤其是《黄帝内经》对自然与人体、食物与药物的认知至今都难以超越。《黄帝内经·素问》记载："毒药攻邪，五谷为养，五果为助，五畜为益，五菜为充，气味合而服之，以补精益气"，认为药和毒一样主要用于治病，而食物则用于补精气。

发展到东汉末期，《神农本草经》将本草分为上、中、下三品，其中"上药一百二十种，为君，主养命以应天，无毒。多服、久服不伤人。欲轻身益气，不老延年者，本上经"。虽然现代科学看来，上品未必真正安全，但上、中、下三品分类在一定程度上为药食同源发展奠定了基础。

唐代药王孙思邈对食品与药品的理解已鞭辟入里，在《黄帝内经》之后再创新高。孙思邈在《千金方·食治》中记载："安身之本，必资于食；救疾之速，必凭于药。不知食宜者，不足以存生也，不明药忌者，不能以除病也。"他还指出："夫为医者，必须先洞晓病源，知其所犯，以食治之；食疗不愈，然后命药。"由此可见孙思邈对药食已经有非常精辟的认识。《食疗本草》中总结了唐代以前的食疗成果，为我国现存最早的食疗专著。

宋代《太平惠民和济局方》中收集了历代方书和民间验方，并专门论述了食疗方剂；后世医家论著如《救荒本草》《本草纲目》等对药食同源物质和使用进行了不同程度的完善；在清代王公贵族中，食疗药膳风靡一时，《清宫秘方》《清宫食谱》中均有相关记载。

清末鸦片战争之后，西方医学传入中国，中医药地位受到较大的影响，药食同源产业发展也进入低谷期。北洋政府教育部于 1912 年 11 月颁布《医学专门学校规程》和《药学专门学校规程》，其中医学科目 48 种，药学科目 31 种，均无中医药学内容，完全将中医药学排斥在医学教育系统之外。1929 年，中华民国国民政府采取了反中医的政策，甚至通过《废止中医案》，对中医药的发展造成严重阻碍。1936 年颁布的《中医条例》中仍然存在许多歧视、排斥中医药的内容。直到中华人民共和国成立后，中医药地位的巩固和发展取得了一系列进展，从事中医药教学的专家学者编撰了药膳、食疗类专著，如《食物中药与便方》《实用食物疗法》《食补与食疗》《中国药膳学》《中国食疗学》《药食两用物质诠释》，药食同源产业步入规范化发展阶段。

1.2　我国药食同源物质的界定

根据《中华人民共和国食品卫生法（试行）》第八条规定，既是食品又是药品的物品有：①第 1 批，含八角、茴香、刀豆、姜（生姜、干姜）、枣（大枣、酸枣、黑枣）、山药、山楂、小茴香、木瓜、龙眼肉（桂圆）、白扁豆、百合、花椒、芡实、赤小豆、佛手、青果、杏仁（甜、苦）、昆布、桃仁、莲子、桑椹、菊苣、淡豆豉、黑芝麻、胡椒、蜂蜜、榧子、薏苡仁、枸杞子、乌梢蛇、蝮蛇、酸枣仁、牡蛎、栀子、甘草、代代花、罗汉果、肉桂、决明子、莱菔子、陈皮、砂仁、乌梅、肉豆蔻、白芷、菊花、藿香、沙棘、郁李仁、青果、薄荷、丁香、高良姜、白果、香橼、火麻仁、桔红、茯苓、香薷、薤白、红花、紫苏。②第 2 批，含麦芽、黄芥子、鲜白茅根、荷叶、桑叶、鸡内金、马齿苋、鲜芦根。③第 3 批，含蒲公英、益智、淡竹叶、胖大海、金银花、余甘子、葛根、鱼腥草。

根据中华人民共和国卫生部发布的《保健食品管理办法》的规定，可用于保健食品的物品有：人参、人参叶、人参果、三七、土茯苓、大蓟、女贞子、山茱萸、川牛膝、川贝母、川芎、马鹿胎、马鹿茸、马鹿骨、丹参、五加皮、五味子、升麻、天门冬、天麻、太子参、巴戟天、木香、木贼、牛蒡子、牛蒡根、车前子、车前草、北沙参、平贝母、玄参、生地黄、生何首乌、白芨、白术、白芍、白豆蔻、石决明、石斛（需提供可使用证明）、地骨皮、当归、竹茹、红花、红景天、西洋参、吴茱萸、怀牛膝、杜仲、杜仲叶、沙苑子、牡丹皮、芦荟、苍术、补骨脂、诃子、赤芍、远志、麦门冬、龟甲、佩兰、侧柏叶、制大黄、制何首乌、刺五加、刺玫果、泽兰、泽泻、玫瑰花、玫瑰茄、知母、罗布麻、苦丁茶、金荞麦、金樱子、青皮、厚朴、厚朴花、姜黄、枳壳、枳实、柏子仁、珍珠、绞股蓝、胡芦巴、茜草、荜茇、韭菜子、首乌藤、香附、骨碎补、党参、桑白皮、桑枝、浙贝母、益母草、积雪草、淫羊藿、菟丝子、野菊花、银杏叶、黄芪、湖北贝母、番泻叶、蛤蚧、越橘、槐实、蒲黄、蒺藜、蜂胶、酸角、墨旱莲、熟大黄、熟地黄、鳖甲。

根据中华人民共和国卫生部发布的《保健食品管理办法》的规定，保健食品禁用物品名单如下：八角莲、八里麻、千金子、土青木香、山莨菪、川乌、广防己、马桑叶、马钱子、六角莲、天仙子、巴豆、水银、长春花、甘遂、生天南星、生半夏、生白附子、生狼毒、白降丹、石蒜、关木通、农吉痢、夹竹桃、朱砂、米壳（罂粟壳）、红升丹、红豆杉、红茴香、红粉、羊角拗、羊踯躅、丽江山慈姑、京大戟、昆明山海棠、河豚、闹羊花、青娘虫、鱼藤、洋地黄、洋金花、牵牛子、砒石（白砒、红砒、砒霜）、草乌、香加皮（杠柳皮）、骆驼蓬、鬼臼、莽草、铁棒槌、铃兰、雪上一枝蒿、黄花夹竹桃、斑蝥、硫黄、雄黄、雷公藤、颠茄、藜芦、蟾酥。

结合古籍对药食同源物质性味及养生功效的描述，可将药食同源物质归纳为益气补精类（包括益气、补虚、补五脏等功能）、轻身延年类（包括增年、轻身、增年不老等功能，轻身与延年对应品种重合度较高，归为一类）、养心益智类（包括养精神、养神、安心、不忘、不梦寐等功能）、美容护肤类（包括耳聪、目明、好颜色、润泽等功能）、泻火除烦类、开胃增味类与其他类，见表1.1。

表 1.1　传统既是食品又是中药材物质的类型、品种及其作用

类型	品种	作用
益气补精类	黄芪*、西洋参*、甘草、白扁豆、白扁豆花、芡实、枣、党参*、蜂蜜、山药、益智仁、阿胶、龙眼肉、肉苁蓉*、杜仲叶*、百合、枸杞子、黑芝麻、黄精、玉竹、铁皮石斛*、桑椹、薏苡仁、当归	增强免疫力、促进生长发育、缓解贫血、调节肠道菌群等
轻身延年类	荷叶、茯苓、薏苡仁、麦芽、莱腹子、菊花、赤小豆、鸡内金、决明子、火麻仁、郁李仁、榧子、代代花、甘草、白芷、枸杞子、黑芝麻、山药、芡实、杜仲叶*、大枣、酸枣仁、铁皮石斛*、牡蛎、决明子、阿胶、山茱萸*、龙眼肉	减脂、调血脂、降血糖、抗衰老、缓解疲劳、通便等
养心益智类	茯苓、姜、龙眼肉、杜仲叶*、牡蛎、沙棘、酸枣仁、灵芝*	改善记忆力、改善睡眠等
美容护肤类	决明子、芡实、菊花、山药、桑叶、杜仲叶*、白芷、茯苓、枸杞子、黑芝麻、桃仁	缓解视疲劳、健齿固齿、调经、美白、改善皮肤水分等
泻火除烦类	鲜芦根、淡竹叶、决明子、栀子、胖大海、金银花、蒲公英、马齿苋、青果、鱼腥草、枳椇子、薄荷、菊花、菊苣、葛根、桔梗	清咽利喉、缓解炎症、抗病毒等
开胃增味类	丁香、八角茴香、肉桂、黑胡椒、花椒、高良姜、小茴香、草果、荜茇、淡豆豉、山奈、姜黄、肉豆蔻、山楂、黄芥子	增强食欲等
其他类	乌梅、莲子、覆盆子、紫苏、橘皮、佛手、刀豆、薤白、香橼、小蓟、槐花（槐米）、鲜白茅根、余甘子、乌梢蛇、砂仁、香薷、藿香、紫苏籽、白果、罗汉果、杏仁（甜、苦）、桔红、昆布、蝮蛇、天麻*、西红花、木瓜	改善微循环、解热、抗炎、止吐、止泻、抗癫痫、保护心脑血管、改善记忆力等

注：*为试点品种，目前仅限传统食用方法。

1.3 我国现代药食同源物质监管制度的建立

1.3.1 药食同源管理办法演进

虽然我国药食同源历史悠久，但直到我国现代，药品与食品监管制度才逐步完善，药食同源管理制度逐步建立。

中华人民共和国成立初期，我国食品与药品的监管制度尚处于探索阶段，关于药食同源物质管理的问题尚未引起注意。1965 年，国务院同意原卫生部、原商业部、原第一轻工业部、原工商行政管理局、全国供销合作总社制定的《食品卫生管理试行条例》，该条例尚未明确药食同源物质的界定问题。1979 年，实施的《中华人民共和国食品卫生管理条例》（国发〔1979〕213 号）也未对药食同源物质进行专门规定。

20 世纪 80 年代，随着我国食品安全意识的提升，食品中添加药物开始引起监管部门的重视。1982 年，《中华人民共和国食品卫生法（试行）》第二章第八条中规定："食品不得加入药物。按照传统既是食品又是药品的以及作为调料或者食品强化剂加入的除外。"这是首次在管理法规中提出药食同源物质的管理问题，第五届全国人民代表大会常务委员会第二十五次会议为该条款进行了说明："当前社会上出现了食品中滥加药物，造成许多人无病吃药的怪现象，影响人民健康……对我国传统上既是食品又是药品的，如葱、姜、蒜、红枣等则不在此限。"我国 1984 年颁布的《中华人民共和国药品管理法》将中药材及中药饮片列为药品，研究既是食品又是药品的物质名单已经迫在眉睫。

《中华人民共和国食品卫生法（试行）》1987 年版修订为"食品不得加入药物，但是按照传统既是食品又是药品的作为原料、调料的除外。"同年原卫生部出台了《禁止食品加药卫生管理办法》，在该办法中除了对既是食品又是药品的品种名单进行规定外，还对中药材作为食品新资源的要求进行了界定。1995 年，《中华人民共和国食品卫生法》第二章第十条规定："食品不得加入药物，但是按照传统既是食品又是药品的作为原料、调料或者营养强化剂加入的除外。"2015 年修订的《中华人民共和国食品安全法》第三十八条规定："生产经营的食品中不得添加药品，但是可以添加按照传统既是食品又是中药材的物质。按照传统既是食品又是中药材的物质目录由国务院卫生行政部门会同国务院食品药品监督管理部门制定、公布。"

2021 年,《管理规定》出台,明确了药食同源物质的定义;明确了管理部门为国家卫生健康委员会会同国家市场监督管理总局;明确了申请渠道为省级卫生健康委员会向国家卫生健康委员会提出;明确了资料包括物质的基本信息、证明材料、加工和食用方法、安全性评估、质量规格、食品安全指标等。

1.3.2 药食同源物质名单演进

1987 年,在《禁止食品加药卫生管理办法》的附表中公布了第一批《既是食品又是药品的品种名单》,收载 33 种。1988 年,原卫生部食品卫生监督检验所详细公布了"药食同源"第一款中的 29 种《既是食品又是药品的品种名单》,增加至 61 种(1 种重叠)。1991 年,原卫生部卫监发〔1991〕第 45 号文和 1998 年卫监发〔1998〕第 9 号文,分别增加 8 种,至 77 种。2002 年,原卫生部卫法监发〔2002〕51 号文,增加至 87 种。2014 年,《按照传统既是食品又是中药材物质目录管理办法(征求意见稿)》,增加至 100 种。2018 年,《国家卫生健康委员会关于征求党参等 9 种物质作为按照传统既是食品又是中药材物质管理意见的函》,党参等 9 种物质目前处于试生产阶段。

1.4 药食同物质源发展的必要性

1. 药食同源物质发展可以弘扬中医药文化

药食同源是我国中医药养生保健文化的代表,体现了中医药"上工治未病"的健康养生哲学,这是我国中医药对人类健康的重大贡献。与动辄将终身服药作为治疗手段的医学相比,通过使用药食同源物质养生保健将疾病拒之门外,是更为高明和仁慈的方案。弘扬药食同源,完善政策法规,可以视为我国在食品药品监管制度上的创新,体现了我国食品药品监管的文化自信和担当精神。

2. 药食同源物质发展可以推进"健康中国"的建设

随着我国经济发展和社会进步,追求健康已经成为人们最为关心的话题之一。《"健康中国 2030"规划纲要》提出了"人民身体素质明显增强,2030 年人均预期寿命达到 79.0 岁,人均健康预期寿命显著提高"和"全民健康素养大幅提高,健康生活方式得到全面普及"等目标。现代人已将中医药作为养生保健的主要手段，如通过喝药茶、洗药浴、煲药（粥）汤、饮药酒等方式努力提高健康水平。药食同源物质既有中药的功效属性，又有食品属性，可作为提高全民身体健康素质的有效途径之一，服务于"健康中国"。

3. 药食同源物质发展可促进中药产业多元化

中医药文化在我国源远流长，我国人民在日常中有使用中药进行滋补的习惯。我国中药制造产业发展面临从重视速度向高质量发展转变的新阶段，曾因营销手段导致的虚假增长正在回归理性。在乡村振兴战略带动下，不少地区将中药材产业作为特色产业进行推动，中药材种植量整体较高。中药材除了能够治疗疾病以外，药食同源中药材可用于养生保健，发挥治未病的作用。药食同源产业可发展成为一个新兴产业，有利于促进中药产业多元化。

1.5 药食同源物质发展的趋势

迄今为止，药食同源物质产业化发展还很落后，缺乏组织和引导，很多地方都是小规模种植或者根据订单种植，订单主要来自日本、韩国等国家的企业，他们从我国进口的药食同源物质主要有桔梗、紫苏、牛蒡、葛根、苹果花、淡竹叶等。随着市场需求的扩大，需加快我国药食同源物质的开发和研究，争取在国际市场中起主导地位。

1. 药食同源物质可追溯与质量安全

药食同源物质往往作为滋补、养生保健产品使用，且使用人群广泛，其质量安全应引起重视。目前，中药饮片的追溯已经初步建立，但编码方式相对简单，不能有效实现中药饮片的质量监管。在现有中药饮片追溯体系上，可引入二维码、区块链技术，对药食同源物质种植、生产、流通、产品开发的各个环节进行监管，通过现代化电子技术手段，保障药食同源物质质量。由于药食同源物质兼顾食品和药品的属性，也是公共卫生工作的重要部分，可将食品风险评估的机制引入药食同源物质的评估工作，对农药、环境污染、职业危害、生物危害等展开综合评估。

2. 药食同源物质评价与利用问题

我国有传统食用习惯的中药材很多，但对用于露酒、药膳等的中药材领域研究尚不深入，相关产品的食用剂量、方法、频次、人群等都有待调研；对中药材食品属性，如营养成分等相关元素的研究相对欠缺，应兼顾药食同源物质的药品及食品属性进行评价。中医药知识在民间流传很广，但很多使用者易受到自媒体、广告等误导，相关认知较为片面。药食同源物质的使用遵循因人、因时、因地而异的原则，发展药食同源产业需要科学引导。

3. 药食同源物质标准问题

我国药食同源物质多数为《中华人民共和国药典》（以下简称《中国药典》）2020年版收载品种，具备相应的中药材或中药饮片标准。但是《中国药典》标准制定时考虑其药品属性，所采用指标多为次生代谢产物。近年来，《中国药典》对有害成分的要求不断增加，如《中国药典》2015年版中检测重金属的品种有丹参、水蛭、甘草、白芍、牡蛎、阿胶、昆布、金银花、海藻、蛤壳、黄芪、蜂胶、山楂；2020年版又增加白芷、当归、葛根、黄精、人参、三七、山茱萸、酸枣仁、桃仁、栀子的重金属检测，对所有植物药增加33种禁用农药残留限量规定。此外，《按照传统既是食品又是中药材物质目录》中对来源问题未做拉丁名的规定，对食用时间、食法、用量禁忌也没有做限定，也没有考虑到产地和加工方法不同对功效的影响。药食同源作为"食"的考虑研究不足，从"食"角度的标准也基本空白。未来，药食同源物质的监管需要重新考虑"药"与"食"两方面标准的融合与协调问题。

4. 药食同源文化传播和国际化

药食同源物质是我国中医药文化体系中的重要组成部分，近年来国家高度重视中医药的国际交流合作，中医药在疫情等疾病的治疗、预防、保健方面的作用越发凸显。随着社会的发展，人们对疾病的态度从治疗转向预防，不仅我国，日本、韩国、加拿大、美国、越南等国家在药膳、食疗领域也有一定的进展，将药食同源文化融入中医药的国际交流，可推动药食同源文化的传播和国际化。

近年来，我国相继发布了《中医药发展战略规划纲要》《国务院关于促进中医药传承创新发展的意见》等，明确要结合现代科学技术研发保健食品并充分发挥中医药的特色优势。药食同源理念及对应物质也会以此为契机，实现更为深入的发展。

另外，随着人们健康意识的不断提升，中医药彰显特色优势，在救治患者中发挥了重要作用，中医药在疾病防治过程中所展现的疗效得到国际社会的高度认可和关注，全球几十个国家和地区与我国签订了中医药合作协议，中医药的国际影响力正逐步提高。在西方社会对中医药学科的认可程度逐步加深的过程中，药食同源的养生观及中药类功能食品在国际市场上势必会得到进一步认可和发展。

第 2 章　我国药食同源食品产业的发展

2.1　药食同源食品产业发展的基础与优势

1. 历史传承久远，理论基础深厚

药食同源理论在我国的发展历史相对久远，《黄帝内经》《千金药方》等医药理论记载中都有与中医食疗相关的内容。孙思邈重视食治并列专篇论述，指出治疗疾病时应将食治列于药治之前，随着中医理论的发展，医家逐渐认识到性味平和食物的药用作用与优势，使食治得到迅速发展。药食同源的理论和应用随着社会发展、医疗水平的提升而不断成熟，在人们生活质量得到提升的同时，中药治未病的理念得到更为广泛的推广，药食同源的养生理念也受到了广泛的关注，药食同源食品、产业的发展在我国具有坚实的理论基础。

2. 产品功能多样，产业优势明显

药食同源的应用和发展已成为现代养生保健的一大特色，基于药食同源物质的特性，可以开发出功能多样的产品。我国在药食同源的理论指导下，实践出"药食同用"，如药膳，其总的运用原则：选择药性平和、适口、有应用传统的种类，大抵以补虚、强体、辟邪、应时为目的，运用的方式多种多样，以广大消费者所熟知的形式，如以清热解毒原料为主体，配制成固定配伍并具有特定功能的各种凉茶。具有保健作用类的药食同源物质，可对亚健康人群的身体进行调节，可以在益智安神的同时促进身体机能的恢复，包括百合、山药、茶和荞麦等。另外，药食同源物质本身是中药材，能够根据不同疾病实现治疗以及辅助治疗的作用，如蒲公英、紫苏、薄荷等。药食同源物质在中医药产业中的应用和发展对保障人体健康具有重要作用。

3. 政策制度优厚，市场前景广阔

中药是中华民族的瑰宝。一些地区集中资源培育绿色食品、大健康产业，政府

部门对养生文化和中医治未病等相关知识的普及，均使得药食同源文化受到更多人群的关注。近年来，我国深化与世界卫生组织、药监国际组织、药典机构等的交流合作，推动中医药标准国际化，在国内外中医药领域形成了较大的宣传作用，药食同源产品也因此受到了世界各国的关注。另外，社会大众的生活节奏加快，压力变大，使得呈现亚健康状态的人群增多，越来越多的人开始重视以食疗来实现自身的营养保健。我国将中医药发展列入国家整体发展规划当中，其中药食同源产业的发展会对中医药产业起到重要的影响作用，也为其后续的产品产业化水平的提升奠定了良好基础。

2.2 药食同源物质的利用与现状

2.2.1 药食同源物质的利用方式

药食同源资源的利用方式有如下四点。

1. 民间药膳

药食同源物质在民间作为药膳材料被广泛食用，往往根据药食同源物质的特性予以相应的加工处理。药食同源物质经常与酒搭配使用，酒性和药性互助，既方便保存又方便使用。据考证，汉代《五十二病方》中，酒与药结合的方药达 40 余种。在吉林通化有人参酒、蜜汁人参、参花凤片、人参羹、拔丝人参等多种吃法。值得注意的是，民间的药膳不限于药食同源物质，不少非药食同源物质也作为药膳材料食用。例如，不少地区有用乌头煲汤或煮粥的习惯，但由此造成的死亡事件屡有发生。对于民间自发食用非药食同源物质作为药膳的行为，管理部门可以通过警示和教育的方式降低相关风险。

2. 预包装食品

《中华人民共和国食品安全法》对预包装食品进行定义："预包装食品，指预先定量包装或者制作在包装材料、容器中的食品。"由于预包装食品管理法律体系较为完善，其中使用的中药材必须来源于药食同源物质名单（或新食品原料）。市场上常见的预包装食品中一部分以药食同源物质饮片或原粉的形式进行销售，常见的预包装产品有枸杞子、莲子、葛根粉、茯苓粉等；一部分将药食同源物质作为原料或添加物制成食品，如山楂糕、山药面条、黑芝麻糊等；一部分将多种药食同源物质配合使用，形成代茶饮或冲调类食品，如凉茶、药食两用米稀、红豆薏米粉等；也可将药食同源物质作为压片糖果或凝胶糖果使用。茶饮为药食同源物质食用的另一种方式，服用方便，易于被接受。清代《生草药性备药》中有桑寄生做茶饮的记载，广西梧州地区的桑寄生茶还被列为中华传统食品保健茶类；广西民间有食用金花茶的习惯，其在 2010 年被批准为新食品原料，现已开发出茶花、茶砖、口服液等产品；2018 年广东省将白木香叶列入《广东省食品安全地方标准》（DBS 44/011—2018），并与其他药食同源物质组合开发出沉香肾茶、复合沉香茶等。

3. 药品、食品、日化、农林等多方面应用

由于药食同源物质同时具备药品和食品的属性，除在临床调配、中成药生产、中药提取、保健品生产中使用外，还可用于食品发酵、日化添加、农林生产等。将药食同源物质用作辅料经过发酵可制备具有养生功效的酒，如枸杞酒、桑椹酒、大枣酒等，能够改善原发酵酒的不良口味，并增加特有风味和特殊保健功能；以马齿苋、白芷等具有抗炎、美白功能的药食同源物质为原料，配合其他成分可开发面膜、牙膏、肥皂等日化用品；具有天然香辛气味的丁香、玫瑰花等可提取做香薰、精油；花椒、高良姜等物质具有较好的驱虫、防腐效果，在农业上可用作安全的天然防腐剂。其他如栀子、桑椹可用于色素提取，罗汉果苷、甘草甜素可作为天然甜味剂，金银花中绿原酸可作为饲料添加剂等。

4. 药食同源物质的国际应用

药食同源物质在世界范围内普遍存在，许多广泛流行的保健类食品都属于此范畴，如玛咖、紫锥菊、蔓越橘等。许多国家都有与药食同源物质相类似，既具有食用价值又具有药用价值的产品。辣木叶茶在我国、印度和巴基斯坦具有悠久的食用和药用历史。雅贡的块茎是南美洲当地印第安人传统的根茎食物，兼有调节肠道菌群和调血脂的生物活性。原产于南美洲安第斯山脉地区的玛咖具有悠久的药用和食用历史，有"南美人参"之美誉。马来西亚三大国宝中东革阿里和燕窝都是兼具药用和食用功能的物质。

2.2.2 药食同源物质在食品行业中的开发现状

1. 药食同源物质直接加工为食品

食品是药食同源物质主要的开发方向。现代人群多处于亚健康状态，从中医角度来看，亚健康人群机体"正气"不足，"邪气犯内"，易受疾病困扰。药食同源物质兼具营养与"扶正"作用，安全，适于长期服用。以药食同源为产品理念的"猴菇米稀"，2017 年的销售额超过 5 亿元。米稀产品定位于脾胃虚弱人群，以健脾养胃的中医经典方剂参苓白术散为组方依据，主要原料为山药、茯苓、莲子、白扁豆、薏苡仁等药食同源物质。修正集团以药食同源物质为原料开发出系列袋泡茶，市场反响良好，其中"祛湿茶"和"安神茶"在"双 11"线上销售额约达 1 600 万元，在茶类产品中销量排名第 2 位。另外，含药食同源物质的中药保健食品市场发展迅速。据统计，2017 年我国中药保健食品年销售额超 500 亿元，并以每年 13%～15% 的速度增长。截至 2017 年 12 月 31 日，在 5 255 个已批准的具增强免疫力（免疫调节）功能的保健食品中，原料使用了中药的产品数量占 70%，使用频次前 20 位的中药包括枸杞子、灵芝、黄芪、西洋参、茯苓、蜂蜜、山药、大枣、黄精、当归、阿胶、甘草、党参等补益类中药，药食同源物质占 65%。另外，药食同源物质中提取的功效成分也大量应用到保健食品开发中，如葛根、甘草、枸杞子、姜黄和黄精等的提取物广泛用于对化学性肝损伤有辅助保护作用的产品中；紫苏油、薏苡仁油、姜黄素等在增强免疫力产品中多有应用。

2. 药食同源植物精油在食品保鲜中的应用

药食同源植物精油来源于兼具医药、食用价值的草本植物，其中丁香精油、肉桂精油、迷迭香精油、薄荷精油、百里香精油、柠檬精油等多种类型精油已被广泛应用于食品保鲜中。我国作为精油生产大国，且对药食同源植物研究历史悠久，更多种类的药食同源植物精油有待进一步开发，具有广阔的市场发展潜能与价值。

药食同源植物精油的抑菌性与抗氧化性主要是因其含有芳香族化合物、醇醛类及有机酸成分，这也是其延缓食品腐败变质的重要因素。药食同源植物精油中的抑菌成分一方面可通过破坏微生物细胞结构完整性使其细胞壁或细胞膜通透性改变，导致营养物质外泄而无法生长繁殖；另一方面，抑菌成分会造成微生物细胞酶系统功能紊乱，阻碍能量代谢与呼吸代谢。同时，药食同源植物精油对细胞膜的类脂结构具有破坏作用，抑制分生孢子产生路径，有效控制食品中腐败菌的大量繁殖。药食同源植物精油的抗氧化成分会明显减慢食品贮藏期间经氧化产生氢过氧化物与自由基的速率，进而减缓蛋白质氧化进程，尤其对富含蛋白质、脂质的食品保鲜效果良好。但是，药食同源植物具有有效成分繁杂、不稳定的特性，目前对其保鲜机制的研究还不够成熟，因此还有待开展更加深入的研究，比如从分子结构水平。植物精油自身具有易氧化、易挥发、有异味的特性，采取有效途径缓释其有效成分也将是其保鲜应用中的技术壁垒与攻克重点，如将百里香精油与具有良好成膜性的壳聚糖协同制备可食性涂膜保鲜液可有效发挥其抑菌特性，对西兰花表现出有效的保鲜作用。

（1）药食同源植物精油可保鲜水果。

水果在采收后的包装、运输、贮藏、销售阶段，极易因机械挤压、微生物侵染、温度波动、冻害等环境因素改变而腐败变质。药食同源植物精油的提取工艺，不同类型植物精油对水果的保鲜效果差异等研究近年来受到中外学者广泛关注，也经常将药食同源植物精油与具有良好成膜性的糖基物质协同制备可食性涂膜保鲜液，用于各类水果保鲜。宋姝婧等通过对比薰衣草、红百里香、迷迭香等 5 种精油对圣女果常温贮藏期间品质特性的影响，得出相比于其他精油，红百里香精油可明显降低可溶性固形物、可滴定酸及抗坏血酸含量降低速率，也可有效延缓丙二醛（Malondialdehyde，MDA）含量积累量，实现 25 天贮藏坏果率仅为 31.66% 的保鲜效果，表明药食同源植物精油可保持圣女果的抗氧化活性、维生素 C 等营养成分含量。蒋小飞等经水蒸气蒸馏法制备鱼腥草挥发油，并将其与黄连生物碱、壳聚糖协同制备的可食性涂膜保鲜液处理芒果，结果表明，鱼腥草挥发油协同黄连生物碱可减缓芒果病情指数升高、水分及有机营养物质流失现象，药食同源植物精油复合膜在保持芒果安全卫生、营养价值等保鲜中具有广阔应用前景。Perdones 等通过研究柠檬精油-壳聚糖对常温贮藏期间草莓挥发性成分的影响发现，添加柠檬精油的壳聚糖涂膜处理会增加萜类化合物含量，对草莓感官风味特性具有明显积极作用。Naeem 等研究小茴香精油对冷藏青芒品质特性的影响，结果表明：添加醇类小茴香精油的瓜尔豆胶涂膜可明显抑制青芒贮藏期间腐败菌的生长繁殖及理化品质特性劣变速率，与对照组相比货架期可延长 14～18 天，实现 24 天的货架期保鲜效果，这可能与小茴香可抑制霉菌等微生物污染密切相关。从保鲜研究对象出发,目前针对药食同源植物精油在各类水果保鲜中的应用研究繁多,包括浆果类、柑橘类、仁果类等,且集中于对鲜切水果保鲜的应用研究。

保鲜效果也受药食同源植物精油种类、精油添加量、水果种类、贮藏温度等因素影响,植物精油保鲜成分分析、保鲜机制还需进一步深入研究总结。同时,目前存在水果品质特性评价体系不够完善的问题,建立基于各类水果的高效、有针对性的品质评价体系,也将助力药食同源植物精油在水果保鲜中的应用研究,为实际保鲜应用奠定理论基础。

(2)药食同源植物精油可保鲜蔬菜。

蔬菜种类繁多,其价格及经济效益受到不易贮存、运输设备落后的不对等因素影响,开发诸如气调包装、电解水短时处理、辐照等安全稳定性高且高效的天然保鲜技术近年来尤其受到广泛关注,其中植物精油被证明是有效途径之一。赵昕等经有机溶剂萃取法制备得到橘皮精油,并将其用于小白菜保鲜,通过研究不同浓度橘皮精油对 20 ℃贮藏的小白菜保鲜效果的影响发现,添加质量分数为 1.5%橘皮精油可有效抑制小白菜失重率,降低叶绿素和维生素 C 含量的损失,且对于不同贮藏温度表现出一致性,有效减缓了小白菜贮藏期间理化特性的劣变速率,延长货架期。研究也发现,药食同源植物精油存在活性成分不稳定、易挥发等弊端,通过包埋法、喷雾干燥等工艺制备缓释性精油微胶囊,可延长药食同源植物精油的缓释期限,明显提高保鲜效果。张静以环糊精为壁材,以丁香精油、肉桂精油为芯材,制备微胶囊用于香菇保鲜,得出添加质量分数为 4% 的肉桂精油微胶囊对香菇保鲜效果最好,能更好地保持香菇的理化特性。宋文龙等将生姜精油通过喷雾干燥工艺填充于壳聚糖-明胶壁材中得到精油微胶囊,并制备得到聚乙烯-生姜精油微胶囊活性包装,通过研究发现,微胶囊活性包装可明显改善秋葵的保水性和感官特性,表现出良好的抗氧化性能,保持其采后品质。这也充分表明,以克服植物精油自身缺陷为出发点的微胶囊制备工艺改进也是未来药食同源植物精油在保鲜应用中的重要发力点,特别是与活性智能包装等技术的协同应用。

总体而言,目前药食同源植物精油用于蔬菜保鲜的研究明显少于水果保鲜,且以壳聚糖基作为基础物质复配制备的复合膜为主。因此,该方向研究可借鉴药食同源植物精油在水果保鲜中的应用研究,另外关于药食同源植物精油对蔬菜贮藏期间腐败菌群生长繁殖（优势腐败菌）、理化特性及风味感官特性的研究还需进一步深入，以对实际蔬菜保鲜的应用起指导性作用。

（3）药食同源植物精油可保鲜畜禽肉。

畜禽肉及制品含有丰富的脂类、蛋白质等营养物质，水分活度高，其营养丰富，恰好可作为微生物大量繁殖的培养基，因此极易因环境因素而出现腐败菌繁殖、油脂氧化酸败、肌红蛋白氧化变色等现象。近年来也见到药食同源植物精油用于畜禽肉保鲜的相关研究报道，其中涉及对药食同源植物精油保鲜机理的初探。齐文等将八角茴香精油协同生物源保鲜剂制备复合涂膜液用于冷鲜牛肉保鲜，试验结果表明，药食同源植物精油复合涂膜液在保持牛肉质构特性、保水性方面具有明显优势，可延缓牛肉品质劣变，实现了货架期延长 8 天。刘倩研究发现，花椒、肉桂精油协同孜然精油对 7 种羊肉腐败菌、致病菌具有明显抑制作用，同时对抗氧化酶活性降低具有减缓效果。Wang 等研究了添加不同浓度杏仁精油的壳聚糖可食性涂膜对牛肉中单增李斯特菌及品质特性的影响，得出添加质量分数为 1% 的杏仁精油的涂膜处理对保持牛肉感官质构特性，减慢单增李斯特菌侵染及油脂、蛋白质氧化方面均表现优良，应用前景广阔。以上研究均反映出药食同源植物精油可通过抑制营养物质氧化、微生物增殖、感官指标劣变，从而延长货架期。同时，针对植物精油自身不稳定的缺陷，也有关于将植物精油微胶囊工艺、活性包装协同应用于畜禽肉保鲜的相关研究，精油种类包括丁香精油、生姜精油、玫瑰精油等。Alizadeh 等通过制备含 TiO_2-迷迭香精油的纤维素纳米纤维/乳清蛋白活性包装用于牛肉保鲜，发现其具有明显抑制牛肉中腐败菌生长、减弱油脂氧化及分解速率的作用，货架期可由 6 天延长至 15 天。这与前面关于蔬菜保鲜的应用阐述类似。总体而言，药食同源植物精油在畜禽肉制品保鲜的应用研究集中于多种精油复配，尤其是精油与其他种类生物源保鲜剂应用于生鲜畜肉研究较多，而关于药食同源植物精油对禽肉保鲜相关的研究还需进一步拓展延伸，药食同源植物精油与冰温、真空包装等的协同功效研究也是重要的研究方向。

另外，不同药食同源植物精油的活性成分具有差异性，且受提取工艺、提取条件因素影响较大，保鲜机理研究繁杂困难，这也在一定程度上决定了其保鲜应用的局限性。从这个角度来看，建立标准化的药食同源植物精油提取工艺、精油贮藏环境优化将会是未来药食同源植物精油在食品保鲜中应用的"上游"研究方向，而深入研究不同药食同源植物精油活性成分的保鲜机理将是重要的"下游"工作重心。

（4）药食同源植物精油可保鲜水产品。

水产品营养丰富，富含优质蛋白、不饱和脂肪酸，是膳食中重要的蛋白质食物来源。近年来随着人们"绿色安全、环境友好"意识的提升，在水产品保鲜技术中，包括药食同源植物精油在内的生物源保鲜剂被认为是最具应用潜力的保鲜方式。Heydari 等通过分析发现，薄荷精油-海藻酸钠复合涂膜处理后的鲤鱼在冷藏期间总挥发性盐基氮（Total Volatile Basic Nitrogen，TVB-N）值、过氧化值（Peroxide Value，PV）、硫代巴比妥酸（Thio Barbituric Acid，TBA）值及微生物变化速率明显减缓，能够保持其良好品质特性。这表明药食同源植物精油在有效延缓水产品贮藏期间蛋白质氧化分解、油脂酸败及腐败菌无限增殖方面具有突出优势，类似的试验结果也在其他文献中得出。刘善智等在迷迭香精油-壳聚糖纳米粒制备工艺基础上，通过探讨其对冷藏草鱼贮藏期间品质特性的影响，发现迷迭香精油-壳聚糖纳米粒在抑制微生物繁殖、脂肪氧化方面效果显著。Vieira 等研究表明，丁香精油-壳聚糖涂膜对贮藏期间鱼片致病菌（大肠杆菌、单增李斯特菌、肠炎沙门氏菌、金黄色葡萄球菌和铜绿假单胞菌）积累量及积累速率均具有明显抑制作用。同时，也能发现壳聚糖作为具有良好成膜性的优良基质，被作为载体协同药食同源植物精油广泛应用于水产品保鲜中。另外，随着居民对食品包装的安全意识增强，基于纳米抑菌剂的新型活性包装材料与药食同源植物精油也受到了研究者的关注，姜悦制备茴香精油Nano-TiO$_2$改性抑菌薄膜用于鲢鱼保鲜包装，保鲜效果良好。药食同源植物精油在水产品保鲜中的应用也存在植物精油种类有限、机理研究不够深刻的局限性。

目前关于药食同源植物精油协同气调包装、臭氧、超高压处理等保鲜技术的组合保鲜方式用于水产品保鲜的相关报道甚少，因此在对药食同源植物精油保鲜机理研究的基础上，开展关于其组合保鲜技术的保鲜效果、协同增效机理也将是未来研究趋势。另外，不管对于何种食品，关于药食同源植物精油的安全性也需要进一步研究确认，特别是用于各类食品保鲜的药食同源植物精油添加量、应用范围等方面也同样需要在理论研究基础上建立配套的准则。

2.2.3　药食同源物质的发展现状

食品的首要作用是提供足够的营养来满足新陈代谢的需要。随着经济的发展，人们对健康/营养模式的认识已经发生改变；食品不仅提供必需营养，还要有相应的功能因子可以预防（辅助治疗）营养失衡、控制慢性疾病等。现代食品学、营养学是建立在自然科学基础上的学科，与化学、微生物学、生理学、医学等多学科密切相关。在现代产业日益标准化、市场化、国际化的趋势下，让中药传统产品符合现代科学技术的要求是一个必然的过程；传统"药食同源"食品若走向世界，需符合现代食品学、营养学等理论及国际法律、法规和标准要求。

1. 药食同源类食品国内外法规现状

我国现代"药食同源"类食品与食品相关法律、法规、行业标准等有关。2012年，国家卫健委发布了《既是食品又是药品的中药名单》（86 种）；2014 年新增 14种，2018 年新增 9 种中药材物质（截至 2022 年 7 月，仍在试点），均是在限定原料来源、使用范围和剂量内可作为药食两用的中药材。在国家相关部门公布的现行有效的文件中，保健食品注册集中在引入备案制度、明确生产企业的主体责任制并对产品有了更高的要求，同时还细化了部门职能、明确了监管任务等。日本率先提出"功能性食品"的概念，并于 1991 年修改了《营养改善法》，将功能性食品纳入特殊用途食品范畴。2001 年，日本厚生劳动省制定并实施《保健机能食品制度》，以营养补助食品以及具有保健作用和有益健康的产品为主要对象，分为特定保健用食品和营养机能食品两类，从法律上将保健机能食品与一般食品和医药品区分开。美国食品药品监督管理局（FDA）规定膳食补充剂标签中不允许出现"治疗""疾病"等名词，但可以出现符合规定的包括健康声称、营养含量声称和结构/功能声称。根据欧盟第 2002/46/EC3 号指令的规定，膳食补充剂是指"补充正常饮食的食品，是营养物质或其他物质的浓缩，单独或混合使用具有营养或生理作用"。在食品法律规制层面，欧盟借助消费者保护、风险分析和谨慎预防等立法原则，突出健康保障的优先性、立法决策的科学性和民主性。

2. 药食同源类功能（保健）食品产业现状

功能（保健）食品注重长期使用的安全性、功能因子的目标性及数据化检测方案。保健功能是保健食品的核心，其主要工作包括功能因子确认、质量标准建立、保健功能确认 3 个环节。2020 年 11 月 24 日，国家市场监督管理总局公开颁布《允许保健食品声称的保健功能目录 非营养素补充剂（2020 年版）（征求意见稿）》，主要对保健功能目录、功能声称释义、功能评价指导原则、人群食用试验伦理审查等公开征求意见，这也为后续的保健食品研究、产业化指出了方向。

3. 含中药的功能（保健）食品原料及功能因子现状

萨翼研究发现，明确抗氧化指标、指标测定方法后，能够清楚地判断保健产品是否具有抗氧化作用。贾福怀等对姜黄已有相关文献进行分析后发现，姜黄的活性成分以姜黄素类化合物为主，主要有抗肿瘤、抗肝损伤及纤维化、降血脂、抗氧化等方面的作用。冯朵等对青稞已有文献总结后发现，青稞富含膳食纤维、β-葡聚糖、多酚类物、麦绿素等功效成分，具有降胆固醇、降血糖、降血脂、抗氧化及调节胃肠道等功能。一系列科学研究和临床案例显示，"膳食-肠道菌群失衡-疾病"是人体许多亚健康问题的共性；肠道正常菌群不仅促进营养物质的消化吸收，也关乎人体健康。特定中药成分能影响肠道菌群，间接达到保健功能。Connolly 等通过体外培养益生菌的试验发现，魔芋多糖水解物能选择性地增加双歧杆菌和乳酸菌等的数量。周中凯等研究表明，魔芋低聚糖干预可以抑制高脂饮食小鼠体重的增加，降低小鼠血液中的总胆固醇（TC）、三酰甘油（TG）、低密度脂蛋白胆固醇（LDL-C）水平，升高高密度脂蛋白胆固醇（HDL-C）水平，达到降血脂的效果。

运动营养食品是基于运动营养科学，结合生物科技等现代化手段开发的一种特殊功能性食品。随着近年来运动人群的逐渐增多，运动营养食品的目标群体从专业运动员扩展到普通健身人群。运动营养食品的功能性作用包括保护关节损伤、增强力量及改善肌肉、抗疲劳、提高免疫机能等，在运动营养食品中合法添加特定植物（中药）活性物质，能够有效提高运动营养食品的功能性。詹皓等研究表明，红景天、枸杞子、人参、西洋参、三七等中药具有抗疲劳、耐缺氧功能，能有效提升人体内的肌糖原、肝糖原含量，提高运动耐力，降低机体运动后的血乳酸含量以及血尿素氮含量。尹喜玲等研究发现，人参水煎液能明显提高疲劳综合征模型动物体重、食物利用率，改善各系统的功能状态。杨文领等研究发现，药食同源中药材人参、五味子、枸杞、黄芪、麦冬等经加工而成的制剂能改善能量代谢，提高游泳动物血糖、肝糖原水平，减少体内蛋白质分解，具有显著的抗运动性疲劳的功效。田诗彬等研究表明，由肉桂、人参、白术、茯苓等按比例制备的中药提取物能降低大鼠骨骼肌丙二醛（MDA）含量、提高超氧化物歧化酶（SOD）活性、缓解运动疲劳、提高机体运动能力。

4. 含中药的功能（保健）食品工业化体系现状

确定功能（保健）食品原料及功能因子后，围绕功能因子制定相关的质量标准，并通过标准体系控制功能（保健）食品与安全、有效性相关的质量关键因素，为药食同源产业发展提供保障。金安琪等通过梳理国内外食品监管的成熟经验，提出药食同源产品的质量控制可借鉴食品危害分析临界控制点（HACCP）体系，实现中药产业的现代化、国际化发展目标。赵红年等以葛根、高粱为原料，采用传统工艺酿造山西老陈醋，制备的产品可增加功能成分葛根素的含量。李桂荣等对功能性食品双参颗粒进行研究，确定高丽红参的主要成分为定量控制指标，制定出双参颗粒的质量标准。鄢雷娜等建立同时检测功能食品中红景天苷、淫羊藿苷、人参皂苷 Rg1、葛根素 4 种有效成分的高效液相色谱法分析方法，可用于相关产品监测。

2.3　药食同源食品的质量控制

依据药食同源原料中药及使用人群的不同，可将药食同源食品分为药食同源普通食品和中药类保健食品。其中，药食同源普通食品是以药食同源物质为原料，不以治疗为目的，可供普通人群食用的食品。中药类保健食品是以药食同源物质或可用于保健食品的中药为原料，依据中医药理论组方，声称具有保健功能的，有助于身体健康的保健食品。质量控制是确保药食同源食品安全有效的核心环节。药食同源食品延续了其原料的食品与中药双重属性，应分别针对这两种属性进行全面质量控制。此外，由于药食同源普通食品和中药类保健食品的应用场景不同，药食同源普通食品侧重于食品属性的体现，中药类保健食品则更侧重于中药属性的体现。因此，药食同源食品的质量控制应在兼顾食品和中药两种属性的同时各有侧重。

2.3.1　药食同源食品质量控制的研究现状

药食同源食品的质量控制主要包括食品属性评价和中药属性评价，常见研究内容见表 2.1。食品属性评价一般参考食品安全国家标准及行业标准中相应食品类型的规定，包括安全性评价和营养性评价。安全性评价通过检测有害物质的含量，进行毒理学评价等，考察药食同源食品的可食性；营养性评价通过检测营养成分的含量，考察药食同源食品的营养性。如何超红等参考相关的国家标准及行业标准，对铁皮石斛复合饮料进行营养性评价（多糖、氨基酸、矿质元素）和安全性评价（菌落总数、大肠菌菌落的总数）。中药属性评价则一般根据《中华人民共和国药典》（以下简称《中国药典》）中规定的方法测定指标性成分或组分的含量，考察药食同源食品的保健功能。徐琳等根据《中国药典》规定，采用高效液相色谱法检测黄芪枸杞复合饮料中黄芪甲苷的含量。

表 2.1　药食同源食品质量控制常见研究内容

评价类型	评价层次	常见研究内容
食品属性评价	安全性评价	污染物检测，如铅、砷、铜等；微生物检测；农药残留检测；毒理学评价（急性毒性试验、遗传毒性试验、亚慢性毒性试验和慢性毒性试验）
	营养性评价	水分、糖类、蛋白质、脂质、矿物元素、维生素
中药属性评价	功能性评价	指标性成分检测，如黄芪甲苷、人参皂苷 Rg1 等；组分检测，如总黄酮、总皂苷等

2.3.2　药食同源食品质量控制研究中存在的问题

虽然食品安全方面的国家标准、《中国药典》及行业标准等可作为药食同源食品质量控制研究的依据，但这些内容并不完全适用于药食同源食品的质量控制。以饮料类药食同源食品为例，研究多参考《食品安全国家标准　饮料》（GB 7101—2015）中的规定进行理化指标（如锌、铜、铁、真菌毒素、农药残留量等）及微生物检测，但该标准缺少营养性评价和中药属性评价的相关规定，其安全性评价内容也不全面，无法有效控制饮料类药食同源食品的质量。此外，研究多参考《中国药典》以单一成分或组分作为药食同源食品功能性评价指标，未将质量控制评价和功能性评价进行明确区分，存在评价指标单一、药食同源普通食品和中药类保健食品评价指标相似的问题，这是影响药食同源食品质量的主要因素。评价指标单一，则无法表征药食同源食品整体的功能属性，易导致非法添加和替代。如在银杏叶提取物产品中大量添加芦丁以提高总黄酮含量，在阿胶类药食同源食品中掺入劣质皮类胶或牛皮源成分等，以及在减肥类中药保健食品中违法添加食欲抑制剂、泻药等，究其原因是我国药食同源食品及其原料药质量控制标准的不足被不法商贩利用。而药食同源普通食品和中药类保健食品评价指标相似，则缺乏功能针对性，易导致产品定位不明确，从而产生夸大宣传或滥用中药类保健食品等现象。

此外，药食同源食品质量控制标准的不健全，尤其是功能性评价标准的缺失，导致其功能声称与中医药理论不符。截至目前，国家规定中药类保健食品可声称功能仅有助于增强免疫力功能、助于抗氧化功能、辅助改善记忆功能、缓解视觉疲劳功能等 24 类。这些功能无法突出中医"治未病"的传统养生思想，从而限制了药食同源食品的精准化与多样化发展。

2.3.3　药食同源食品质量控制的研究内容

对药食同源食品进行质量评价和质量控制，是保证其安全有效的重要环节。本书参考食品、中药等产品的质量控制相关研究，对其中可用于药食同源食品质量控制的研究内容按照安全性评价、营养性评价、质量控制评价和功能性评价四部分进行整理，以期为药食同源食品的质量控制研究提供借鉴。

1. 安全性评价

食品的安全性评价是结合毒理学评价、残留量研究、膳食结构和摄入风险性评价等的综合性评价。其中，毒理学评价包括急性毒性试验、遗传毒性试验、亚慢性毒性试验和慢性毒性试验，可分析食品中可能产生的毒副作用及其特点、毒性靶器官、中毒剂量以及中毒机制等，以提供充分的安全性信息。

陈冠敏等依据《食品安全性毒理学评价程序和方法》对葛花进行亚慢性毒性研究，这为药食同源食品的毒理学评价提供借鉴。食品的残留量研究多参照食品安全国家标准及《中国药典》相关规定。一系列的食品安全国家标准规定了食品中污染物、农药残留、兽药残留等项目的限量标准及检测方法。《中国药典》2020 年版四部中"中药有害残留物限量制定指导原则"，规定了中药材及其饮片中农药残留限量、重金属污染物限量制定的一般步骤。李晓玉等参照《食品安全国家标准　食品中总砷及无机砷的测定》（GB 5009.11—2014）中方法，测定了保健食品类袋泡茶中 5 种形态砷的含量。马妍等参考《食品安全国家标准　食品中农药最大残留限量》（GB 2763—2016）、《中国药典》的规定，建立了中草药类保健食品中 29 种农药残留的测定方法，并测定了 15 份中草药保健食品中的农药残留，提示食品安全国家标准和《中国药典》等可为药食同源食品安全性评价研究提供借鉴。

此外，进行膳食结构和摄入风险性评价，有利于科学评估食品中有害因素对人体健康可能造成的不良影响。国家食品安全风险评估中心发布了关于中国居民反式脂肪酸、邻苯二甲酸二丁酯等物质膳食摄入水平及其风险评估的技术报告，可以据此对药食同源食品中的有害物质进行监测，初步评价其膳食摄入风险。

2. 营养性评价

食品的营养性评价主要包括对食品中营养素的含量测定及食品营养价值评价。食品安全国家标准规定了食品中各类营养成分的测定方法，是食品中营养成分检测的通用标准。代文婷等参照《食品安全国家标准 食品中氨基酸的测定》（GB 5009.124—2016）测定了蟠桃-葡萄-黑枸杞复合饮料中氨基酸的含量。王小敏等参照《食品安全国家标准 食品中水分的测定》（GB 5009.3—2016）测定了山楂决明子甘草辣木叶复合固体饮料中水分的含量，提示食品安全国家标准可为药食同源食品营养性评价研究提供借鉴。营养价值指在特定食品中的营养素种类质和量的关系，与食品中营养素的种类、数量、相互比例以及是否易于消化、吸收等有关，是综合评价食品是否具有营养性的关键指标。

3. 质量控制评价

质控性评价是确保中药及其产品原料真实的有效措施，可为药食同源食品的中药属性评价提供借鉴。质控性评价指标包括药典检测成分、指纹图谱或特征图谱和质量标志物。

《中国药典》规定了每味中药的鉴定及含量检测项，是中药质量控制的重要标准，可作为药食同源食品中物质基源鉴定的依据。但在 2020 年版《中国药典》中，对药食同源中药的质量控制标准多以传统性状和显微鉴定为主，辅以简单理化检验和含量测定，检测的准确度和精密度仍需提升。不同于单一成分/组分的含量检测，指纹图谱和特征图谱是一种综合的、全面的、可量化的分析手段，可反映产品的成分整体信息。一般通过高效液相色谱（HPLC）或气相色谱（GC）法建立指纹图谱或特征图谱，已有研究将其用于药食同源食品的质量评价。李跃辉等采用 HPLC 法测定 10 批产品的指纹图谱，并进行相似度比对，建立了桑菊固体饮料的指纹图谱，认为该法操作简便可靠，所建立的 HPLC 指纹图谱重复性良好，可用于银桑菊固体饮料的质量评价。

质量标志物（Q-marker）是指中药及中药产品中固有的或加工过程中形成的，与中药的功能属性密切相关的化学物质。中药 Q-marker 加强了中药有效性-物质基础-质量控制标志性成分的关联度，有望用于药食同源食品的质量控制。中药 Q-marker 的确定围绕质量传递与溯源、特有性、有效性、复方配伍环境以及可测性 5 个原则。

4. 功能性评价

中药类保健食品与药食同源普通食品的区别在于声称具有保健功能，应对其功能性指标进行检测。中药类保健食品功能性指标的发现可参考中药功效物质基础研究。中国中医科学院西苑医院基础医学课题组在质量标志物前期在质量标志物的基础上提出了功效标志物的概念，并采用系统中药学方法，结合数据挖掘技术、分子模拟技术、生物网络技术、体内外药理试验等多学科技术，预测了黄芪补气功效、金银花清热解毒功效等药食同源中药的功效标志物。功效标志物更加强调中药质量控制与中药整体功效的关联性，有望用于中药类保健食品的功能性评价。此外，西苑医院的刘建勋通过建立病证结合动物和细胞模型及其评价技术指标体系，阐释了中药复方功效的物质基础，也为中药类保健食品功能性指标的发现提供了借鉴。

2.3.4 药食同源食品质量控制的研究策略

为完善药食同源食品质量控制研究的不足，学者们依据药食同源普通食品和中药类保健食品的共性和特性，将上述质量控制研究内容进行初步归属，提出了药食同源食品质量控制的研究策略，如图 2.1 所示。

首先，该策略指出药食同源食品应满足食品的可食性和营养性，其质量控制应进行食品属性评价（安全性评价和营养性评价）。其中，安全性评价是对药食同源食品中污染物或毒性成分残留量的检测、毒理学评价、膳食结构及摄入风险性评估等。药食同源食品相比于中药在日常生活中更为常见，其中有害物质对人体的暴露频率更高、暴露时间更久，对人类健康带来的风险可能会更高。因此，对药食同源食品进行安全性评价具有重要意义。建议依据药食同源食品中常见污染物残留或毒性成分的限量标准，以风险评估为指导，结合毒理学评价和膳食结构分析，对药食同源食品进行科学、适宜、符合其使用特点的安全性评价研究。营养性评价则是对药食同源食品中营养素的检测及营养价值评价。

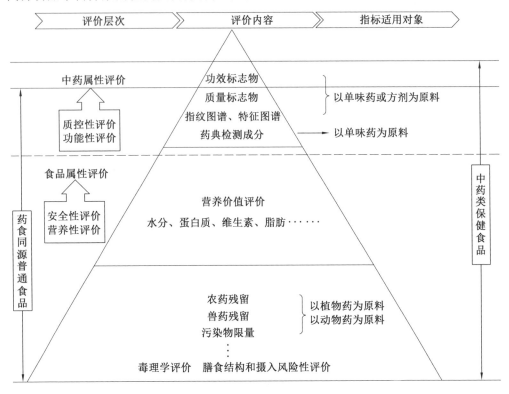

图 2.1　药食同源食品质量控制的研究策略

其次，该策略指出药食同源食品兼具食品和中药双重属性，其质量控制应在食品属性评价的基础上进行中药属性评价，并创新性地将药食同源食品的中药属性评价分为质控性评价和功能性评价。其中，质控性评价是对药食同源食品中质控性成分的检测，检测指标包括药典检测成分、指纹图谱、特征图谱及质量标志物，用于确定药食同源食品中原料中药的真伪优劣，防止非法添加和替代；功能性评价则是通过对中药类保健食品中功能性指标成分的检测，评价中药类保健食品的有效性。

最后，该策略认为药食同源普通食品和中药类保健食品应用人群不同，中药类保健食品具有特定的功能声称，应分别对两者的质量控制研究内容进行归类和划分；药食同源普通食品应进行质控性评价，而中药类保健食品除质控性评价外还应进行功能性评价。中药类保健食品是在中医药理论指导下进行组方配伍所制。建议针对中药类保健食品的功效，利用系统中药学、分子模拟、分子生物学等多学科技术，结合中医药理论，确定其功效标志物，建立相关质量控制标准，进而对其功能性进行评价。

药食同源产业作为中医药的重要组成部分，在现代经济社会发展中发挥着越来越重要的作用。目前，我国药食同源食品产业还处于初级发展阶段，现有质量控制标准尚不健全，无法满足飞速发展的药食同源食品产业的需求。因此，应该充分考虑药食同源食品的食品和中药双重属性，结合现代科学技术，提出较为完善的质量控制研究策略。该策略使讨论药食同源产品的功效成为可能，有助于解决目前中药类保健食品允许声称的功能有限的问题，扩大中药类保健食品的功能声称范围；为药食同源食品的质量控制研究与标准制定提供了参考，有助于完善相关法律法规和监管体制、减少行业乱象、推动药食同源食品产业的发展。

2.4 药食同源食品开发中存在的问题

1. 基础环节薄弱，精深加工力欠缺

在药食同源食品开发应用的过程中，缺乏中医药学理论中的配伍配方、物质组成及食药用机制，会对其后续的发展产生影响。另外在加工过程中，食性、药性的提取精制和结构改造等工业化转换也会影响产品后续的食用效用。在产学研方面的合作交流断层也会制约产业技术的创新发展，虽然目前一些企业已开始重视研发投入，但在具体的应用过程中依然存在一些不足，加工产品的研发力度与国际市场还存在一定差距。

2. 产品辨识度低，同质化较为明显

保健食品分为营养素补充剂产品和功能性产品。我国已批准的增强免疫力功能的保健食品在所有声称功能性保健食品中排名第一，而声称增强免疫力功能的保健食品配方中含有中药的产品约占 2/3。药食同源物质具有补气补血、滋阴补阳等多方面的作用，通过科学合理的搭配会最大化地发挥不同物质的最大效应。但在我国保健食品相关法规、政策的规定下，保健食品只能在《允许保健食品声称的保健功能

目录》下进行宣称，难以精确展现出药食同源物质更为全面、细化的养生保健作用。

3. 产业发展滞后，标准体系不足

作为健康产业的重要组成部分，药食同源产业的发展与其他药用产业相比较，因标准体系的不足而呈现相对滞后的状态。通过分析国内外同类药食同源产品的价格可知，我国的部分产品在国际市场上的价格低于其他国家的产品。例如，我国的人参与韩国的高丽参，两者品质几乎相同，但高丽参的价格却远远高于我国的人参，其中一个重要原因是我国人参产业长期以来存在重生产轻标准的现象，现行人参标准还不能覆盖产业链的全过程，标准体系不健全、更新滞后，致使人参出口价格受到影响。部分小生产厂家、手工作坊对标准的执行不到位，直接影响产品的质量，对于产业规模化发展也会产生不良影响。

2.5 促进药食同源食品产业发展的建议

1. 强化产品研发，立足市场需求

随着我国药食同源管理新法规、政策相继实施，国家监管力度不断加强，对研发的实际性、重要性和数据的完整性提出新要求，药食同源产业竞争局势不断加剧。我国药食同源产品研发企业要不断更新自身的技术开发理念，强化产品质量，实现产品结构的提升。需重视技术和服务的结合，在市场调研过程中要客观分析以中医理论为基础的药食同源产品的市场前景，根据消费群体的个性差别精准定位。立足于企业的长远发展和产品持续的生命力，规划设计并研发出能够体现药食同源物质功效的创新产品。

2. 提高品牌意识，增加市场活力

随着人们生活物质水平的不断提升，其生活消费习惯和健康理念也不断发生变化，大部分消费者对于相同功效的产品会倾向于选择具有较大品牌效应的产品，大品牌产品的质量和后续服务具有良好保障的观念深入人心。药食同源企业要从长期、健康、可持续发展的角度，强化品牌意识、加大宣传力度、提升品牌价值，以质量求发展，在提高产品市场活力的同时提升品牌价值和自身的市场定位。

3. 拓展开发思路，提升市场份额

想要实现产业规模化的整体提升，就要从构建标准的体系入手，在全产业链的各个环节依照规范，结合我国丰富的药食同源资源，主动参与到药食同源产品标准制定及细化工作中，及时调整布局策略，拓展产业开发思路，制定符合产业发展的标准体系，实现药食同源全行业的良性发展，进一步拓展市场份额。实现产业的大发展，中医药养生文化可进一步得到宣扬，中医药文化在国际范围内也能得到进一步发展和传播。

4. 重视产品监管，助推市场发展

政府部门在加强对产品质量监管力度的同时，需提高服务意识，助推行业发展。通过定期及随机检查相结合的模式来规范企业的生产经营行为，确保药食同源产业的健康有序发展。药食同源产业监管工作专业性较强，监管部门可通过培养专业的监管人员，利用行业和消费者的监督力量，保证产品从原料生产到后续流通及宣传，各项环节能够符合法律和标准要求。通过逐步细化和完善保健食品各项标准规定，规范产业和行业的发展，确保产品质量能够满足社会大众的健康和消费需求，从而实现产业长远可持续发展。

第3章 活性成分的提取与分离

3.1 活性成分的种类及特点

来源于药食同源资源的有效成分主要有黄酮类、生物碱类、多糖类、挥发油类、多酚类、醌类、萜类、木脂素类、香豆素类、皂苷类、强心苷类等。

3.1.1 黄酮类

黄酮类（Flavonoids），又称生物类黄酮（Bioflavonoids），广泛分布于植物界，是一大类重要的天然化合物。黄酮类化合物大多具有颜色，其不同的颜色为天然色素家族添加了更多的色彩。黄酮类化合物在植物体内大部分与糖结合成苷，一部分以游离形式存在。在高等植物体中黄酮类化合物常以游离态或与糖成苷的形式存在，在花、叶、果实等组织中黄酮类化合物多为苷类，而在木质部组织中黄酮类化合物则多为游离的苷元。黄酮类化合物是以色酮环与苯环为基本结构的一类化合物的总称，是多酚类化合物中最大的一个亚类。其基本骨架具有 C_6—C_3—C_6 的特点，即由两个芳香环 A 和 B，通过中央三碳链相互连接而成的一系列化合物。黄酮类化合物可以分为 10 多个类别：黄酮类、黄酮醇类、二氢黄酮类、二氢黄酮醇类、异黄酮类、二氢异黄酮类、查耳酮、二氢查耳酮类、橙酮类及花色素类等。黄酮类化合物的溶解度因结构及存在状态不同而有很大差异。黄酮苷一般易溶于热水、甲醇、乙醇、吡啶、乙酸乙酯与稀碱液，难溶于冷水及苯、乙醚、氯仿中。一般游离苷元难溶或不溶于水，较易溶于有机溶剂（在乙酸乙酯中溶解度较大）与稀碱液。

黄酮类化合物具有显著的抗氧化活性，主要取决于羟基的相对位置而非数目，具有色原酮结构的黄酮位上不饱和双键也会在一定程度上增强其抗氧化活性，环吸电子性质或羟基成苷则会使天然黄酮抗氧化能力降低，与金属离子的络合也是黄酮阻止自由基氧化的途径之一。86 种药食同源物质的总酚、黄酮含量及抗氧化能力见表 3.1。

表 3.1 86 种药食同源物质的总酚、黄酮含量（质量比）及抗氧化能力

植物材料	植物学名	总酚质量比/(mg·g⁻¹)	黄酮质量比/(mg·g⁻¹)	总抗氧化能力/(mmol·g⁻¹)	DPPH 清除率/%
青果	橄榄	280.46±1.70	130.29±6.85	15.853±0.259	97.11±0.10
丁香	丁香	194.47±0.61	46.30±0.72	8.315±0.081	91.28±0.72
诃子肉	诃子	114.24±1.08	30.04±0.27	4.413±0.067	96.31±0.38
丹参	丹参	99.76±1.02	318.75±7.64	2.761±0.018	95.28±0.19
红景天	红景天	96.66±1.35	95.16±7.19	2.385±0.021	94.83±0.67
花椒	花椒	90.50±1.50	157.67±5.74	3.318±0.101	93.46±0.24
金荞麦	金荞麦	87.59±0.66	185.22±4.19	2.907±0.093	89.49±0.42
槐花	槐	86.93±1.51	80.35±2.12	2.571±0.157	85.19±0.28
牡丹皮	牡丹	68.33±0.74	43.66±0.94	1.654±0.014	94.06±0.59
生何首乌	何首乌	62.73±0.87	99.79±2.30	2.772±0.136	86.31±0.57
八角茴香	八角茴香	53.89±0.82	52.63±0.72	2.685±0.043	89.59±0.09
香橼	枸橼	46.22±1.01	16.45±0.70	0.593±0.014	22.83±0.60
砂仁	阳春砂	46.02±1.12	100.87±5.59	2.858±0.049	86.36±0.40
金樱子	金樱子	45.02±0.76	66.88±1.16	2.251±0.255	94.88±0.41
肉豆蔻	肉豆蔻	37.26±0.66	51.97±2.16	1.255±0.043	57.11±0.42
荔枝核	荔枝	35.20±0.82	37.46±0.41	0.930±0.049	81.35±0.72
金银花	忍冬	34.78±0.54	74.93±2.04	1.285±0.013	89.82±0.40
山楂	山里红	32.75±1.20	50.97±2.24	0.784±0.028	55.34±0.85
代代花	代代	32.63±0.71	20.54±0.32	0.787±0.011	86.58±0.63
高良姜	高良姜	31.45±0.18	46.76±0.41	0.642±0.028	70.25±0.72
桑叶	桑叶	25.22±0.36	21.66±0.89	0.442±0.011	35.44±0.42
女贞子	女贞	24.09±1.08	42.19±1.10	2.248±0.019	46.98±0.31
覆盆子	覆盆子	23.94±0.47	10.99±0.84	0.237±0.003	26.14±0.80
陈皮	橘	23.89±0.56	9.12±0.12	0.245±0.002	18.44±0.23
甘草	甘草	23.65±0.65	18.51±0.28	0.872±0.008	27.20±1.78
马齿苋	马齿苋	23.38±0.79	26.79±0.70	0.429±0.007	50.96±0.61
决明子	决明	22.60±0.42	47.41±2.17	0.348±0.002	55.42±0.84
胖大海	胖大海	22.51±0.15	39.64±0.57	0.554±0.009	58.31±0.79

续表 3.1

植物材料	植物学名	总酚质量比/(mg·g⁻¹)	黄酮质量比/(mg·g⁻¹)	总抗氧化能力/(mmol·g⁻¹)	DPPH 清除率/%
菊花	菊	21.93±1.36	28.35±1.13	0.674±0.035	55.61±0.72
生姜	姜	21.24±0.09	26.21±0.34	0.806±0.008	45.26±0.58
泽兰	地瓜儿苗	20.91±0.38	45.41±0.16	2.470±0.019	47.93±0.57
木瓜	贴梗海棠	20.16±0.74	36.31±2.09	0.547±0.023	57.32±1.06
土茯苓	光叶菝葜	20.12±0.98	35.17±0.99	0.609±0.005	50.00±0.86
橘红	橘	18.41±1.47	6.67±0.21	0.020±0.000	12.82±0.70
白芨	白芨	18.12±0.82	5.54±0.21	0.126±0.001	17.61±0.76
榧子	榧	17.73±0.53	2.25±0.16	0.054±0.000	9.11±0.42
黑胡椒	胡椒	17.16±0.11	23.57±0.53	0.458±0.025	37.72±1.47
小蓟	刺儿菜	16.85±0.41	26.91±0.50	1.199±0.028	39.12±0.60
益智仁	益智	16.61±0.80	9.43±0.32	0.162±0.001	17.22±1.12
大枣	枣	15.98±0.06	6.25±0.18	0.178±0.001	13.81±0.91
枳椇子	枳椇	15.66±0.74	3.96±0.24	0.253±0.002	27.62±0.44
黄精	黄精	15.52±0.26	6.69±0.16	0.174±0.007	16.41±1.06
山茱萸	山茱萸	14.33±0.50	6.43±0.21	0.720±0.030	59.52±1.17
沙苑子	黄芪	14.27±0.57	12.40±0.07	0.744±0.087	26.98±0.47
栀子	栀子	13.77±0.05	35.74±1.28	0.574±0.007	60.28±1.03
葛根	野葛	13.72±0.65	2.66±0.05	0.033±0.000	6.09±0.44
薄荷	薄荷	13.17±0.04	27.05±0.07	0.415±0.006	46.82±0.56
鱼腥草	蕺菜	12.77±0.46	12.97±1.04	0.188±0.003	22.55±0.50
枸杞子	宁夏枸杞	12.53±0.62	3.51±0.05	0.207±0.002	8.19±0.41
白芷	白芷	12.06±10.28	1.68±0.07	0.094±0.001	16.22±0.33
蒲公英	蒲公英	11.52±0.89	24.26±1.77	0.247±0.002	69.20±0.46
紫苏叶	紫苏	11.30±0.16	17.76±0.48	1.113±0.008	20.45±3.30
玉竹	玉竹	11.14±0.79	1.25±0.05	0.030±0.000	2.11±0.51
乌梅	梅	11.08±0.19	14.98±0.47	0.649±0.013	19.68±0.76
罗汉果	罗汉果	11.06±0.52	0.81±0.05	0.174±0.001	14.49±0.26
芦根	芦苇	10.22±0.18	4.91±0.20	0.142±0.001	12.36±0.67

续表 3.1

植物材料	植物学名	总酚质量比 /(mg·g⁻¹)	黄酮质量比 /(mg·g⁻¹)	总抗氧化能力/ (mmol·g⁻¹)	DPPH 清除率/%
远志	远志	10.18 ± 0.27	6.75 ± 0.12	0.214 ± 0.001	18.10 ± 0.58
酸枣仁	酸枣	9.55 ± 0.29	2.75 ± 0.16	0.098 ± 0.001	10.11 ± 0.48
香薷	香薷	9.44 ± 0.05	11.53 ± 0.07	0.160 ± 0.000	22.35 ± 0.54
薤白	小根蒜	8.72 ± 0.87	1.85 ± 0.05	0.026 ± 0.000	11.09 ± 0.58
荷叶	莲	8.66 ± 0.36	12.55 ± 0.64	0.123 ± 0.001	17.71 ± 0.62
薏苡仁	薏苡	8.45 ± 0.47	3.15 ± 0.14	0.019 ± 0.000	1.86 ± 0.58
白茅根	白茅	7.67 ± 0.03	6.84 ± 0.20	0.181 ± 0.001	12.26 ± 1.81
小茴香	茴香	7.54 ± 0.05	7.06 ± 0.19	0.151 ± 0.002	13.38 ± 0.49
蒲黄	香蒲	7.46 ± 0.16	6.50 ± 0.40	0.118 ± 0.001	9.02 ± 0.25
莲子	莲	7.26 ± 0.12	0.89 ± 0.08	0.010 ± 0.000	3.72 ± 0.10
桑椹	桑	5.97 ± 0.58	4.04 ± 0.07	0.150 ± 0.001	13.31 ± 0.25
佛手	佛手	5.86 ± 0.09	1.89 ± 0.04	0.045 ± 0.001	9.73 ± 0.85
百合	百合	5.67 ± 0.40	12.23 ± 1.33	0.027 ± 0.000	8.06 ± 0.82
藿香	藿香	5.35 ± 0.04	14.04 ± 0.24	0.168 ± 0.002	20.90 ± 0.58
赤小豆	赤小豆	5.05 ± 0.08	5.38 ± 0.15	0.087 ± 0.001	9.33 ± 0.24
龙眼肉	龙眼	4.67 ± 0.17	1.15 ± 0.10	0.085 ± 0.000	9.87 ± 0.60
淡豆豉	大豆	4.01 ± 0.22	1.96 ± 0.10	0.085 ± 0.002	7.36 ± 1.37
白扁豆	扁豆	3.87 ± 0.24	2.27 ± 0.09	0.132 ± 0.056	3.57 ± 0.41
山药	薯蓣	3.49 ± 0.36	3.30 ± 0.05	0.089 ± 0.043	32.00 ± 0.32
巴戟天	巴戟天	2.87 ± 0.25	2.76 ± 0.51	0.011 ± 0.000	2.97 ± 0.88
淡竹叶	淡竹叶	2.75 ± 0.01	1.51 ± 0.11	0.064 ± 0.001	6.02 ± 0.33
芡实	芡	2.61 ± 0.04	1.39 ± 0.08	0.038 ± 0.000	6.90 ± 0.62
郁李仁	郁李	2.43 ± 0.01	2.17 ± 0.01	0.020 ± 0.000	7.35 ± 0.18
白果	银杏	2.08 ± 0.05	0.62 ± 0.02	0.019 ± 0.000	7.19 ± 0.99
麦芽	大麦	1.58 ± 0.01	0.50 ± 0.04	0.049 ± 0.002	5.74 ± 1.35
苦杏仁	山杏	1.34 ± 0.06	0.90 ± 0.04	0.011 ± 0.000	5.37 ± 0.35
莱菔子	萝卜	1.32 ± 0.12	0.89 ± 0.08	0.100 ± 0.001	0.72 ± 0.10
桃仁	桃	1.32 ± 0.02	0.92 ± 0.02	0.010 ± 0.000	4.05 ± 0.32
桔梗	桔梗	1.13 ± 0.06	0.95 ± 0.03	0.025 ± 0.000	7.90 ± 0.80
火麻仁	大麻	0.57 ± 0.00	0.00 ± 0.00	0.010 ± 0.001	1.28 ± 0.82

3.1.2 生物碱类

生物碱类（Alkaloids）大多存在于植物中，故又称为植物碱，是一类含氮的有机碱性化合物，有复杂的环状结构，氮素多包含在环内，分子中大多含有含氮杂环，如吡啶、吲哚、喹啉、嘌呤等，也有少数是胺类化合物。它们在植物中常与有机酸结合成盐，还有少数以糖苷、有机酸酯和酰胺的形式存在。以未成盐碱（游离生物碱）形式存在的亲脂，以生物碱盐形式存在的亲水。能较好地溶解在氯仿、苯、乙醚、乙醇中，其显著的碱性决定了它可以与各种酸（无机酸、有机酸）成盐。按照基本结构，生物碱可分为 60 类左右。主要类型：有机胺类（麻黄碱、益母草碱、秋水仙碱）、吡咯烷类（古豆碱、千里光碱、野百合碱）、吡啶类（菸碱、槟榔碱、半边莲碱）、异喹啉类（小檗碱、吗啡、粉防己碱）、吲哚类（利血平、长春新碱、麦角新碱）、莨菪烷类（阿托品、东莨菪碱）、咪唑类（毛果芸香碱）、喹唑酮类（常山碱）、嘌呤类（咖啡碱、茶碱）、甾体类（茄碱、浙贝母碱、澳洲茄碱）、二萜类（乌头碱、飞燕草碱）、其他类（加兰他敏、雷公藤碱等）。含生物碱的中草药很多，如三尖杉、麻黄、黄连、乌头、延胡索、粉防己、颠茄、洋金花、萝芙木、贝母、槟榔、百部等，分布于 100 多科中，以双子叶植物最多，其次为单子叶植物，生物碱含量一般都较低，质量分数大多低于 1%。目前已发现的生物碱约有 6 000 种，并且仍以每年约 100 种的速度递增。

李杨等研究表明莲子皮生物碱具有较强的体外抗氧化活性，对自由基具有良好的清除作用。影响生物碱抗氧化活性的结构因素主要是立体结构和电性因素，杂环中氮原子越裸露在外，越有利于充分地接近活性氧并与之反应，抗氧化效果越好；供电子基团或者能使氮原子富有电子的结构因素也可增加其抗氧化活性。

3.1.3 多糖类

多糖（Polysaccharide）又称多聚糖，由单糖通过糖苷键连接而成，是聚合度大于 10 的极性复杂大分子，基本结构单元是葡聚糖，其分子量一般为数万甚至数百万。多糖广泛分布于动物、植物及微生物中，作为来自高等动植物细胞膜和微生物细胞壁的天然高分子化合物，是构成生命活动的四大基本物质之一。目前已发现的活性多糖有几百种，按其来源不同可分为真菌多糖、高等植物多糖、藻类地衣多糖、动物多糖、细菌多糖五大类。

植物多糖结构组成非常复杂，不同种的植物多糖的分子构成及分子量各不相同，植物的不同部位因功能不同多糖的种类和功能各不相同，生物活性也不同。多糖的结构与蛋白质一样也具有一、二、三、四级结构，植物多糖是由许多相同或不同的单糖以 α-或 β-糖苷键所组成的化合物，不同种的植物多糖的分子构成及分子量各不相同。淀粉、纤维素等多糖大多为无定形化合物，无甜味和还原性，难溶于水；除淀粉、纤维素、果胶以外的具有生物活性的多聚糖，一般易溶于水，不溶于乙醇。

作为自然界含量最丰富的初级代谢产物，多糖在预防心血管疾病、抗肿瘤、抗氧化、治疗肝炎、抗衰老等方面具有独特的生物活性，且细胞毒性极低。多糖不仅能增强机体的免疫功能，还可以增强基体对自由基的清除能力和抗氧化能力。研究表明，从传统中药人参、黄芪、牛膝、麦冬和大黄提取的多糖均体现了很好的抗氧化活性；对白术水溶性多糖进行提取和分离可得到含半乳糖、鼠李糖、阿拉伯糖组和甘露糖、木糖、半乳糖、阿拉伯糖的多糖组分，结果表明两组均有较强的抗氧化活性，且活性更强。研究还表明苦瓜多糖、中华猕猴桃多糖、灵芝多糖、枸杞多糖、人参莲叶多糖、岩藻多糖、鼠尾藻多糖、沙棘茶水溶性多糖和银杏外种皮多糖等均具有一定程度的抗氧化作用。多糖作为一类重要的生物活性物质，对物理、化学及生物来源的多种自由基有清除作用，能减少脂质过氧化产物丙二醛的生成量，增加谷胱甘肽过氧化物酶的活性等，在抗氧化方面显示了诱人的前景。

3.1.4　挥发油类

挥发油（Volatileoils）又称精油（Essentialoils），是一类在常温下能挥发的、可随水蒸气蒸馏的、与水不相混的油状液体的总称。大多数挥发油具有芳香气味，在水中的溶解度很小，但能使水具有挥发油的特殊气味和生物活性，挥发油常存于植物组织表皮的腺毛、油室、油细胞或油管中，大多数呈油滴状态存在。有时挥发油与树脂共存于树脂道内（如松茎），少数以苷的形式存在（如冬绿苷，其水解后的产物水杨酸甲酯为冬绿油的主要成分）。

挥发油在植物体内的分布有多种多样。有的全株植物都含有（荆芥、紫苏）；有的则在根（当归）、根茎（姜）、花（丁香）、果（柑橘）、种子（豆蔻）等部分器官中含量较多。挥发油为多种类型成分的混合物，一种挥发油往往含有几十种甚至一二百种成分，其中以某种或数种成分占较大的分量。其基本组成为脂肪族、芳香族和萜类化合物。挥发油中存在的萜类主要是单萜和倍半萜，它们通常含量较高，但无香气，不是挥发油的芳香成分。挥发油易溶于醚、氯仿、石油醚、二硫化碳和脂肪油等有机溶剂中，能完全溶于无水乙醇。

3.1.5　多酚类

天然植物抗氧化活性成分种类繁多，近年来多酚类化合物及其衍生物越来越受到人们的关注，主要是因为其高效的抗氧化性和存在的普遍性。植物多酚又称植物单宁，为植物体内的复杂酚类次生代谢产物，主要存在于植物的皮、根、叶和果实中，在植物中的含量仅次于纤维素、半纤维素和木质素。自然界中含有多种具有抗氧化活性的多酚类化合物，如谷物的胚芽，其抗氧化活性优于生育酚。植物多酚类化合物因为具有清除氧自由基的能力，所以有很强的抗氧化活性。其中，多酚类及富含多酚的植物的抗脂质过氧化作用，大多数是通过捕获自由基和螯合金属离子实现的。

3.1.6　醌类

醌类化合物（Quinonoids）是植物中一类具有醌式结构的有色物质，在植物界分布较广泛，高等植物中大约有 50 多个科 100 余属的植物中含有醌类，集中分布于蓼科、茜草科、豆科、鼠李科、百合科、紫葳科等植物中。天然药物如大黄、虎杖、何首乌、决明子、丹参、番泻叶、芦荟、紫草中的有效成分都是醌类化合物。醌类化合物多数存在于植物的根、皮、叶及心材中，也存在于茎、种子和果实中。

醌类化合物包括醌类或容易转化为具有醌类性质的化合物，以及在生物合成方面与醌类有密切联系的化合物，醌类化合物基本上具有 α-、β-不饱和酮的结构，当其分子中连有—OH、—OCH$_3$ 等助色团时，多显示黄、红、紫等颜色，主要分为苯醌、萘醌、菲醌和蒽醌四种类型，在中药中以蒽醌及其衍生物尤为重要。游离的醌类多具升华性，小分子的苯醌类及苯酮类具有挥发性，能随水蒸气蒸馏，可因此进行提取、精制。游离醌类极性较小，一般溶于甲醇、乙醇、丙酮、醋酸乙酯、氯仿、乙醚、苯等有机溶剂，不溶或难溶于水；与糖结合成苷后极性显著增大，易溶于甲醇、乙醇，溶于热水，但在冷水中溶解度较小，几乎不溶于乙醚、苯、氯仿等极性较小的有机溶剂。

3.1.7　萜类

萜类化合物（Terpenoid）指自然界存在的分子式为异戊二烯（C_5H_8）单位倍数的烃类及其含氧衍生物，可以看成是由异戊二烯或异戊烷以各种方式连接而成的一类天然化合物。萜类化合物在自然界中广泛存在，高等植物、真菌、微生物、昆虫以及海洋生物中均有萜类成分。萜类化合物多数具有不饱和键，其烯烃类常称为萜烯，随着分子中碳环数目的增加，其氢原子数的比例相应减少。萜类化合物除以萜烃的形式存在外，多数以各种含氧衍生物，如醇、醛、酮、羧酸、酯类以及苷等形式存在于自然界，也有少数以含氧、硫的衍生物存在。一般根据其构成分子碳架的异戊二烯数目和碳环数目进行分类，可分为半萜、单萜、倍半萜，再根据各萜类化合物中碳环的有无和数目多少分类，可分为开链萜（或无环萜）、单环萜、双环萜（依此类推）等。萜类化合物在植物界分布很广泛，最为丰富多样的还是种子植物，尤其是被子植物。它们经常与树脂、树胶并生，似乎与生物碱相排斥。

3.1.8　木脂素类

木脂素（Lignan）又称木脂体，由两分子苯丙素衍生物（C_6—C_3）聚合而成，单体主要是肉桂酸和苯甲酸及其羟甲基衍生物，是一类植物小分子量次生代谢物，在体内大多呈游离状态，有的也与糖结合成苷存在于植物的树脂状物质中。木脂素常见于夹竹桃科、爵床科、马兜铃科植物中，广泛分布于植物的根、根状茎、茎、叶、花、果实、种子以及木质部和树脂等部位。因为从木质部和树脂中发现较早，并且分布较多，故而得名木脂素。木脂素类化合物可分为两大类，即木脂素和新木脂素，常见的有芳基萘、二苄基丁内酯、四氢呋喃、二苄基丁烷和联苯环辛烯等类型。木脂素多数为无色或白色结晶（新木脂素除外），多数无挥发性，少数能升华，如去甲二氢愈创酸。游离木脂素偏亲脂性，难溶于水，能溶于苯、氯仿、乙醚、乙醇等。与糖结合成苷者水溶性增大，并易被酶或酸水解。木脂素分子结构中常含醇羟基、酚羟基、甲氧基、亚甲二氧基及内脂环等官能团，具有这些官能团所具有的化学性质。具有酚羟基的木脂素还可溶于碱性水溶液。

3.1.9　香豆素类

香豆素类（Coumarins）是邻羟基桂皮酸的内酯，具有芳香气味，广泛分布于高等植物中，尤其以芸香科和伞形科为多，少数发现于动物和微生物中。在植物体内，它们往往以游离状态或与糖结合成苷的形式存在。香豆素的母核为苯并 α-吡喃酮，该类化合物的母核结构有简单香豆素类、呋喃香豆素类、吡喃香豆素类三种类型，是生药中的一类重要的活性成分，主要分布在伞形科、豆科、菊科、芸香科、茄科、瑞香科、兰科等植物中。

游离的香豆素多数有较好的结晶，且大多有香味。分子量小的香豆素有挥发性，能随水蒸气蒸馏，并能升华。香豆素苷多数无香味和挥发性，也不能升华。游离的香豆素能溶于沸水，难溶于冷水，易溶于甲醇、乙醇、乙腈和乙醚；香豆素苷类能溶于水、甲醇和乙醇，而难溶于乙醚等极性小的有机溶剂。

3.1.10　皂苷类

皂苷（Saponins）的水溶液振摇后可生产持久的肥皂样的泡沫，因而得名。皂苷类是由甾体皂苷元或三萜皂苷元与糖或糖醛酸缩合而成的苷类化合物，广泛存在于植物界，在单子叶植物和双子叶植物中均有分布，尤以薯蓣科、玄参科、百合科、五加科、豆科、远志科、桔梗科、石竹科等植物中分布最普遍，含量也较高，例如薯蓣、人参、柴胡、甘草、知母、桔梗等都含有皂苷。此外在海洋生物如海参、海星和动物中亦有发现。按皂苷配基的结构分为两类：①甾族皂苷，多存在于百合科和薯蓣科植物中；②三萜皂苷，多存在于五加科和伞形科等植物中。根据水解后生成皂苷元的结构，皂苷可分为三萜皂苷与甾体皂苷两大类。

皂苷大多为白色或乳白色的无定形粉末，味苦而辛辣，具吸湿性，能刺激黏膜而引起喷嚏，无明显的熔点；可溶于水，易溶于热水、热甲醇、热乙醇等，不溶于乙醚、苯等极性小的有机溶剂。由于皂苷易溶于水饱和的丁醇或戊醇，因此常从水溶液中用丁醇或戊醇提取，借以与糖、蛋白质等亲水性成分分开。皂苷经酶或酸水解生成皂苷元为结晶状物质，可溶于丙酮、乙醚、三氯甲烷等有机溶剂。

3.1.11　强心苷类

强心苷类（Cardiacglycosides）是指天然存在的一类对心脏有显著生理活性的甾体苷类，可用于治疗充血性心力衰竭及节律障碍等心脏疾患，由强心苷元及糖缩合而成，其苷元是甾体衍生物，所连接的糖有多种类型。强心苷的基本结构是由甾醇母核和连在 C_{17} 位上的不饱和共轭内酯环构成苷元部分，然后通过甾醇母核 C_3 位上的羟基和糖缩合而合成。根据苷元部分 C_{17} 位上连接的不饱和内酯环的类型分为甲型和乙型两类。甲型是目前临床应用的强心苷及植物体中发现的绝大多数强心苷，如洋地黄、毛花洋地黄、毒毛旋花、羊角拗、黄花夹竹桃、夹竹桃、福寿草、侧金盏花、北五加皮、铃兰、万年青等所含的强心苷。

强心苷类成分多为无色结晶或无定形粉末，味苦，对黏膜有刺激性；可溶于水、丙酮及醇类等极性溶剂，略溶于醋酸乙酯、含醇三氯甲烷（2∶1 或 3∶1），几乎不溶于醚、苯、石油醚等非极性溶剂。它们在极性溶剂中的溶解性随分子中糖数目增加而增加。苷元难溶于极性溶剂而易溶于三氯甲烷、醋酸乙酯中。强心苷的苷键可被酸、酶水解，分子中具有酯键结构的还能被碱水解。

3.2　活性成分的提取分离方法和技术

近年来，药食同源资源中有效成分类药物和功能性食品的市场需求量增加，人们对活性成分药用和食用疗效的研究逐渐深入，有关活性成分提取分离的相关研究日益受到人们的重视。但由于各种活性成分细胞结构、提取工艺不同，常需根据不同提取对象的性质来选择合适的提取分离方法。

目前常用的传统提取方法如浸渍法、蒸汽或水蒸馏法、压榨法、渗流法和索氏提取法等提取效率不高、有效成分损失多、周期长、工序多，一些新型提取技术如超声波辅助提取（Ultrasound-Assisted Extraction，UAE）、超临界流体萃取（Supercritical Fluid Extraction，SFE）、快速溶剂萃取（Accelerated Solvent Extraction，ASE）、微波辅助提取（Microwave-Assisted Extraction，MAE）等技术的应用越来越广泛。另外，制备型高效液相色谱（Preparative High-Performance Liquid Chromatography，P-HPLC）法和高速逆流色谱（High-Speed Counter-Current

Chromatography，HSCCC）法等新型分离纯化技术因具有纯化制备效率高、操作简捷等优点，逐渐取代离心分离法、醇水法、盐析法、酸碱法、离子交换法和结晶法等传统方法，在活性成分分离纯化领域得到了大量应用。

3.2.1 活性成分的提取方法

1. 超声波辅助提取法

UAE 法利用独特的声空化技术促进和加速天然产物有效成分的提取过程，在常温常压下操作可避免高温对目标成分的破坏。它具有提取时间短、常温操作、不受分子量大小、成分极性的限制，比较适合不稳定化合物提取的特点，且其操作简单易行。因此，虽然有时 UAE 法的提取效率低于其他方法，但它依然在天然产物有效成分提取以及食品、医药、环境等领域得到了广泛运用。近年来，具有结构、性质可调，溶解性能良好的离子液体在样品前处理领域得到了较多应用，它作为一种良好的萃取溶剂也应用于 UAE 法中，形成了离子液体超声辅助提取（Ionic Liquid Based Ultrasonic Assisted Extraction，ILUAE）法。如 Cao 等以 [C4mim]、[BF4] 离子液体为溶剂提取白胡椒中的胡椒碱，与传统提取方法和常规 UAE 法对比，胡椒碱的提取率增加了一倍，而提取时间则节约了 3/4。除了新溶剂在 UAE 法中得到应用外，一些新的 UAE 法也陆续被开发出来。如 Jone 等建立了聚焦超声提取（Focused Ultrasound Extraction，FUSE）法并将其应用于柑橘皮中挥发油和抗氧化剂的提取分离中，与 SFE 法相比，采用 FUSE 法可以获得更高的提取率。离子液体等绿色溶剂的使用和 FUSE 等方法的开发扩展了 UAE 法的应用范围，使 UAE 法在样品前处理中获得了更大的发展空间。另外，将超声波技术与其他提取新技术协同，可以结合不同前处理方法各自的技术优势，获得更满意的提取效率。如 Riera 等利用超声波协同 SFE 法提取杏仁油，其提取率比不使用超声波增加了 40%～90%；采用超声波协同微波辅助提取牛蒡叶中的多酚，只需要 30 s，而且牛蒡中多种酚类化合物的提取回收率达到 96.9%以上，比 MAE 的提取速度更快。将 UAE 法与 HSCCC 法结合，可以实现样品的快速提取、快速分离纯化，如 Sun 等运用 ILUAE 法和 HSCCC 法联用提取鸢尾根中 3 种异黄酮，制备量超过 70 mg，纯度大于 95%，提取、分离纯化过程仅耗时 5 h。

2. 超临界流体萃取法

SFE 法是以超临界状态下的流体为萃取溶剂分离萃取混合物的过程。超临界流体具有类似于气体的较强穿透力和类似于液体的较大密度和溶解度，具有良好的溶剂特性，它克服了传统的索氏萃取费时费力、回收率低、重现性差、污染严重等弊端，使样品的萃取过程更加快速简便，特别是消除了有机溶剂对人体和环境的危害。CO_2气体的临界温度（31.06 ℃）和临界压力（7.39 MPa）较低，是常用的超临界流体，适合于提取非极性和中等极性的物质，在天然产物提取各种精油和植物油中有着广泛的应用并在产业化方面取得了较大的成功。由于 CO_2 的非极性和低分子量特点，很难对许多强极性大分子量的成分进行有效提取。因此可以在 CO_2 超临界流体中加入适量的夹带剂如甲醇、乙醇等调节其极性。超临界流体萃取工艺流程图如图 3.1 所示。

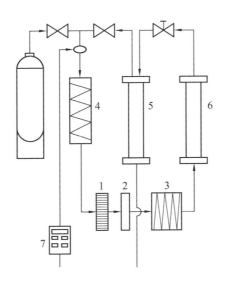

1—过滤器；2—压缩机；3、4—热交换器；5—分离管；6—提取管；7—夹带剂输出设备

图 3.1　超临界流体萃取工艺流程图

Amiz 等运用 SFE 法萃取西兰花叶片中的游离氨基酸，在 CO_2 流体中加入 35% 甲醇作为改性剂，提高其极性从而扩大 SFE 法的提取范围，该法的提取时间是其他类似的 SFE 法提取氨基酸时间的 1/3。近年来，一些新型溶剂如离子液体作为夹带

剂在 SFE 法中得到了成功应用。Patil 等加入离子液体作为改性剂萃取胡黄连根中的胡黄连苷 I 和 II，发现离子液体可以有效地增加胡黄连苷的提取率。使用良好的夹带剂可以减少分析物与基质间的相互作用，提高提取量或选择性，这是目前 SFE 法研究的一个热点。将 SFE 法与分子蒸馏分离（Molecular Distillation，MD）法相结合，可以结合 SFE 法的快速提取和后处理简单的优势以及 MD 法的选择性分离特点，提高天然产物有效成分的提取分离效率。如采用 SFE-MD 法从大蒜中提取热敏性的大蒜素，可以得到其他常用分离手段难以完成的高纯度产品。此外，将 SFE 法与 HSCCC 法结合可以实现样品的快速提取和高效分离。如 Li 等将 SFE 法和 HSCCC 法在线联用分离提取了突厥蔷薇中的 6 种化合物，其中包括 3 种不稳定的花色素，采用 HSCCC 法的上相作为 SFE 法的夹带剂，提取液直接进入 HSCCC 法中分离，不仅快速高效地得到了目标对照品，而且节省了大量时间和溶剂。

3. 快速溶剂萃取法和加压液体萃取法

ASE 法和加压液体萃取（Pressurized Liquid Extraction，PLE）法在本质上属于一种方法。一般认为加压液体萃取法是对方法本身的概述，而快速溶剂萃取法（仪）是戴安公司在 20 世纪 90 年代推出的商品名。PLE 法是在一定的温度和压力下用溶剂对固体或半固体样品进行萃取的方法。提取过程中，一般使用常规且不易燃、易爆的溶剂通过提高温度和增加压力来提高萃取效率。如使用了易燃、易爆溶剂作为溶剂系统，提取温度应低于 30 ℃。此外，PLE 法具有如下优势：提高被分析物的溶解能力；降低样品基质对被分析物的作用或减弱基质与被分析物间的作用力；加快被分析物从基质中解析并快速进入溶剂；降低溶剂黏度有利于溶剂分子向基质中扩散；增加压力使溶剂的沸点升高，确保溶剂在萃取过程中一直保持液态。

PLE 仪由溶剂瓶、泵、气路、加热炉腔、不锈钢萃取池和收集瓶等构成，结构组成及工作流程如图 3.2 所示。PLE 法的工作流程为：手工将样品与硅藻土或者海砂混合，装入萃取池，放置 PLE 仪内。设置如下提取参数：温度、压力、时间、溶剂选择和循环萃取次数等。经过润洗，机器泵将溶剂输送入萃取池（20～60 s），萃取池在加热炉被加温和加压（5～8 min），在设定的温度和压力下静态萃取（5 min），多次少量向萃取池加入清洗溶剂（20～60 s），萃取液自动经过滤膜进入收集瓶，用

N₂吹洗萃取池和管道（60～100 s），萃取液全部进入收集瓶待分析。全过程仅需 13～
17 min。

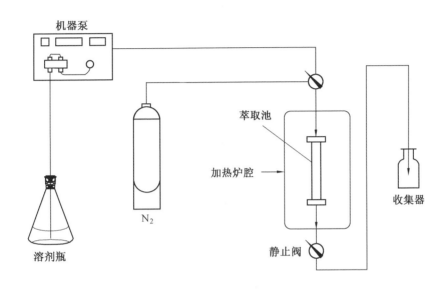

图 3.2　加压液体萃取法结构组成及工作流程

与传统提取法相比，PLE 法最大的优势是可以对提取液进行净化，降低溶液消
耗，减少了后续处理，且提取过程自动化程度高。截至目前，至少有 200 个样品已
经通过 PLE 法进行提取，且该法尤其适合黄酮类和有机酸类化合物的提取。Cicek
对 PLE 法的溶剂体系和溶剂范围进行了总结和概括。值得一提的是，通常情况下，
乙醚、石油醚等易挥发、易燃的试剂不能作为提取溶剂，如以上述试剂作为溶剂，
提取温度不要高于 30 ℃。一般而言，可以应用石油醚等脱脂或除叶绿素等。例如以
石油醚作为溶剂，应用 PLE 法，除去黑升麻（*Actaearacemosa*）中脂类化合物，再
应用二氯甲烷等提取皂苷类成分。目前，PLE 法一般应用于分析型的试验分析。与
PLE 法类似的提取方法是亚临界水萃取（Subcritical Water Extraction，SWE）法，该
方法通常以水作为提取溶剂，在高温下，水的表面张力和溶解性等特点发生了极大
的变化，使水的极性降低，可以提高其对亲脂性化合物的溶剂能力。由于水无毒无
害，且可以代替有机试剂使用，因此，SWE 法具有极大的应用前景。如 He 等应用
SWE 法从石榴种子中分离得到有机酸类化合物；Rangsriwong 应用 SWE 法从诃子中

分离得到五倍子酸和鞣花丹宁酸；Ko 等应用 SWE 法从洋葱皮中分离得到黄酮类化合物；Singh 等应用 SWE 法从西红柿中分离得到酚类化合物；Jayawardena 等应用 SWE 法从桂皮（*Cinnamomumceylanicum*）中分离得到挥发油类物质。尽管 PLE 法和 SWE 法提取效率高，而且可在高温高压下提取，但是应用此法进行提取时，需保证化合物稳定。Plaza 结果表明，部分化合物应用 PLE 法和 SWE 法进行提取时，易发生美拉德反应，从而使化合物降解。PLE 法由于快速、高效、溶剂消耗量小、能在线净化和提取自动化等优势，已经获得了广泛的应用。

4. 微波辅助提取法

MAE 法是在微波场中通过微波作用强化传热和传质的一种样品提取技术。与浸提、溶剂回流、UAE 等提取方法相比，MAE 法不仅效率高、重现性好、可以保持有效物质的生理活性，而且能同时提取多个样品，符合环境保护要求。因此，近十年来 MAE 法广泛用于天然产物生物碱类、黄酮类、多酚类、多糖类、有机酸、挥发油类、皂苷类、萜类等有效成分的提取分离，微波辅助提取技术在天然产物有效成分提取中的应用见表 3.2。

表 3.2　微波辅助提取技术在天然产物有效成分提取中的应用

类别	活性成分	天然产物	提取条件	试验结果
生物碱	冒柱碱等四种	大岩桐叶子	50%（体积分数）甲醇，110 ℃，1 060 min，液固比 10 mL/ g	与 UAE 法和 SFE 法对比，MAE 法的提取率最高
	N-去甲荷叶碱等 3 种	荷叶	1 mol/L[C4mim][PF6]，280 W，2 min，液固比 30 mL/g	离子液体的提取率高、提取时间短
黄酮	川陈皮素	柑橘	693.72 W，14.16 min，液固比 21.91 mL/g	响应曲面法，提取率高于 SFE-CO₂
	山药豆种子	鱼藤酮	50%（体积分数）甲醇，11 min，55 ℃	提取率高于索氏提取，提取时间短
酚类	总酚	生姜	50%（体积分数）乙醇，60 ℃，100 W，10 min，液固比 20 mL/g	提取率高于传统提取方法
多糖	多糖	黑木耳	水，pH 7，860 W，25 min，95 ℃，液固比 16.5 mL/g	提取率高

续表 3.2

类别	活性成分	天然产物	提取条件	试验结果
皂苷	三萜类皂苷	文冠果	42%（体积分数）乙醇，51 ℃，900 W，7 min，液固比 32 mL/g	与 UAE 法和 HRE 法对比，提取率高、提取时间短
萜类	青蒿素	黄花蒿	丙酮，160 W，2 min，液固比 100 mL/g，提取两次	提取率高于索氏提取，提取时间短，溶剂提取率高、重复性好
	齐墩果酸	马缨丹根	氯仿：甲醇（60：40，体积比），600 W，6 min，50 ℃	
有机酸	熊果酸	桉树	氯仿：甲醇（60：40，体积比），600 W，5 min，50 ℃，液固比 4 mL/g	提取效率高，省时间、溶剂

作为一种备受关注、物理化学性质优良的新型溶剂，离子液体也较多地作为提取溶剂用于 MAE 法中。离子液体微波辅助萃取（ILs-MAE）法采用绿色溶剂-离子液体替代传统的有机萃取溶剂（如甲醇、乙醇），与高效液相色谱法联用可以实现丹参中脂溶性成分的快速提取和分离分析。此外，ILs-MAE 法也在提取多酚类、黄酮中得到了成功应用。虽然基于微波加热效应和微波场强化作用的微波辅助提取技术能够将样品提取时间由几小时缩短至几分钟到几十分钟，且其萃取效果与索氏提取相当，但高温微波辅助提取时剧烈的热效应容易导致多酚类、色素类和植物甾醇类等热敏性易氧化活性物质分解损失。因此，在保证高提取效率前提下，可以考虑降低体系的提取温度或减少体系中的氧气含量。采用较新型的萃取装置如真空微波辅助提取（Vacuum Microwave-Assisted Extraction，VMAE）装置、氮气保护微波辅助萃取（Nitrogen-Protected Microwave-Assisted Extraction，NPMAE）对抗坏血酸等易氧化物质的萃取具有一定保护作用，可以提高其萃取效率。此外，动态微波辅助萃取（Dynamic Microwave-Assisted Extraction，DMAE）法可大大缩短分析时间，节省溶剂，并且分析物的损失和污染的风险被最小化。无溶剂微波萃取（Solvent-Free Microwave-Assisted Extraction，SFME）法是在节能减排基础上发展起来的新型绿色分析化学方法。MAE 法与各种分析与分离技术的在线联用方法近几年发展迅速，并取得良好的效果。Gao 等采用在线动态离子液体微波辅助提取（on-line ILDMAE）与 HPLC 联用测定丹参根中的脂溶性成分，与其他方法相比用时短、提取率高。Tong 等实现 DMAE 法与 HSCCC 法的在线联用分离石吊兰中的石吊兰素，与离线方式对

比，采用在线方式的制备量增大了 4.3 倍，且其制备时间明显缩短。MAE 法目前已经成为样品前处理分析的热点，但其选择性较差；一些介电常数较小的非极性溶剂难以吸收微波；对一些热敏感的具有生物活性的如蛋白质、多肽等物质的提取尚没有良好的解决方案，这些都还有待分析工作者进一步研究。

5. 固相萃取法和固相微萃取法

固相萃取（Solid Phase Extraction，SPE）法也称固相提取法和液-固萃取法，是一项结合了选择性保留并且选择性洗脱的分离技术。其原理为：根据目标化合物选择吸附剂作为固定相，样品溶液通过固定相时，目标化合物会通过极性作用、疏水作用或离子交换等作用力被固定相吸附，其他组分则透过吸附剂流出小柱，再依据目标化合物的特征而选择流动相，进而选择性地把目标物洗脱下来，从而实现对复杂样品的分离、纯化和富集。常见的注射器式萃取柱由三部分组成，即柱管、筛板（烧结垫）和固相吸附剂。萃取过程一般分为预平衡、上样、淋洗和洗脱四个步骤。固相萃取分离流程图如图 3.3 所示。

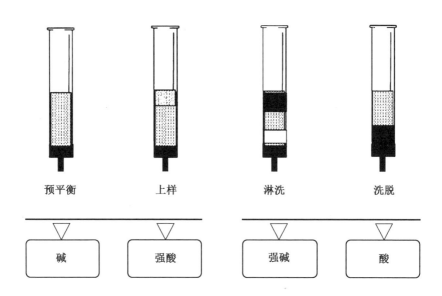

图 3.3　固相萃取分离流程图

SPE 法主要用于样品的分离、纯化和浓缩。与传统的液-液萃取法相比可以节省大量溶剂，有选择性地分离目标成分，并可以对样品实现富集和放大样分离，减少样品预处理过程。目前，该方法已经得到广泛应用。在过去的二十多年中，SPE 法逐渐发展为一项重要的分离纯化手段，在食品化学、药物分析、环境分析、生命科学和精细化学品制备等多个领域发挥着不可或缺的作用。

固相微萃取（Solid Phase Microextraction，SPME）法是在 SPE 法基础上兴起的一项新的样品前处理与富集技术。首先将纤维头浸入样品溶液中或顶空气体中，在浸泡时搅拌溶液，当两相平衡后将纤维头取出，插入气相色谱汽化室。将涂层上的物质解析出来，进而进行色谱分离。整个操作过程简单、省时和省力，具有高富集效率，可消除溶剂的影响，减少基体效应的优势。SPME 法一般分成纤维固相微萃取和管固相微萃取两种。

SPME 法具有如下优势：①简单、快速，简化样品预处理步骤，缩短操作时间；②样品易于贮藏和运输，且便于实验室间进行质量监控；③避免了处理过程的乳化现象，提高分离效率；④化学试剂消耗量小，大大降低成本；⑤易于与其他仪器如质谱和核磁共振波谱联用，实现自动化在线分析。

3.2.2　活性成分的分离纯化技术

活性成分经提取浓缩后，得到的仍是含有多种成分的混合物，各组分之间的含量差别很大，特别是存在结构相近的异构体，需用适当的方法将各种成分逐一分开，并把所得单体精制纯化。传统的纯化制备技术包括离心分离法、醇水法、盐析法、酸碱法、离子交换法和结晶法等，这些方法存在步骤烦琐、效率较低等局限性。目前，活性成分的主要纯化制备技术有如下几种。

1. 大孔吸附树脂分离方法

大孔吸附树脂分离方法（MPAR）是 20 世纪 60 年代末发展起来的在天然产物有效成分研究等领域中应用广泛的分离纯化技术。大孔树脂的多孔性使其具有巨大的比表面积，能够依靠和被吸附分子之间的范德瓦耳斯力或氢键进行物理吸附；同时，其多孔性还对分子量大小不同的化合物具有筛分作用。因此，大孔树脂作为吸附性和筛分性相结合的分离材料，可以根据有机化合物吸附力的不同及分子量的大小，经适当溶剂洗脱而分开，达到分离的目的。该方法具有吸附容量大、效果可靠且工艺简单、成本低、操作安全和污染小等优点，在天然产物有效成分分离等诸多领域有广泛的应用，在实现产业化、现代化方面提供了新的思路。但是大孔树脂的吸附性能较差、刚性不强、易破碎，也无相应的质量标准；同时其前处理和再生纯化工艺条件缺乏规范化评价指标，目标物分离的纯度不高，这些不足都有待于进一步改进。不过 MPAR 的分离量大，适合作为预分离方法与制备色谱等联用。

2. 制备色谱技术

制备色谱技术发展至今已有 100 多年历史，其目的在于分离制备一种或者多种纯组分。从最早的常压柱色谱技术、薄层色谱技术，到后来发展起来的加压液相色谱技术、高速逆流色谱技术、模拟流动床色谱技术等，制备色谱技术已经成为现代科学研究和生产实践中分离多组分化合物的一个重要技术手段，尤其在自然界中天然产物活性成分的提取和纯化中起着重要作用。

（1）薄层色谱和高效薄层色谱法。

薄层色谱（Thin Layer Chromatography，TLC）技术属于液相色谱技术的范畴，经典的制备型薄层色谱设备简单，投资较少，但处理量较小，通常用来分离毫克级的样品，且被分离的化合物需要从薄层板上刮下，并将其从吸附剂中提取出来。薄层色谱中常用的是硅胶吸附色谱，其次是氧化铝吸附薄层色谱。

高效薄层色谱（High Performance Thin Layer Chromatography，HPTLC）是发展较早且应用最为广泛的一类分离分析技术，属于平面色谱法。其原理是将固定相材料用液体黏合剂混合，趁湿均匀地涂在底板或底柱上，烘干或阴干。试验前将薄层板于 110 ℃下烘干，将固定相活化。试样点在薄层色谱板的一端，以不同极性和比例的挥发试剂作为展开剂（流动相），在层析缸内展开。由于各组分在薄层上的移动距离不同，形成互相分离的斑点，测定各斑点的位置及密度就可以完成对试样的定性、定量分析。该方法广泛用于天然药物的成分识别、药材资源控制等。然而，在进行薄层色谱分离时，大多需要手工操作试验，试验参数等也较难控制，如层析缸内展开剂的饱和度、展开剂的组成及比例、薄层色谱板上硅胶的含水量等都对将试验结果产生影响，试验结果误差较大。此外，科研工作者应用薄层色谱扫描仪对化合物含量进行测定，由于测量误差较大，且试验结果随操作方法不同有较大的波动，该方法在现代分离分析研究中已经在很大程度上被其他方法替代，如高效液相色谱

（HPLC）法。HPTLC 是和薄层色谱法相类似的技术，由于其采用粒度很窄的硅胶微粒（5～10 μm）制备薄层色谱板，采用程序多级展开或圆形展开技术进行洗脱分离，因此，HPTLC 的灵敏度和分辨率也有大幅度的提高。该方法和传统薄层色谱法相比，具有提高分辨效率、缩短分析时间和增加检出灵敏度等优势。在天然产物的质量控制和药品的生产质量管理规范（GMP）控制中起着重要的作用。

为证明 HPTLC 的可靠性和高效性，有学者应用美类叶升麻提取物与其他升麻类植物的提取物进行混合，并对药用植物进行资源控制。此外，有学者利用 HPTLC 进行蝴蝶亚仙人掌提取物与熊果提取的质量控制。尽管 TLC 已经逐渐被其他色谱法取代，然而，该方法仍被认为是一种经典有效的分离方法，在《中华人民共和国药典》中仍有大量的应用，通过化合物的定性鉴别以进行药材质量控制。

此外，也延伸出了很多与 TLC 及 HPTLC 相关的研究方法，如应用 TLC/HPTLC 与质谱联用技术对所分离的化合物进行结构解析；应用 TLC-MS 与核磁共振波谱仪相连，对黄酮类、咖啡酰奎宁酸和绿原酸类化合物进行定性和定量研究。

（2）常压柱色谱。

常压柱色谱应用较为广泛，技术也相对成熟，主要包括吸附柱色谱、分配柱色谱、离子交换色谱、凝胶色谱、亲和色谱、干柱色谱等。其中，吸附柱色谱中的硅胶吸附柱色谱是目前应用最为广泛的一种常压柱色谱。吸附柱色谱的技术原理是不同化合物由于分子结构不同，与吸附剂表面作用力的大小也不同，同一种冲洗溶剂对不同分子结构的化合物溶解度不同，致使冲洗溶剂在冲洗时，不同化合物组分在色谱柱中的流动速度不同，从而将复杂混合物分离。

（3）加压制备色谱。

加压制备色谱是一种使用较为广泛的色谱分离纯化技术，它是将分离填料填装在色谱柱内，用液体流动相进行洗脱，利用药物中不同活性成分与填料相互作用力的差异来分离混合物。一般压力在 0.2 MPa 左右的称为快速色谱；压力低于 0.5 MPa 的称为低压制备色谱（LPLC）；压力在 0.5～2 MPa 的称为中压制备色谱（MPLC）；压力大于 2 MPa 的称为高压制备色谱，也称高效液相色谱。制备型加压液相色谱分离的关键部位是色谱柱，色谱柱的大小取决于待分离样品量的多少。快速色谱技术操作非常简便，常用于简单的物质分离。它与柱色谱类似，但比柱色谱多了一个加压装置，可缩短分离操作时间，填料颗粒较大，因此分辨率较低。快速色谱中使用最广泛的固定相是硅胶。低压液相色谱比快速色谱稍微复杂，填料颗粒较小一些，分辨率也稍高。低压制备色谱的加压手段一般有空气泵加压、双链球加压、氮气钢瓶加压、蠕动泵加压等。中压制备色谱可承载更大的样品量，色谱柱也较长较大，需要的压力比低压液相色谱更大，同时它的分辨率也更高，分离时间更短。其工作原理是由恒流泵输送移动相，通过进样阀上样，在色谱柱对样品进行分离后，利用检测器检测，计算机记录、处理、打印数据，同时收集各个馏分。

制备型高效液相色谱（P-HPLC）法是目前技术手段最成熟、应用最为广泛的一种分离纯化技术。它可以根据目标化合物的理化性质配备不同类型的检测器，如紫外检测器（UV）、荧光检测器（FD）、蒸发光散射检测器（ELSD）等，具有分离效率高、收集产物准确、可连续自动化操作等特点。在天然产物如蒽醌类、黄酮类、生物碱类、萜类和挥发油类、酚类、皂苷类的提取分离研究应用广泛，已成为天然产物有效成分分离纯化制备的强大工具。P-HPLC 法分离天然产物一般可以选择正相色谱、反相色谱、凝胶渗透色谱和离子交换色谱等方法，根据有效成分的物理化学性质不同而选用不同的色谱柱，常用的有化学键合相柱（C_{18}、C_8、CN、Diol、Silica等）、离子交换柱（苯磺酸、季铵）等。

Zhang 等采用低聚（乙二醇）分离柱从马兜铃中选择性地分离纯化了结构相似的 4 种马兜铃酸和 3 种马兜铃内酰胺。由于 P-HPLC 对分离样品的要求较高，通过大孔树脂等技术联用得到较纯的分离样品，可进一步提高 P-HPLC 的纯化效率。将 P-HPLC 与大孔吸附树脂技术的联用分离纯化萝卜种子中的萝卜籽素，萝卜种子经大孔吸附树脂处理后，可去除多糖、蛋白质及杂质，分离后的样品再通过 P-HPLC 分离即可得到萝卜籽素，使分离纯化过程更加快速高效，大大节省溶剂的使用量。此外，P-HPLC 与 HSCCC 联用技术近几年发展迅速，两种新分离技术的结合，对于分离纯化天然产物中一些含量较低的有效成分和发现新物质有着巨大的优势。Wei 等首次建立了 HSCCC 和半制备液相色谱法在线联用从川芎分离 4 种苯酞类化合物。Zhu 等采用 HSCCC 作为预纯化手段富集巴戟天中的蒽醌目标物，再用 P-HPLC 进一步精制，获得了 5 种高纯度蒽醌化合物，其中一种是第一次获得。Hou 等采用 HSCCC 与 P-HPLC 联用技术分离白花前胡中两种低含量香豆素并得到一种新的化合物。Beer 等在试验中采用 HSCCC 富集后用半制备反相 HPLC 纯化方法，第一次在蜜树茶中得到纯的异芒果苷。Shi 等采用 HSCCC 与 P-HPLC 联用技术分离纯化杜仲皮中的 7 种木脂素，其中一种是第一次从杜仲科中得到。

3. 高速逆流色谱法

HSCCC 是逆流色谱中最具实用意义的一类，其分离柱的固定相无载体，消除了载体对分离过程的影响，适合分离极性物质和具有生物活性的物质，且高速逆流色谱超载能力强，进样量大，尤其适用于制备性分离，同时具有高回收率。高速逆流色谱仪主要由恒流泵、进样阀、主机、检测器、色谱工作站和馏分收集器组成。高速逆流色谱工作时，需要不互溶的两相液体，一种作为固定相，另一种作为流动相。它是根据单向性流体动力平衡原理分离不同物质的，在主机的线圈一端注入固定相，进样后，恒流泵压入流动相载着样品进入线圈，线圈高速转动，两相就有相对运动之势，恒流泵的单向阀使得固定相无法逆向流出，流动相却不断流入穿过固定相，样品就会在两相中无限次分配，最终由于样品组分分配系数不同而被分离。高速逆流色谱仪转速越快，固定相保留越多，分离效果就越好。

20 世纪 80 年代初，美国研制出了高速逆流色谱，很快地 HSCCC 在生物化学、医药学、食品、地质、农业、环境、材料、化工、海洋生物等众多领域被广泛应用。因 HSCCC 可采用不同物化特性的溶剂体系和多样性的操作条件，具有较强的适应性，为从复杂的天然产物粗制品中提取不同特性（如不同极性）的有效成分提供了有利条件，因此在 20 世纪 80 年代后期，HSCCC 被大量用于天然产物化学成分的分析和制备分离。所涉及的天然产物包括黄酮类、糖类、皂苷类、生物碱类、蒽醌类、多酚类、香豆素类、多肽，以及蛋白质、多糖、细胞、抗生素、紫胶染料等生物大分子物质和稀有元素、重金属元素等无机物。表 3.3 为近期 HSCCC 在天然产物活性成分分离纯化中的应用。

HSCCC 中常用的溶剂体系是正己烷-乙酸乙酯-甲醇-水，因为此体系比较稳定，适用于大部分的中等极性化合物的分离，而且有比较系统的溶剂体系选择优化方法。根据目标物的化学特性，可以在固定相或流动相中加入适当的改性剂（如酸、碱、盐等），从而扩大 HSCCC 的应用范围。Wybraniec 等使用极性溶剂体系正丁醇-乙腈-水（体积比为 5：1：6），在流动相中添加 0.7% 的三氟乙酸作为离子对试剂，使甜菜素类极性目标物在有机固定相中的亲和力得到增强，改进了峰分离度，获得了较好的结果。

表3.3 HSCCC在天然产物活性成分分离纯化中的应用

类型	来源	有效成分	溶剂体系（体积比）
黄酮类	土茯苓	异落新妇等	正己烷-正丁醇-水（1∶2∶3）
生物碱	附子	乌头碱等	氯仿-乙酸乙酯-甲醇-水（2.75∶1∶1.5∶2）
酚类	生姜	姜酚等	石油醚-乙酸乙酯-甲醇-水 （1∶0.2∶0.5∶0.7，1∶0.2∶0.7∶0.5）梯度
苯丙素类	杜仲	咖啡酸、绿原酸	乙酸乙酯-乙醇-水（4∶1∶5）
甾醇	油菜籽	植物甾醇	正己烷-乙醇-水（34∶24∶1）
萜类	灵芝	灵芝酸C6，E，F	乙醚-乙酸乙酯-甲醇-水（3∶5∶3∶5和4∶5∶4∶5）梯度
皂苷	人参根	人参皂苷Re等	乙酸乙酯-正丁醇-水（1.1∶1.0∶2.1）
			乙醇乙酯-正丁醇甲醇-水（3.1∶0.6∶1.0∶2.6）
糖苷	栀子	栀子苷	乙酸乙酯-正丁醇-水（0.4∶1.6∶2）

Zeng等采用正丁醇-乙醇-饱和硫酸铵-水组成的溶剂体系有效分离纯化强极性物质、两性离子（如肽和游离氨基酸）、苯磺酸获得了较好的效果。此外，近几年HSCCC在手性化合物分离方面也取得了较大突破。pH区带精制逆流色谱（pH-zone-refining CCC）是一种最新发展起来的制备色谱技术，它是依据物质的解离常数（pKa）和疏水性的不同而实现分离，非常适合有机酸、有机碱制备性分离。它能使样品的负载容量提高10倍以上，即使含量很低的物质也能得到高度浓缩。Li等以甲基叔丁基醚-乙腈-水（体积比为2∶2∶3）为溶剂体系提取蓖麻碱，在HSCCC溶剂体系上相中加入三乙胺作为保留碱，下相加盐酸作为保留酸，从2 g蓖麻粉粗提样品中得到了纯度为95.1%的496 mg蓖麻碱，与常规HSCCC对比，目标物的产量大大提高。HSCCC没有系统压力，它对样品的前处理要求也不高，因此非常适合通过接口与其他分离分析技术在线联用。Tong等将快速高效分离的MAE与HSCCC结合建立了MAE-HSCCC在线联用方法，并采用MAE-HSCCC在线分离制备了石吊兰素，结果表明该联用方法在制备速度及制备量等方面都高于离线分离制备方法；Zhang等将ASE和HSCCC在线联用分离提取分离贯叶连翘中的5种有效成分，包括贯叶金丝桃素和加贯叶金丝桃素2种疏水性化合物以及3种亲水性的咖啡酰奎宁

酸；Zhang 等还将此联用技术运用于分离纯化三七中极性范围较宽的 9 种皂苷，可以节约时间及溶剂，适用于见光易氧化的不稳定化合物的分离纯化。

4. 分子蒸馏技术

分子蒸馏（Molecular Distillation，MD）技术是在高度真空度的条件下，运用不同物质分子运动自由程的差别而实现物质的分离，能够实现远离沸点下的操作。在高度真空的条件下，蒸发面和冷凝面的间距小于或等于被分离物料的蒸气分子的平均自由程，所以又称短程蒸馏（Short-path distillation）。它具备蒸馏压强低、受热时间短、分离程度高等特点，在很大程度上可以降低高沸点物料的分离成本。目前已广泛用于浓缩或纯化低挥发度、高分子量、高沸点、高黏度、热敏性及具有生物活性的物料。肉桂醛主要是从肉桂油中分离得到（利用水蒸气蒸馏法从肉桂的枝叶中制取），可配制成药膏和药丸，利用分子蒸馏技术能将提取物中肉桂醛质量分数从 88.78% 提高到 95.15%。此外，采用分子蒸馏技术还可以分离收集到传统蒸馏方法难以采集的植物中的微量组分，如利用超临界 CO_2 萃取厚朴酚剩下的厚朴油为原料，利用刮膜式分子蒸馏仪研究了分子蒸馏技术分离厚朴油的分离效果。分子蒸馏技术作为一种新型的分离技术，它克服了传统分离提取方法的许多缺陷，也避免了传统分离提取方法容易引起环境污染的潜在危机，而且工艺简便、操作安全可靠，是一项全新的分离技术。

由于起步较晚，分子蒸馏技术在应用中还有很多不足，主要体现在以下几个方面：①在对分子蒸馏技术的基础理论和其他影响蒸馏速率和效率的因素的研究中，大多数是以理想模型研究为主的，没有得到试验或是实际分子蒸馏数据的验证，这在很大程度上限制了该技术在应用上的突破。②在我国，分子蒸馏技术的工业化应用起步较晚，在设计分子蒸馏设备和流程时因严重缺乏关键数据，工艺设计盲目性很大。此外，对于分子蒸馏技术，在分子从蒸发面向冷凝面飞射过程中，分子有可能与残存的空气分子碰撞，也可能相互碰撞，使得部分目标分子的收率由于这些原因而降低，损失部分需要的组分。③分子蒸馏设备费用高，其装置必须保证体系压力的高真空度，对材料密封性要求高，且蒸发面和冷凝面之间的距离要适中，设备加工难度大、造价高。此外，分子蒸馏技术所生产得到的物质的量较小，难以满足工业生产的需求。④仅从分子蒸馏技术在中药领域中的应用来看，中药所含的成分极其复杂，其轻、重组分中每种成分的自由程不同，中药提取部位经分子蒸馏得到的轻组分同样为混合物，仅在组分的数量上少于原提取部位，还不能达到精制的目的。⑤分子蒸馏技术是基于不同物质分子的自由程不同而实现分离的，该过程要求加热板与冷凝板之间的距离小于分子的自由程。因此，对于加热板上液膜的厚度、均匀度要求较高，若液膜较厚，两板间的距离可能减小到重分子自由程的范围内，这样就使得轻、重分子不能实现分离，故需严格控制液膜厚度、均匀度，对进样到加热板的设备提出了更高的要求。但目前用于分离精制的分子蒸馏技术，其精度还不够。

5. 模拟移动床色谱技术

模拟移动床色谱（SMB）技术首先应用于石油化学工业。通常的色谱分离技术存在间歇性生产、操作费用高等缺点，而模拟移动床色谱技术具有操作连续化、操作自动化、流动相耗量少、制备效率高、制备量大等优点，因此该技术逐渐受到重视。模拟移动床色谱技术常用来分离手性物质，但其设备复杂，使用和维护困难，优化提纯的条件也较为复杂，所得到的产品液的浓度低于进料液的浓度，且模拟移动床色谱仪是一种二元分离器，应用范围较窄。模拟移动床色谱仪的固定相不随床层移动，而是通过物料进出口随流动相流动方向移动，实现固定相与流动相的逆流。根据液流流速和所起作用的不同，把整个床层分为 4 个区域：Ⅰ区，吸附剂的再生区；Ⅱ区，B 的解吸和 A 的吸附区；Ⅲ区，A 的吸附和 B 的解吸区；Ⅳ区，洗脱液的再生区。

3.2.3 活性成分提取分离技术的发展趋势

天然产物具有组分多样、成分复杂、有效成分含量低等特点，因此对有效成分提取分离的灵敏度、精密度和自动化程度要求越来越高，发展高效、快速、简单、绿色的提取分离技术及其联用技术研究成为前沿课题。现代天然产物活性成分提取分离与纯化技术的发展主要呈现如下趋势。

1. 在线联用技术与装置提取分离联用技术

在线联用技术与装置提取分离联用技术不仅高效、快速，而且可以避免样品污染、损失和变质，缩短制备时间，增大制备量。目前，针对目标提取物的特点，如何将这些分离提取技术加以联用，以更短时间更低能耗提取得到更高产率物质，已成为天然产物活性成分提取方法的研究热点。但是各种方法之间联系的纽带——接口，仍然是较难解决的问题。在各种技术基础上不断改进创新出的各种装置、接口已经有研制，如 ASE、MAE 与 HSCCC 的在线联用。但这些联用技术和装置大都停留在实验室的研究阶段，商品化的很少。

2. 绿色环保的分离纯化技术

由于天然产物有效成分的含量一般比较低，而提取分离过程中所需的有机溶剂量相对较多，如何减少或消除对有机溶剂的依赖，是持续发展和绿色化学面临的挑战。目前，离子液体由于蒸气压非常小、不挥发、可以循环使用，具有较大的极性可调控性、黏度低，减少了挥发性有机化合物环境污染问题，可考虑作为传统有机溶剂的替代绿色溶剂。但离子液体对环境的影响以及离子液体本身在有效成分产品中的残留消除等方面还需进一步探讨。

第4章　面条的发展与研究现状

4.1　面条的发展概述

　　面条是一种起源于我国的亚洲传统主食，其发展经历了纯手工加工阶段、半自动化加工阶段，目前已实现自动化加工。我国人民早在 4 000 年前就已经开始制作并食用面条，最早的面条是以小米为原料加工而成的。约在 2 000 年前，以小麦为原料加工而成的面条成为一种被广泛食用的主食，并被称为汤饼。直至宋代，我国人民开始使用筷子，汤饼更名为面条。关于干面条的记录始于元代，这些干面条即为现代挂面的雏形。随着时间的推移，国与国之间开始互通交流。各国之间的文化沟通也逐渐增加，我国面条也开始走出国门。约 1 200 年前，我国手工挂面加工工艺传入日本，并演变出适合当地人口味的面条，如素面、日本凉面、拉面、乌冬面等。随着工业革命的发展，1884 年日本开始使用机器加工面条。1958 年日本首先发明了方便面。

　　中华人民共和国成立以后，也逐渐开始对面条现代生产技术进行研究。国内工业水平也开始迅速发展，并逐步实现了面条的自动化生产。近年来国内面条产业飞速发展，年产量呈线性增长。2003 年我国挂面年产量已达到 170 万 t，2013 年我国挂面年产量达 580 万 t，2016 年我国挂面年产量再创新高，超过 600 万 t，2019 年我国挂面年产量达 839.2 万 t，目前我国挂面的产能已超过 1 000 万 t。我国挂面加工技术从最初的手工制作、半机械化生产发展为现在的大批量自动化生产，挂面生产设备和工艺水平日臻完善，已初步具备现代食品工业的特征。

　　近年来国内挂面产量急速增加，但是产品的总体品质仍然处在一个相对较低的水平。据统计，中低端产品的比例在 90%以上，然而随着国民生活水平的提高，高端挂面产品需求激增。

目前，国内市场上面条品种繁多，行业改革升级促使企业不断研发新产品，从颜色、形状、风味、配方、适应人群及含水率等方面进行产品品种创新，以适应市场变化和不同消费者的需求。表 4.1 为面条产品品种类型。

表 4.1　面条产品品种类型

分类方式	产品类型	产品特点
色泽	白色、黄色、绿色、红色、紫色、黑色	添加蔬菜等辅料
形状	常规面、龙须面、波纹面、空心面、手擀面、蝴蝶面	
风味	拉面、乌冬面、刀削面、担担面、裤带面、烩面	习俗、情怀
配方	杂粮、蔬菜、微量元素、矿物质、功能成分	营养健康
人群	女士、老人、儿童、孕妇	
含水率	挂面、鲜湿面、半干面	

随着社会的发展进步以及消费水平的不断提高，安全、卫生、健康、美味、便捷及特色成为人们对食品的新要求。面条市场逐渐形成了主食、风味、营养及功能型产品共同发展的新格局，营养型面条、功能型面条、特殊风味面条将成为市场主流。近年来，面条的多样化创新取得了很大进展，营养健康的杂粮面、蔬菜面等通过添加不同辅料改变了面条颜色，极大丰富了产品类型，解决了面条产品营养成分单一的问题；针对不同人群需求开发的功能型面条，如添加钙、铁、锌或其他微量元素的儿童面条，从产品包装和面条外观等方面实现创新；还有通过改变面条的形状及风味的龙须面、空心面、乌冬面及刀削面等，这类产品极具地域特色，满足了人们对不同口感和情怀的追求。此外，还可以通过面条的含水率进行细分，与鲜湿面相比，挂面货架期长，但口感稍差，半干面的出现实现了适口性和保质期两方面的突破升级。

挂面经过干燥工艺将面条最终的含水量降低至 14% 以下，低含水量使其易于运输贮藏。不同含水量面条的形态特征如图 4.1 所示，挂面的工业化生产工艺如图 4.2 所示。半干面是指将面条经过适度脱水使含水量降至 20%～25%，适度脱水后面条的蒸煮时间变短，同时保留了鲜面条的独特口感，半干面的优点是不易粘连和腐败变质。鲜湿面是指面条制作后不经二次加工直接包装的面条（含水量为 32%～38%），与挂面相比，其水分含量较高，分子结构中的淀粉分子和面筋蛋白充分吸水而胀润，因此具有口感筋道、麦香浓厚等特点，以及干面制品所不具备的新鲜、爽口、有嚼劲和较好的面香风味等特点，广受欢迎。

（a）挂面　　　　　　　　（b）鲜湿面　　　　　　　　（c）半干面

图 4.1　挂面、鲜湿面和半干面的形态特征

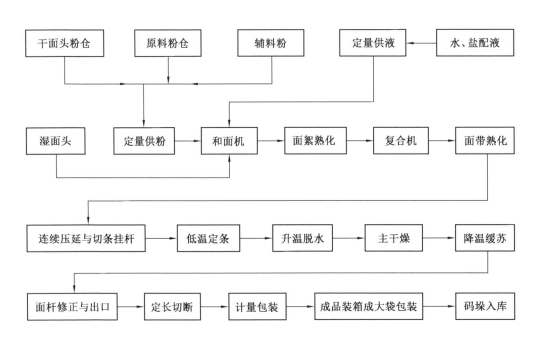

图 4.2　挂面的工业化生产工艺

根据添加盐的种类不同，可以将鲜湿面分为白盐面条和黄碱面条（图 4.3）。一般白盐面条中添加了食盐来提高面条的口感和风味，普通白盐面条的外观应该是明亮的奶白色，煮沸后表面光滑。黄碱面条中一般加入碱性盐来改善面条的口感和品质，例如常用的碳酸钠和碳酸钾。其他的碱性盐，如聚磷酸盐，通常被用于方便面的生产。因为我国南方地区的环境比较潮湿和温暖，最初在面条中加入碱性盐能够抑制霉菌的生长来延长面条的保质期。碱性面条具有独特的香气和风味、黄色的外观、筋道的口感，受到广大消费者的喜爱。然而，由于含水量高，鲜湿面易发生粘连、褐变、酸败以及霉变等问题，极不耐贮藏。鲜湿面在室温下放置，特别是夏天高温环境下，极易发生褐变，成为其工业化生产的瓶颈。

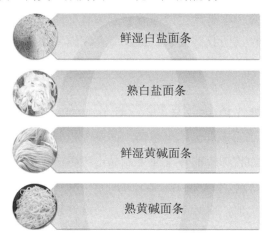

图 4.3　白盐面条和黄碱面条的形态特征

我国丰富的资源优势和积极的农业政策扶持吸引促生了众多面条企业的成长和发展，已经形成大规模的面条产业集群，拥有一系列面条品牌，如金沙河、克明、博大、想念、豫花、中鹤、雪健等，它们正在成为我国面条产业的主力军，对我国面条制品工业的发展起到了举足轻重的作用，在解决"三农"问题和构建和谐社会中发挥了重要作用。然而，随着我国挂面工业的快速发展，也暴露出较多问题，如面条整体档次偏低、新产品研发能力不足、产业体系发展不平衡、缺乏对面条内在品质的研究等，已经严重限制了我国食品工业的快速发展，明显感觉后继无力，发展潜力已经受到较大影响。

从市场格局来看，目前我国面条市场主要分四大梯队：金沙河面业（河北省）、克明面业（湖南省）为第一梯队，占据国内20%的市场；中粮集团（北京）、博大面业（河南省）、金龙鱼（上海）、今麦郎（河北省）为第二梯队；裕湘（湖南省）、永生（河北省）、兴盛（福建省）为第三梯队；第四梯队则为众多小型企业。不难看出，河北省有面条行业龙头企业共3家入围全国十强；湖南省入围2家企业，实力强劲；河南省仅博大面业入围。从2019年度的销售额来看，河南省的博大面业和想念食品分别以14.48亿元、13.46亿元居全国第三和第四位，但与全国总销售额（178.7亿元）和行业龙头金沙河销售额（51.26亿元）相比差距仍然较大。河南省作为我国第一农业大省，粮食产量占全国1/10，小麦产量占全国1/4，是全国最大的小麦主产区，小麦年产量和挂面消费量远远高于河北省和湖南省，而面条产业却发展滞后，更缺乏行业龙头企业，这也说明我国面条产业发展存在地域性，这一现状不得不引起深思和重视。

随着社会经济的快速发展，重视健康已成为全人类的共识。我国《促进健康产业高质量发展行动纲要（2019—2022年）》《"健康中国2030"规划纲要》等政策相继出台。消费者对食品的要求也越来越高，面制品也开始向营养化、保健化、功能化转变。单纯以小麦面粉加工的传统面条制品已难以满足消费者的需求，研发现代主食消费的新型面条产品成为推动传统主食面条工业化发展的方向和动力。目前，围绕杂粮面、营养强化面、果味面、蔬菜面、功能性挂面等面条开展产品研发及相关理论研究成为热点。

杂粮就是俗语中的粗粮，大致可分为三大类：①豆类，即绿豆、小豆、豇豆、芸豆、蚕豆、豌豆、小扁豆、鹰嘴豆；②米类，即大米、糜子、谷子、高粱；③麦类，即燕麦、青稞、薏苡、籽粒苋。杂粮中含有丰富的微量元素、维生素以及膳食纤维，可以提高人体免疫力和预防疾病。人们越来越认识到通过摄取健康食品可降低疾病风险和管理慢性病。一些学者报道，食用杂粮食品与降低心血管疾病风险和代谢风险因素有关。杂粮面条的生产能够促进农业发展，增加面条种类，减少面条生产中对小麦粉的依赖，并降低生产成本。由于杂粮不含面筋蛋白，难以形成面筋网络结构，因此杂粮面条一般都是在小麦粉中添加适量的杂粮粉制作而成。目前市场上常见的杂粮面条主要为荞麦面条、燕麦面条及青稞面条等麦类面条。郭帧祥等人研制大麦面条发现在大麦粉比例小于30%，谷朊粉添加量在2%～3%时，制作的面条可以被消费者接受。刘丽宅等通过调整黄原胶、谷氨酰胺转氨酶和谷朊粉添加量，得出麦杂粮面条的最佳配方。当小麦面条配方中包含荞麦粉时，水在烹饪过程中会更快地扩散到面条中，从而缩短了最佳烹饪时间。张美莉等人优化了豌豆面条的加工条件，结果表明，豌豆粉比例 55%、加水量 48%、谷朊粉添加量 3%、β-环状糊精添加量 0.25%为豌豆面条的最佳工艺条件。李长凤等人研究薏米杂粮面条品质时发现，随着薏米添加量的增加，谷朊粉的最适添加量也呈现增加的趋势。目前，市场为了迎合消费者对于健康饮食的需求，还出现了一些新型面条如海带复合面条、绿茶面条、香菇多糖面条等。

Hager 等研究了燕麦、画眉草对面条品质的影响，结果表明，与小麦面条相比，燕麦-鸡蛋面条和画眉草-鸡蛋面条的弹性较低，营养价值更高，电镜下煮后的小麦面条有比较清晰的外层，另两种面条却没有。Beniwal 等以豆类和谷类加工副产品为原料研发出两种 GI 值分别为 45.78 和 56.13 的营养高纤意大利面条。Chov 等通过添加不同比例的荞麦粉配制荞麦通心粉，结果表明，面粉和荞麦粉质量比为 4∶1 时意大利通心粉品质较好。Sosa 等研究了藜麦粉和玉米醇溶蛋白对玉米无麸质面条品质的影响，结果表明，玉米醇溶蛋白使面条品质变差，而藜麦粉可提高面条品质和蛋白质含量，即藜麦粉在无麸质面条中具有良好的应用性和营养价值。Schoenlechner 等研究了高温干燥对藜麦-荞麦-苋菜籽和小米-白豆两种无麸质面条蒸煮、质构等品质的影响后发现，用含藜麦的原料制备的无麸质面条在高温干燥后品质更好。Pu 等人考察了马铃薯粉对面条品质的影响后发现，马铃薯添加量与面条的破碎率和蒸煮损失正相关。Amir 等研究小米粉和胡萝卜粉对硬粒小麦面条品质的影响时发现，少量添加二者对面条质构、蒸煮特性无显著影响，而随着小米粉和胡萝卜粉替代量的增加，固形物损失增加，增重和硬度降低。Milad 等以南瓜粉、榴莲籽粉部分替代玉米粉考察无麸质面食的特性变化，其结果认为，生面条的 $L*$、$b*$ 和硬度随着配方中南瓜粉、榴莲籽粉含量的增加而降低。在煮熟的面条中，含 50%（质量分数）榴莲籽粉的面条硬度最高，附着力最低，总体可接受性最好。这些研究主要侧重于外源添加物对面条的质构特性、感官品质的影响，对面条的营养或功能评价方面研究较少。

4.2 面条品质的影响因素研究

4.2.1 加工工艺对面条品质的影响

面条的加工工艺路线可以概括为和面—熟化—成型—干燥—包装，其中和面、熟化、成型、干燥四个工艺均对面条的品质有重要影响，但是每种工艺对面条品质的影响机理不同。

1. 和面工艺

在和面过程中和面方式、速度、时间、真空度等条件都会影响面团中水分分布、面筋水合、面筋蛋白亚基之间的交互作用，进而影响面筋网络结构和面条品质。在面条生产中，和面方式主要包括立式和卧式两种。一般认为立式和面方式更有利于水分的均匀分布。根据和面速度和面方式可以分为低速和高速，采用低速和面时所需要的和面时间较长，同时低速和面还存在水分分布不均匀的弊端，但是低速和面可最大限度地减少和面过程对面筋结构的破坏；高速和面可以有效解决面团中水分分布不均匀及和面时间长的问题，但是高速和面不利于面筋蛋白的水合。

Liu 等人的研究结果显示，低速与高速相结合的和面方式更有利于面筋网络结构的形成和面条品质的提高。和面时间也是影响面团形成和面条品质的重要因素，特别是对于面筋强度较弱的面粉，Liu 等人的研究结果表明，对于面筋强度较弱的面粉，当和面时间过长时，面筋蛋白的二硫键会被破坏，进而使面团硬度下降，黏性升高，面团加工性能和面条质构特性降低。近年来真空和面被广泛应用于面条生产，研究发现一定的真空度（0.6～0.8 MPa）有助于促进和面过程中面筋蛋白水合，改善面筋网络结构的连续性，降低面条的蒸煮损失，提高面条的质构特性。

在和面工艺阶段，加水量也是一个重要参数。加水量一方面影响面团的软硬程度，另一方面影响面团面筋网络的形成，最终影响面条的蒸煮损失率。《挂面生产工艺技术规程》（SB/T 10072—1992）中要求制作挂面的面团含水率不低于30%。由于麸皮的存在，全麦粉的吸水特性与小麦粉有一定的差别。汪丽萍在研究中发现，全麦挂面最适加水量为 40%，比普通精白面条高 3%～7%。刘锐等人比较分析了棒状杆恒速和面机和桨叶状搅拌杆调速和面机的和面效果和面条质量，发现调速和面机和面较为均匀, 鲜面条的拉伸性能较好。真空和面机 (图 4.4) 能够在真空负压状态下混合面粉和水, 促使水分更快溶入面粉颗粒, 进而改善面团的延展性和面条结构, 提高面条品质。Li 等人的研究发现, 在真空度为 0.06 MPa 时和面制得的面条表现出最佳的蒸煮和质构特性。

图 4.4　真空和面机

2. 熟化工艺

熟化工艺是面条制作过程中一道重要的工序, 可以促进面团中蛋白质和淀粉之间的水分自动调节, 消除面团内应力, 有利于面筋网络结构的进一步形成, 对面条的最终品质有重要影响。汪丽萍等人经试验发现, 熟化温度为 30 ℃、熟化时间为 30 min 得到的全麦挂面感官品质较好。田晓红等发现面团在 35 ℃熟化 30 min 后, 可以得到耐煮、蒸煮损失率低的优质苦荞挂面。超声波是指一种频率为 20～ (2×10⁶) kHz 的可在媒介中传播的弹性机械波。近年来, 超声波技术在食品研发中的应用十分活跃。低强度的超声波技术是一种非破坏性技术, 可用来改善食品品质及提高加工效率; 高强度超声波技术主要应用于食品的物理和化学改性领域。张艳艳等采用超声波辅助非发酵面团醒面, 结果显示超声波可以改善面团的黏弹性。Luo 等人研究了超声波辅助面团发酵, 结果显示超声波处理显著 ($P<0.05$) 增大了馒头的体积, 同时在馒头贮藏过程中减慢了其老化变硬的速度。

在机制面条生产过程中, 面团的醒面时间较短, 一般为 20～40 min, 因此该工艺对面条品质的影响往往被忽略, 关于醒面对面条品质影响的研究也较少。但是 Miki

等的研究表明，长时间醒面有助于提高手工面条的质构特性，其原因可能是长时间醒面使面团水分重新分布，面筋蛋白充分水合、松弛；此外，在长时间醒面过程中面粉中的微生物或酶也可能会改变面条中组分的理化性质，进而影响面条的品质。

3. 成型工艺

成型是面条生产中最重要的生产工艺之一，同时该工艺也对面条品质有重要的影响，在机制挂面生产中，面条成型多采用辊轴压延的方式，目前所用的压延方式包括单片压延、折叠压延、波轮辊压延。相比于简单的单片压延，折叠压延更有助于提高面筋网络结构的连续性，改善面条的蒸煮品质及质构特性。波轮辊压延也可在一定程度上提高面条品质。此外，面片压延过程中压延比也对面条品质有重要影响，Hou 认为面片压延比应控制在 30%～50%范围内，当压延比超过 50%时会破坏面筋网络结构使面条品质下降。

压延机（图 4.5）在压延过程中可将松散的面絮轧成一定厚度、均匀、致密的面带，使最终的制品厚薄均匀、表面光滑、质地细腻。陶春生研究了小麦面条品质与压延压力之间的关系，结果表明当压力为 1～2 MPa 时，面条的硬度、弹性、咀嚼性随压力的增加而增加。周惠明等研究发现经波纹辊压出的面片具有更好的流变学特性，制成的面条口感更佳。

图 4.5　压延机

4. 干燥工艺

与鲜湿面、半干面等相比，挂面的制作工艺中多了一道干燥的工序。干燥工艺在挂面生产中非常关键，对挂面的产量、质量和能耗都有重要的影响。合理的干燥工艺要求挂面干燥过程中落杆率低，时间短，能耗低，挂面的最终含水率小于等于14.5%，呈直条状，机械强度和烹饪性能良好，且挂面在贮藏过程中不会出现酥面等情况。目前，挂面干燥方式主要有 5 种：低温干燥、中温干燥、高温干燥、自然干燥和全智能封闭干燥，国内主要的干燥方式是中温干燥（图 4.6）。

图 4.6　挂面干燥过程

挂面干燥时，水分从湿面条表面扩散到空气中称为外扩散，面条内部的水分迁移到表面称为内扩散。湿面条具有致密的内部结构，表面的水分容易扩散，其干燥速率主要取决于内部水分扩散速率。物料的物理结构和化学组成存在差异，因此不同物料具有不同的干燥特性。屈展平等人在研究燕麦含量对马铃薯复合面条干燥特性的影响时发现，随着燕麦含量的增加，面条的有效水分扩散系数先增后减，对应的干燥时间先减后增。Chen 等研究发现，随着加盐量的增加，面条的干燥速度会降低。除了物料的差异，干燥过程的温度和相对湿度也是影响挂面干燥的主要因素。惠滢等人发现，与常规干燥工艺（40 ℃、75%）相比，高温高湿干燥工艺（80 ℃、85%）可以明显缩短干燥时间，且挂面的抗弯曲强度、折断距离、折断功均显著（$P<0.05$）升高。

结合挂面的干燥特性，对挂面实行分段干燥是非常必要的。《挂面生产工艺技术规程》（SB/T 10072—1992）中建议将挂面干燥过程分为预干燥、主干燥和完成干燥3 段，预干燥阶段温度为 25～30 ℃，相对湿度为 80%～85%，占干燥时间 15%～20%；

主干燥阶段温度为 35～45 ℃，相对湿度为 75%～80%，占干燥时间 40%～50%；完成干燥阶段温度为 20～30 ℃，相对湿度为 55%～65%，占干燥时间 20%～40%。李华伟等人研究了预干燥阶段温度、相对湿度、风速和时间对挂面品质的影响，确定预干燥阶段最佳参数为：温度 30 ℃、湿度 90%、风速（频率）45 Hz、时间 30 min。王杰等人采用了四段式干燥工艺，结果显示烘房一区温度和四区相对湿度是挂面干燥过程的关键控制点。

郭祥想等以马铃薯全粉为研究对象，通过优化面条加工工艺从而提高面条品质，结果表明在马铃薯全粉添加量为 15%、和面时间为 15 min 与醒发时间为 40 min 的条件下，制得的面条品质最优。崔文甲等采用正交试验法对金针菇挂面的最佳工艺条件进行了研究，结果表明，对金针菇挂面感官评价的影响由大到小依次是：压片厚度>压片次数>熟化方式；最佳工艺条件：压片次数为 12 次、压片厚度为 1.1 mm、面团熟化时间为 15 min 及面带熟化时间为 15 min，与普通挂面相比，在此条件下制得的金针菇挂面其质构性质和营养含量均有提高。田晓红等研究了不同的熟化温度和熟化时间对苦荞挂面蒸煮品质的影响，发现在制作苦荞挂面时，适宜的工艺参数是温度为 35 ℃和熟化时间为 30 min，制得的苦荞挂面的品质好，改善了耐蒸煮性和干物质损失率。与原料优化与改良剂使用的效果相比，工艺改进有一定程度的局限性，故一般在工艺优化的同时，研究者会配合原料的改进从而进一步提高面条的品质。刘艳香等将麸胚回添制备 100%全麦挂面，研究了麸胚挤压稳定化处理后对全麦食品品质特性的影响，结果表明，麸胚经过挤压稳定化处理后提高了全麦挂面的品质特性、营养价值和贮藏稳定性，增加了风味物质的含量，但色泽稍有加深。丁瑞琴等综述面条改良剂使用与面条加工工艺的选择，发现采用原料α化和挤压制面法，能够有效地提高花色面条的韧性，降低面条的断条数量和蒸煮损失率，从而提高了花色面条的品质。

4.2.2 面粉组分对面条品质的影响

面粉是面条制作的基础成分，也是影响面条品质的关键因素。研究发现面粉中主要组分（淀粉、蛋白质、脂质）的理化性质与面条品质直接相关。

1. 淀粉

淀粉是面粉中质量分数最高的组分，约占面粉质量的 70%。淀粉是由直链淀粉和支链淀粉通过复杂的排列形成的具有半晶形结构的颗粒状物质，并且小麦淀粉颗粒可以分为圆盘状的 A 型大颗粒和球状的 B 型小颗粒两类。A 型淀粉（大颗粒淀粉）的平均粒径一般大于 10 μm，B 型淀粉（小颗粒淀粉）的平均粒径小于 10 μm，它们具有不同的组成和糊化性质等。B 型淀粉中的直链淀粉含量显著低于 A 型淀粉，所以 A 型淀粉和 B 型淀粉颗粒的含量直接影响面条的品质。淀粉的结构和功能性质均对面条的品质有重要的影响。

Zhang 等研究了小麦淀粉粒度分布对生白面品质的影响，结果表明随着小颗粒淀粉含量的增加，生白面的颜色、黏弹性和平滑度得到了显著改善，含有 30%～40% 小淀粉颗粒的复原面粉可以生产出硬度适中的生白面。Yan 等研究了 A 型和 B 型小麦淀粉对面条品质的影响，发现添加 25%～50% B 颗粒的淀粉能显著增强面筋的网络结构，从而增加了面条的硬度、咀嚼性和弹性。Guan 等研究发现小颗粒淀粉含量会影响面条的吸水率和蒸煮损失率，面条吸水率和蒸煮损失率与小麦粉中小颗粒淀粉含量呈正相关，面条质构参数表明，硬度、咀嚼性、回复性和黏性呈增加趋势，弹性无显著差异。

淀粉的支链淀粉结构、直链淀粉含量、粒径分布、破损度等结构性质都会影响面条的品质。首先，Batey 等人研究发现支链淀粉里短分支链比例的升高可以有效提高日本白盐面的感官品质，其原因可能是短分支链含量的升高有助于提高淀粉颗粒的溶胀性。其次，淀粉中直链淀粉含量也对面条品质有重要影响，直链淀粉含量升高可明显延长面条的蒸煮时间，提高面条的硬度，该现象是因为直链淀粉含量的升高降低了面条中淀粉的溶胀性，使煮制过程中面条吸水放缓，吸水率下降，进而使面条的硬度升高，最佳蒸煮时间延长。此外，一些研究还发现当直链淀粉质量分数从 0.8% 升高至 26.4% 时，面条的内聚性、弹性和回复性呈下降趋势。再次，淀粉颗粒的粒径分布也会影响面条品质，小淀粉颗粒的增加会使面条的爽滑性、硬度等质构特性升高，这可能是因为小淀粉颗粒含量的增加增大了淀粉与面筋蛋白之间的作用面积。最后，淀粉的破损度也对面条品质有重要的影响。破损淀粉主要是在小麦研磨过程中形成的，由于破损淀粉具有强烈的吸水作用，故破损淀粉的增加会首先引起面团硬度升高，延展性下降，进而引起面条加工品质的变化。淀粉破损度的变化也会直接影响淀粉的持水性，进而影响面条品质。Zhang 等人的研究表明，当破损淀粉含量从 5.5% 增加至 10.4% 时，白盐面的硬度和弹性呈现增长趋势，随着破损淀粉含量的继续增加，面条质构特性呈现下降趋势。

与结构性质相同，淀粉的功能性质也对面条品质有明显的影响。淀粉的功能性质包括凝胶化性质、糊化性质、溶胀性、回生性等，其中淀粉糊化性质和溶胀性对面条品质的影响最明显。研究显示，淀粉的糊化峰值黏度、崩解值、终止黏度与白盐面的弹性和爽滑性呈正相关，然而其糊化温度与白盐面的弹性和爽滑性呈负相关。与日本白盐面不同，淀粉的糊化温度、时间、最终黏度等糊化性质与黄碱面的爽滑性和硬度呈正相关。淀粉的溶胀也会影响面条的品质，淀粉溶胀性与面条的爽滑性和弹性呈正相关，但与面条硬度呈负相关。淀粉溶胀性对面条品质的影响可能是因为具有高溶胀性的淀粉会在面条煮制过程中快速吸水，形成具有弹性的球形颗粒，使面条的弹性、爽滑性增加，在吸水溶胀的同时淀粉体积也会快速增大并占据更多的空间，因此可能会抑制面条中面筋蛋白的交联，进而使面条的硬度下降。

糯小麦粉几乎不含直链淀粉，是一种比较特别的淀粉，刘爱峰等研究发现，在面条中添加糯小麦粉可不同程度地改善面条的色泽和口感。姚大年等分析了面粉的快速黏度参数与面条品质的关系，结果表明，面粉峰值黏度、最低黏度和最终黏度等均与面条感官评分呈显著正相关关系。Oh 等研究发现，不同种类的面粉所含有的淀粉含量不同，淀粉中所含的小颗粒淀粉越多会相应的增加面条的面团最佳吸水量。安迪等发现适当添加小麦淀粉的添加能够改善面条的色泽、弹性和口感，同时还能够提高面条的干物质吸水率和感官评分，通过相关性分析可知：面条的硬度与小麦淀粉的粗淀粉含量呈显著负相关关系（$P<0.05$），小颗粒淀粉含量越高，感官评分越高，面条的蒸煮损失率越低。

2. 蛋白质

蛋白质占面粉质量的 10%～20%，根据 Osborne 的研究，面粉中的蛋白质可以分为清蛋白、球蛋白、麦醇溶蛋白和麦谷蛋白四类。清蛋白和球蛋白属于功能蛋白，占总蛋白量的 15%～20%，这两种蛋白对面条品质无明显影响；麦醇溶蛋白和麦谷蛋白属于面筋蛋白，占总蛋白量的 80%～85%，该部分蛋白为贮藏蛋白，也是影响面条品质的主要蛋白成分。研究表明面粉中面筋蛋白的含量和质量均对面条品质有重要影响。

首先，面粉中面筋蛋白的含量对面条颜色、蒸煮品质、质构特性均有影响。Wang

等人的研究结果显示，面筋蛋白含量增加会降低面条的亮度，延长面条的最佳蒸煮时间。面筋蛋白含量的增加还有助于提高面条的硬度、弹性、咀嚼性等质构特性。但是面条品质与面筋蛋白含量并不是线性相关，这是因为面条品质同时还会受到面筋蛋白质量的影响。表征面筋蛋白质量的指标有很多，如十二烷基硫酸钠（SDS）沉降值、麦谷蛋白与麦醇溶蛋白的比例、高分子量亚基（HMW-GS）的含量等。研究发现 SDS 沉降值是影响白盐面品质的重要因素之一，面粉中 SDS 沉降值升高可显著提高面条的质构特性，如硬度、咀嚼性等指标。面筋蛋白中麦谷蛋白和麦醇溶蛋白各有其不同的性质，研究认为麦谷蛋白主要表现为弹性，而麦醇溶蛋白主要表现为黏性。同时这两种蛋白的比值对面条品质也有明显的影响。升高麦谷蛋白/麦醇溶蛋白的比值可以降低面条的蒸煮损失并提高面条的硬度、弹性、咀嚼性，这种影响可能与麦谷蛋白具有较高的分子量有关，但是当该比例超过 1 时也会使面条的弹性下降。陆启玉等研究了醇溶蛋白与麦谷蛋白对面条品质的影响，发现保持蛋白质含量不变的情况下，熟面条的部分品质特性会直接受到两种蛋白所含比例的影响，熟面条的咀嚼性和黏合性就与两者比例呈显著正相关。赵清宇等研究发现小麦蛋白特性与面条品质特性有着紧密的联系，结果表明醇溶蛋白与熟面条的黏性、黏着性及黏聚性都具有相关性；麦谷蛋白与面条的硬度、弹性、咀嚼性和回复性具有显著相关性。黄东印等人从育种的角度上指出，面筋强度强烈影响着干挂面的断条数量，所以蛋白质的含量与干挂面断条率呈极显著正相关，而与其外观、色泽呈显著负相关。面粉中 HMW-GS 的含量是表征面筋蛋白质量的重要指标，HMW-GS 在面筋网络结构中起到骨架的作用，其对面制品的加工和品质有着不可替代的作用。HMW-GS 与面条加工过程中面团的吸水率、面条硬度、弹性、咀嚼性呈正相关，此外 HMW-GS 也会使面条的最佳蒸煮时间延长。

3. 脂质

小麦粉中的脂类物质只占 2% 左右，但对鲜湿面蒸煮品质的影响不容忽视。去除或过量添加游离脂均会影响蒸煮品质。Dahle 等从制作意大利面的原粉中去除了脂质，发现煮面水的直链淀粉含量增加，可能是因为脂质-直链淀粉复合结构不能形成，导致直链淀粉易脱落。吕燕红等研究发现游离脂含量增加时，面条的质构指标下降，吸水率下降，干物质损失率增大。由此可见，小麦粉的脂类含量超过正常水平时，其疏水性阻碍面筋形成，使鲜湿面干物质流失，蒸煮品质降低。

而对于白盐面条，脂质对蒸煮品质的影响则呈现不同结果。孟丹丹等研究发现盐添加量为 2%时，随着游离脂含量的增加，面条的质构特性有所提高，干物质损失率也有一定程度的减小，可能是由于形成了脂-直链淀粉和醇溶蛋白-脂-谷蛋白络合物，减少了面条表面游离直链淀粉的量。

4.2.3 水对面条品质的影响

水是面条加工中的必需成分。和面过程中，水与面筋蛋白结合并使面筋蛋白形成具有一定黏弹性的网络结构，该网络结构包裹淀粉形成面团。在面条加工过程中水的添加量在 30%～38%之间。研究表明，加水量的变化对面条的蒸煮品质和质构特性均有影响。随着加水量的增加面条最佳蒸煮时间、蒸煮损失呈现下降趋势，与此同时，加水量的增加也会降低面条的弹性。

分析面条中水分的技术方法包括低场核磁共振法（LF-NMR）、近红外光谱法、动态热机械分析仪（DMA）法等。物质的水分迁移规律和流动性信息无法通过传统的技术方法测定，因为在应用时，传统方法会在检测过程中升温加热，这可能会造成面条中的淀粉发生糊化及蛋白发生不可逆的变性等，所以传统的测定方法无法对水分特征进行精确反映。有学者对几种检测方法进行了对比发现，LF-NMR 具有以下优点：在进行低场核磁检测过程中样品的理化性质可以不发生任何改变，即具有无损检测性；其操作简单方便，重复性好；在测定时无须额外配制溶剂和标样即可进行准确的定量分析。有学者研究了面条面团水分的存在形式，通过对面团的弛豫时间 T_2 分析可知，面团中的水分有三种存在形式，分别是 T_{21}、T_{22} 和 T_{23}（结合水、不易流动水和自由水），T_{21} 是受束缚最强的一类水，而 T_{22} 和 T_{23} 的自由度相对较大，其分布受到外界温度变化和自身含水量的影响。但是 Ruan 等发现当体系含水率为 12%～45%时可以测出 5 组和 3 组不同弛豫时间的水分。有学者利用 LF-NMR 对食品体系中水分状态进行研究发现，一些分子量较大的物质可以通过共价键和其他非离子键与水相互作用，例如，大分子物质淀粉对水分的流动性有着重要影响。Eenelsen 等利用 LF-NMR 研究生面团中水分的状态变化及烘烤对面团动力学性质的影响，发现 T_2 曲线展现出多相性。Lai 等发现与烹饪过程相比烹饪结束后贮藏期间的水分分布改变对面条质构特性有着重要影响。

4.2.4　改良剂对面条品质的影响

随着人们生活水平提高，居民的饮食结构越来越丰富，许多学者开始在面粉中添加一些营养物质，得到营养价值较高的面条，如大豆面条、青稞面条、牛奶面条等。王丽霞等研制了一种新型的健康美味的山药复合营养面条，以小麦粉和新鲜山药泥为主要原料，加入脱脂纯牛奶、胡萝卜、牛肉和食盐，制得的面条富含营养价值。刘占德等为了得到营养价值较高的面条，创新地在面粉中添加猕猴桃粉、核桃粉以及大豆粉等。如今，随着工业技术的发展、生产工艺的不断优化，面粉改良剂与营养物质的合理使用，不仅促进了挂面产业的发展，而且可以有针对性地满足不同消费者的需求。

目前面条生产常用的食品改良剂包括：化学制剂类、酶制剂类、亲水胶体类、蛋白类等。这些添加剂对面条的品质有明显的调控作用，但是不同改良剂对面条品质的调控机理不同。化学制剂类食品改良剂是使用最早、最广泛的一类。化学制剂类食品改良剂包括中性盐类（氯化钠）、碱性盐类（碳酸钠、碳酸钾）、磷酸盐类（三聚磷酸盐、焦磷酸盐）、改性淀粉（羟丙基淀粉、乙酰化淀粉、酯化淀粉、交联淀粉）、凝胶多糖（沙蒿胶、黄原胶、瓜尔豆胶、海藻酸钠和羧甲基纤维素钠）、酶制剂、蛋白类（谷朊粉、大豆蛋白）等。

1. 盐类

添加中性盐类可以有效改变面条中蛋白质分子之间的静电作用，进而改变面筋蛋白的非共价键作用，调控面条品质。研究表明适量添加氯化钠（质量分数为 1%～2%）可明显提高面条的硬度和弹性。其主要原因是氯化钠的电荷屏蔽作用使面筋蛋白分子之间的非共价键及共价键作用增强，进而使面筋网络结构的强度增加、面条品质提高。碱性盐类是黄碱面中常用的添加剂，添加碱性盐会使面条呈现黄色，同时也会明显提高面条的品质，如降低面条蒸煮损失、蒸煮时间，提高面条的硬度、弹性、咀嚼性。其原因是碱性盐类的加入使面条体系呈碱性，进而促进面条中的面筋蛋白二硫键和非二硫键交联。磷酸盐类对面条的蒸煮品质和质构特性有明显的调控作用，其对面条品质的调控机理是促进淀粉糊化，增强面筋网络强度，促进淀粉和蛋白质之间形成共价键作用。

2. 改性淀粉

改性淀粉可以通过改变面粉中淀粉总体的溶胀性和糊化性质来调控面条爽滑、弹性、硬度等质构指标。孙皎皎等以玉米粉、黄豆粉和小麦粉混合粉为原料，通过单因素试验法和正交试验法改善玉米面条的品质特性，结果表明，最佳配方（质量分数）为：3%谷朊粉、2%明胶、3%明胶多肽和 0.10%聚丙烯酸钠，这 4 种改良剂复配组合的使用效果比单独使用效果更好。杨丹等研究了不同改良剂对面条品质的影响，通过响应面分析法得到添加量（质量分数）为谷朊粉 1.2%、羟丙基淀粉 2.5%和瓜尔豆胶 1.5%时，能够提高面条品质。岳书杭等将羧甲基淀粉和醋酸酯大米淀粉、羟丙基二淀粉磷酸酯进行复配，对比单一变性淀粉，发现复配后质量比为 2∶1∶1（羧甲基淀粉∶醋酸酯大米淀粉∶羟丙基二淀粉磷酸酯）组的冻融稳定性、糊化特性、透明度、凝沉性、流变性等性质均优于其他组。

3. 凝胶多糖

凝胶多糖也被广泛用于面条品质改良，凝胶多糖特有的亲水基团可以和面条中的蛋白质、淀粉相互作用，进而改善面条的口感。常用的凝胶多糖面条改良剂有海藻酸钠、沙蒿胶、瓜尔豆胶、黄原胶和羧甲基纤维素钠等。凝胶多糖改良剂分子结构中含有的亲水基团能够与水、蛋白质、淀粉等分子发生作用，交叉贯穿面筋网络，改善面团的流变学特性和面条品质。通常加入凝胶多糖改良剂所生产出的面条具有表面光滑、复水性好等优点。其中，瓜尔豆胶由半乳糖和甘露糖组成，是从瓜尔豆胚乳中提取出的种子半乳糖胺，它是一种常见的亲水胶体，其水溶液在较低浓度下也具有很高的黏度。在食品工业中，瓜尔豆胶通常作为一种增稠剂和稳定剂，具有增稠、稳定、乳化、保鲜等功能特性，安全且高效，在面条、冰淇淋、烘焙和糖果等食品加工中应用广泛。世界卫生组织（WHO）/世界粮食和农业组织（FAO）对瓜尔豆胶用量没有限制，加入瓜尔豆胶制得的挂面具有良好的耐煮性、黏弹性和光洁度。

Kraithong 等分别将不同添加量的瓜尔豆胶、羧甲基纤维素和黄原胶加入面粉中制作面条，发现 0.2%的瓜尔豆胶改善面条的蒸煮特性、质构特性和感官品质的效果最好。陈前等发现添加瓜尔豆胶可以改善马铃薯-小麦混合粉面团特性，能够降低面团硬度，增加混合粉面团的黏弹性和拉伸性能，面团品质在加入 0.9%的瓜尔豆胶后达到最佳。于沛沛等研究了添加海藻酸丙二醇酯（PGA）和黄原胶对紫薯面条品质的影响，结果表明：PGA 和黄原胶的添加均能够改善紫薯面条的剪切力、最大拉伸力和烹饪损失率等，但面条的硬度和弹性会略微降低，在添加量为 0.3% 时，黄原胶对面条质构特性的改善效果要略好于 PGA，但蒸煮损失率较高。这说明添加不同凝胶多糖改良剂后面团的流变学特性不同的原因可能是不同胶体的亲水基团结构、成分和含量不同，它们与面粉中的蛋白质之间的相互作用也不同，这些不同的作用对面条品质产生的影响也不同。

总体来说，适宜添加凝胶多糖类改良剂在一定程度上可以改善面条品质，由于不同改良剂对面条质构的某一种特性的影响不同，可以考虑将这些具有不同优势的凝胶多糖改良剂进行复配，这样可以最大程度地改善面条品质。王春霞等研究发现 4 种改良剂最佳配比为黄原胶 0.08%、海藻酸钠 0.15%、硬脂酰乳酸钠 0.05% 和变性淀粉 0.01%，与单一改良剂相比，它们经过复配后能够显著改善面条的蒸煮品质。修琳等研究发现添加复配改良剂（0.23% 羧甲基纤维素钠、0.62% 卡拉胶和 0.05% 真菌 α-淀粉酶）后的玉米面条与对照组相比热焓值变化变小，老化程度明显降低，食用品质明显提高。

4. 酶制剂

目前用于改良面条品质的酶制剂主要有谷氨酰胺转氨酶（TG 酶）、葡萄糖氧化酶、脂肪氧合酶、木聚糖酶、脂肪酶。TG 酶可以催化蛋白质发生酰基转移反应，使蛋白质发生新的交联，从而提高面条品质。关于葡萄糖氧化酶的研究显示，葡萄糖氧化酶可以催化 α-D-葡萄糖转化为 δ-D-葡萄糖内酯，同时生成具有强氧化性的过氧化氢，氧化面条中的自由巯基形成二硫键，进而提高面条的质构特性；但是，与 TG 酶相比，其改良效果较差。与葡萄糖氧化酶类似，脂肪氧合酶催化不饱和脂肪酸发生反应的同时生成氢过氧化物，氢过氧化物氧化自由巯基形成二硫键，促进面筋蛋白的交联，进而提高面条的蒸煮品质和质构特性。木聚糖酶和脂肪酶分别通过水解面条中的纤维素和脂肪间接调控面条品质。木聚糖通过催化面粉中不溶性木聚糖转化为水溶性木聚糖，改变面团中纤维素的吸水性，促进面团中面筋蛋白吸水，进而改善面条的质构特性。脂肪酶的直接作用底物为面粉中的甘油三酯，它可以催化甘油三酯转化为甘油单酯和甘油二酯，这些反应产物可以发挥其乳化特性改善面条品质。

5. 蛋白类

常用的蛋白类面条品质改良剂有谷朊粉和大豆蛋白粉，它们都能直接提高面粉中蛋白质的含量，促进面团内的网络结构和骨架的形成，从而提高面条的品质特性。谷朊粉又称活性面筋粉，属于天然植物蛋白，其蛋白质质量分数达到 80%以上。总体来说，挂面的硬度、色泽、断条率、口感、蒸煮后的黏弹性以及总体评价等指标均与蛋白质含量有着紧密的联系。崔晚晚等将制备得到的谷朊粉以不同比例添加到面粉中，测定面团的流变学特性和面条的质构特性，发现添加 1.5%～3.0%的谷朊粉能够改善面粉的面筋特性，同时熟面条的硬度、弹性和咀嚼性与谷朊粉的添加量呈显著正相关关系，但面条的颜色会随着添加量的增加而变暗。张慧娟等在制作青稞面条中，为了增加混合粉中面筋蛋白的含量，通过向青稞粉中添加谷朊粉，同时还加入了氯化钠和黄原胶等，面条口感得到了改善，从而开发出新型青稞营养面条。这说明合理添加谷朊粉可以改善面条的品质、口感和韧性，但添加量不宜过多，过量会导致面条颜色变暗，影响色泽。大豆蛋白是一种植物性蛋白质，具有营养价值高、凝胶性好等特点，因此广泛应用于食品的研发领域。李俊华等研究发现将脱脂大豆粉添加到面粉单一改良剂的作用有限，将几种不同作用的改良剂复配使用可提高其改良效果。

郭兴凤等研究发现在大豆分离蛋白的添加量为 1%时，能够改善单独添加大豆蛋白酶水解产物对面条品质的负面影响，同时还增加了面条的营养价值。张莹莹等将质构化大豆蛋白与大豆水解蛋白（水解度为 4.54%）复配后添加到面粉中，结果表明两者均能够改善面粉的粉质特性和面筋指数，提高面团黏弹性和弹性比例；两种蛋白能够促进面团内部交联结构的形成，使得 GMP 含量增大,从而提高了面条品质。

第5章 桔梗总皂苷的提取纯化及性质研究

5.1 概　　述

桔梗（Radix Platycodonis）是桔梗科（Campanulaceae）植物桔梗 *Platycodon grandiflorum*（Jacq.）A. DC.的干燥根，它观似人参，故常被称为"南方人参"，也称铃铛花、大药、和尚帽、苦梗、绿花根、包袱花、灯笼稞、明叶菜、沙油菜、紫花丁、白药、土人参、道拉茎等。桔梗最初载于《神农本草经》，是古人常用的祛痰止咳类中药，李时珍在其《本草纲目》中记载"此草之根结实而梗直，故名桔梗"。

桔梗是多年生草本植物，高 40～90 cm，春秋二季采挖。原产地有中国、日本、朝鲜、俄罗斯等，我国主产地主要是辽宁、吉林、安徽、河南、内蒙古、广西、河北等省份。桔梗喜温和凉爽的气候，多生于沟渠、草丛、山丘等区域，因其既有药用保健价值，又可当蔬菜食用，目前种植较为广泛。桔梗的存在形式如图 5.1 所示。

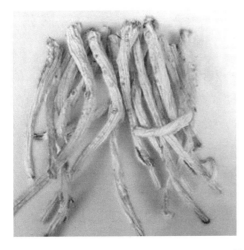

图 5.1　桔梗的存在形式

5.1.1 桔梗的价值

1. 药用价值

桔梗是常规的中药材，味苦、辛、性平，功效有利咽、宣肺、散寒、祛痰、排脓等，还可以理气、消食、安神、活血，可广泛用于治疗感冒咳嗽、痰多不爽、胸闷不畅、咽喉肿痛、失音、痢疾腹痛、呼吸系统疾病等。我国古人很早就学会用桔梗来治病，医圣张仲景曾在其所著的《伤寒论》中记载："有三物百散、桔梗汤等方剂"，将桔梗作为主药；《本草纲目》记载："桔梗适量，水一升，煎成半升，温服"，将桔梗用于治疗咽喉肿痛；《卫生易简方》中记载："桔梗、茴香等分，烧研敷之"，将桔梗用于治疗牙疳臭烂。

张树臣研究表明，紫花桔梗和白花桔梗都可以治疗小白鼠的咳嗽病症，还可以缓解大鼠足肿胀的症状。桔梗煎剂给麻醉犬口服（1 g/kg）后，能使犬呼吸道黏液分泌量显著增加，作用强度与氯化铵类似。药理研究表明，桔梗根中含有大量的亚油酸等不饱和脂肪酸，可以降血压、防止动脉粥样硬化。还有许多学者研究出桔梗具有抗溃疡、抑制胃酸分泌、促进胆酸分泌、抗过敏、降低胆固醇含量等作用。通过多年深入研究桔梗及其性质，我国学者现已开发出众多桔梗制剂，主要有复方桔梗片、咽喉片、化痰片、小儿化痰止咳冲剂、止咳糖浆、痰咳净喷雾剂等，疗效好，副作用小，桔梗现已被广泛应用于各种药物或方剂中。

2. 食用价值

桔梗营养丰富，具有广泛的食用价值。它还含有钙、铁、锌、镁、铜、锰、磷、钾等人体必需的微量元素。据报道，100 g 桔梗鲜样中含有 74 g 水分、3.5 g 蛋白质、1.22 g 脂肪、18.2 g 碳水化合物、3.2 g 粗纤维、8.87 mg 胡萝卜素、12.67 mg 维生素 C、585 mg 钙、180 mg 磷、13 mg 铁等。

在中国、日本、朝鲜、韩国等亚洲国家，桔梗常被制成美味的菜肴。桔梗根及嫩叶可腌制成咸菜、泡菜、开胃菜等，尤其是桔梗泡菜，已经成为朝鲜族的传统必备食品。桔梗嫩叶还可以过水晒干制成干菜、山野菜，用以炒食、做汤。另外，桔梗发酵还能酿成保健酒、罐头、保健饮料等食品。

3. 其他价值

桔梗花色鲜艳、花形大，单生于茎顶或数朵成疏生的总状花序，花冠钟形（图5.2），蓝紫色或蓝白色，5 个裂片，十分美丽。所以，桔梗能陶冶性情，放松身心，可作为一种较好的观赏花种，具有一定的观赏价值。

（a）紫花桔梗　　　　　　　　　　　　　　（b）白花桔梗

图 5.2　紫花桔梗和白花桔梗

桔梗还可以用来做美容化妆品。桔梗浸出物有一定的杀菌抑菌作用，可抑制人面部螨疮、皮癣的生长，祛除色斑，与其他化妆品或中药成分结合使用，效果更好。日本学者经研究证明，混有桔梗浸出物的沐浴液可使皮肤更为细腻光滑，防止皮肤变黑及衰老。

人体摄入酒精过多会损伤肝脏，导致胃溃疡，伤害大脑和神经系统等，而桔梗浸出物却是良好的酒精抑制剂，它可以控制人体血液中的酒精含量，削弱酒精对人体的伤害。

桔梗具有一定的刺激性气味，还常被用作气味掩饰剂添加到杀虫剂、防蚊剂中。

5.1.2　桔梗的主要化学成分

对桔梗化学成分的研究始于 20 世纪 40 年代，众多研究表明，桔梗的化学成分很多，主要包括皂苷类化合物、黄酮类物质、多聚糖、脂肪酸、甾体化合物、酚酸类化合物、氨基酸、维生素等。

1. 皂苷类化合物

桔梗中含有大量的皂苷类化合物，且属于 12-烯-齐墩果烷型五环三萜类皂苷，它是桔梗中的主要活性物质，正是该成分才赋予了桔梗如此多的药用价值。桔梗皂苷种类很多，众多桔梗皂苷总称为桔梗总皂苷。

日本学者 Tsujimoto 等对桔梗的研究最早，他们在 1968 年得出了桔梗皂苷元和桔梗酸 A、B、C 等皂苷元的结构。后来，Akiyama 等借助氢-核磁共振（^{1}H-NMR）、红外光谱（IR）等方法修改了 Rondest 建议的远志酸的结构，并分析了桔梗皂苷元中内酯溴化物的 X 射线晶体，确定了它的绝对构型。Akiyama 等又在 1972 年通过对桔梗皂苷进行酸碱水解，得到了 3-O-β-葡萄吡喃糖基桔梗总皂苷元。1972 年，Elyakov 和 Aladjina 分离获得一种由皂苷元和糖链组成的新皂苷 platycodoside C，经推测可知是桔梗皂苷元和糖链（m（葡萄糖）：m（木糖）：m（鼠李糖）：m（阿拉伯糖）=2：1：1：1）组成了其结构，但该结构并不完整。1975 年 Tada 等学者分离到第一个包含芹糖的桔梗皂苷 D。1978 年 Konishi 等通过反复试验，获得了 2 个单乙酰化皂苷 PD-A 和 PD-C 的结构，Ishii 等在同一年通过反复硅胶柱层析和液滴逆流色谱（DCCC）技术，确定了远志皂苷 D 和 D$_2$、PD-D 和 PD-D$_2$ 及其单醋酸酯衍生物结构，后来 Ishii 等又确定了 PD-D$_3$、去芹糖桔梗皂苷 D 和 D$_3$、platyconic acid-A 内酯、platyconic acid-A 甲酯及其 2-O-甲基衍生物 6 种皂苷，通过甲基化和碱水解，他们还得到了后 3 种皂苷相应的 PS 甲酯衍生物，经过大量的研究，他们随后又分离到了 4 种 PS 甲酯衍生物。

1982 年，郑毅男等通过反复试验，从白花桔梗中提取出远志酸和桔梗皂苷元，又借助现代波谱学的方法验证了它们的结构，证明了白花桔梗与紫花桔梗的总皂苷完全一致，同时还分离到另两个皂苷元：桔梗酸 B 和桔梗酸 C。1984 年，Ishii 等人在桔梗皂苷的研究方面又获得了重大突破，他们从桔梗中分离出 18 种皂苷类物质，而且通过与已经得到的 PS 甲酯衍生物和 PD-D-C$_{28}$ 位糖链的 ^{13}C-NMR 结构信息的比较，还确定了这 18 种皂苷的结构。

Nikaido 于 1998 年从桔梗中分离出 platycoside A、platyeoside B、platycoside C，第二年又鉴定出两个皂苷 platycoside D 和 platycoside E。2000 年徐宝军通过 ESI-MS

结合 IR 技术和理化分析研究了 PD-D、PD-V 和去芹糖 PD-D，得出了简化皂苷类糖链结构的测定过程的结论。2005 年，符文卫从桔梗中分离出 3 个单糖链皂苷。

　　经统计，目前已经从桔梗中分离鉴定出了 44 种皂苷类化合物，它们又可分为 27 种皂苷、12 种次皂苷甲酯衍生物和 5 种皂苷元，桔梗皂苷的结构如图 5.3 所示。桔梗中分离到的 2 种皂苷见表 5.1。

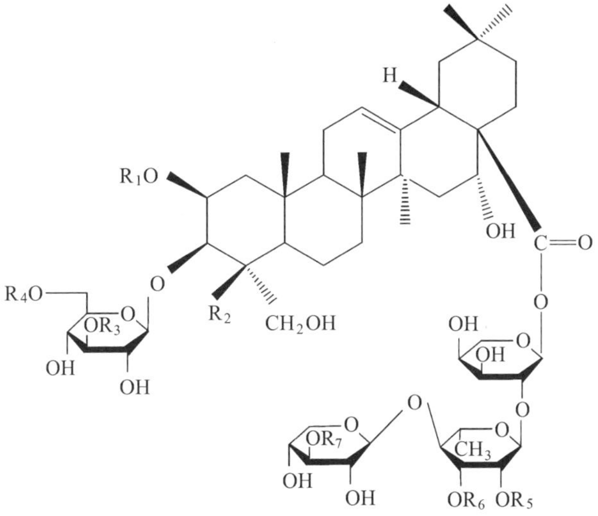

（a）

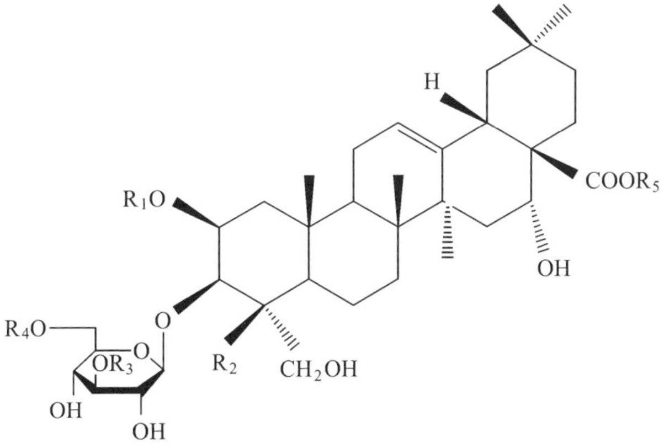

（b）

图 5.3　桔梗皂苷的结构

表 5.1　桔梗中分离到的皂苷

编号	名称	R_1	R_2	R_3	R_4	R_5	R_6	R_7
1	Platycodin D	H	CH_2OH	H	H	H	H	Api
2	Platycodin A	H	CH_2OH	H	H	Ac	H	Api
3	Platycodin C	H	CH_2OH	H	H	H	Ac	Api
4	Deapio-platycodin-D	H	CH_2OH	H	H	H	H	H
5	Platycodin D_2	H	CH_2OH	H	Glc	H	H	Api
6	2″-O-acetylplatecodin D_2	H	CH_2OH	H	Glc	Ac	H	Api
7	3″-O-acetyplatecodin D_2	H	CH_2OH	H	Glc	H	Ac	Api
8	Platycodin D_3	H	CH_2OH	Glc	H	H	H	Api
9	Deapio-platycodin-D_3	H	CH_2OH	Glc	H	H	H	H
10	Polygalacin D	H	CH_3	H	H	H	H	Api
11	2″-O-polygalacin D	H	CH_3	H	H	Ac	H	Api
12	3″-β-O-polygalacin D	H	CH_3	H	H	H	Ac	Api
13	Polygalacin D_2	H	CH_3	H	Glc	H	H	Api
14	2″-O-polygalacin D_2	H	CH_3	H	Glc	Ac	H	Api
15	3″-O-polygalacin D	H	CH_3	H	Glc	H	Ac	Api
16	Platyconate A	H	$COOCH_3$	H	H	H	H	Api
17	Platycoside A	H	CH_3	H	Glc	H	H	H
18	Platycoside B	H	CH_3	H	H	Ac	H	H
19	Platycoside C	H	CH_3	H	H	H	Ac	H
20	Platycoside D[*]	H	CH_3	Gen	H	H	H	Api
21	Platycoside E[*]	H	CH_2OH	Gen	H	H	H	Api
22	Methy2-O-methylplatyconate A	CH_3	$COOCH_3$	H	H	H	H	Api
23	Platyconic acid-A Lactone	H	—CO—	H	H	H	H	Api
24	Platycoside F	H	CH_2OH	H	H	Ara-Rha	—	—
25	Platycoside G_1	H	CH_2OH	H	Glc-Glc	Ara-Rha-Xyl	—	—
26	Platycoside G_2	H	CH_2OH	H	Glc	Ara-Rha	—	—
27	Platycoside G_3	H	CH_2OH	H	Glc	Ara-Rha-Xyl-Api	—	—

注：*表示 Gen（β-gentiobiosyl）=Glc6-Glc。

　　桔梗次皂苷甲酯衍生物结构如图 5.4 所示。桔梗中分离到的次皂苷甲酯衍生物见表 5.2。

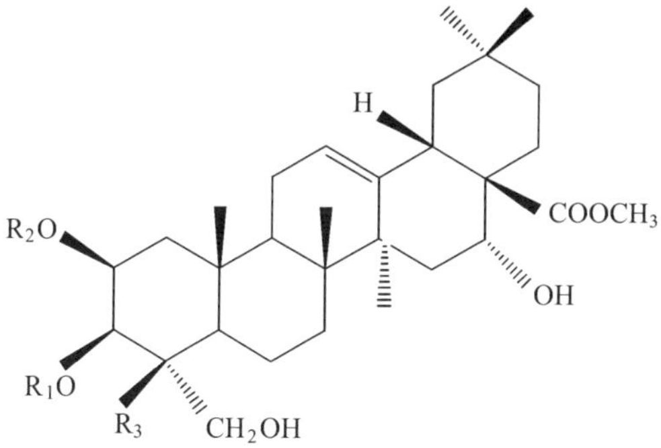

图 5.4　桔梗次皂苷甲酯衍生物结构

表 5.2　桔梗中分离到的次皂苷甲酯衍生物

编号	名称	R_1	R_2	R_3
1	Methyl-3-O-β-D-Glucopyranosyl polygalacate	Glc	H	CH₃
2	Methyl-3-O-β-D-Laminaribiosyl polygalacate*	Lam	H	CH₃
3	3-O-β-D-Glucopyranosyl platycodigenin methyl ester	Glc	H	CH₂OH
4	3-O-β-Laminaribiosyl platycodigenin methyl ester*	Lam	H	CH₂OH
5	3-O-β-Gentiobiosyl platycodigenin methyl ester**	Gen	H	CH₂OH
6	3-O-β-D-Glucopyranosyl platycogenic acid A Lactonemethyl ester	Glc	—CO—	
7	Dimethyl 3-O-β-D-Glucopyranosyl platycogenate A	Glc	H	COOCH₃
8	Dimethyl 2-O-methyl-3-O-β-D-Glucopyranosyl platycogenate A	Glc	CH₃	COOCH₃
9	Methyl polygalacate	H	H	CH₃
10	Platycodigenin methyl ester	H	H	CH₂OH
11	Platicogenic acid A Lactone methyl ester	H	—CO—	
12	Dimethyl platycogenate A	H	H	COOCH₃

注：*表示 Lam（β-laminaribiosyl）=Glc3-Glc；

　　**表示 Gen（β-gentiobiosyl）=Glc6-Glc。

桔梗皂苷元结构如图 5.5 所示。桔梗中分离到的皂苷元见表 5.3。

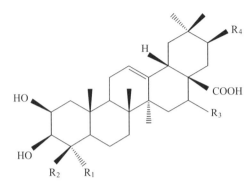

图 5.5　桔梗皂苷元的结构

表 5.3　桔梗中分离到的皂苷元

编号	名称	R_1	R_2	R_3	R_4
1	Platycodigenin	CH_2OH	CH_2OH	α—OH	H
2	Polygalacic acid	CH_2OH	CH_3	α—OH	H
3	Polygalacic acid A	CH_2OH	COOH	α—OH	H
4	Polygalacic acid B	CH_3	COOH	α—OH	OH
5	Polygalacic acid C	CH_3	CH_3	α—OH	OH

2. 黄酮类物质

黄酮类化合物（Flavonoids）是一类存在于自然界中具有 2-苯基色原酮（Flavone）结构（图 5.6）的化合物。它们大多数与糖结合成苷类，只有少部分以游离态的苷元存在，影响着植物的生长、发育、开花、结果等。

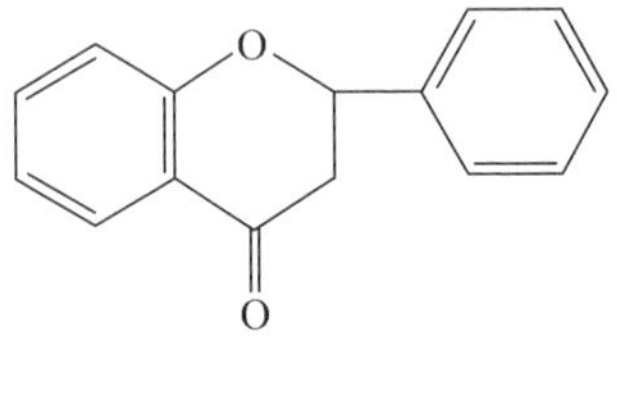

图 5.6　2-苯基色原酮

黄酮类化合物主要存在于桔梗的地上部分，有学者已经从中分离到 9 种黄酮类物质，它们主要是二氢黄酮、黄酮和黄酮苷类化合物。这 9 种黄酮类物质的结构如图 5.7 所示。日本学者最早在实验室条件下分离到的第一种黄酮类物质是飞燕草素-二咖啡酰芦丁醇糖苷。

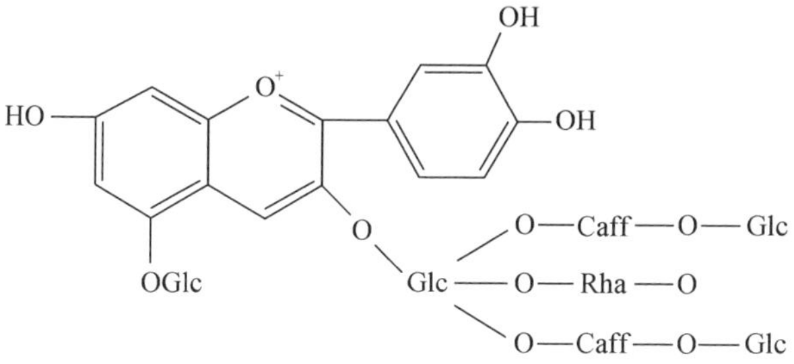

（a）物质 1

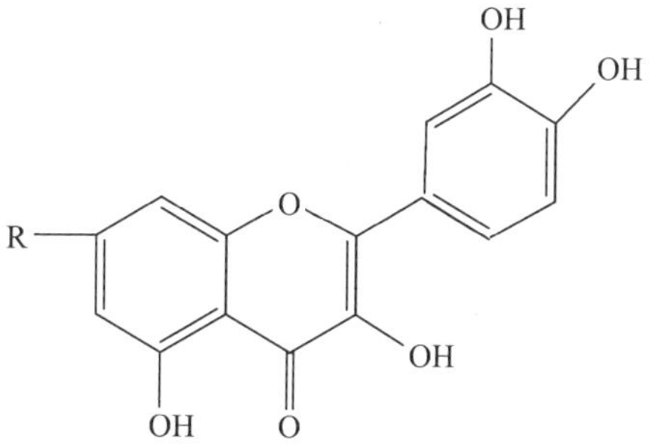

（b）物质 2（R=H）；物质 3（R=rutinosyl）

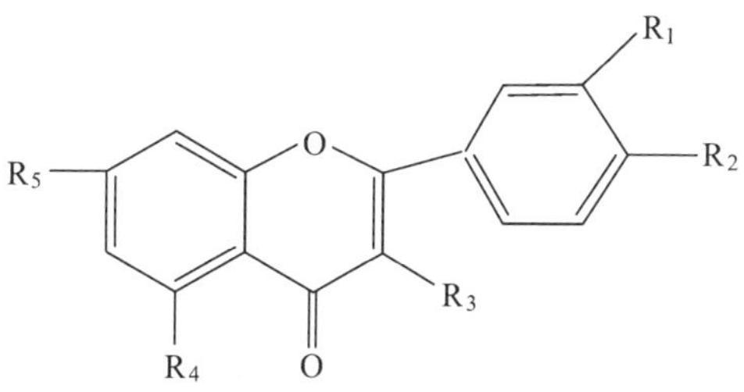

（c）物质 4（R₁=R₂=R₃=R₄=OH，R₅=glucosyl）；物质 5（R₁=R₂=R₃=R₄=OH，R₅=rutinosyl）；物质 6（R₁=R₂=R₄=OH，R₃=H，R₅=glucosyl）；物质 7（R₁=R₃=H，R₂=R₄=OH，R₅=glucosyl）；物质 8（R₁=R₂=R₄=R₅=OH，R₃=H）；物质 9（R₁=R₃=H，R₂=R₄=R₅=OH）

图 5.7 9 种黄酮类物质的结构

3. 酚酸类化合物

韩国专家从本地桔梗根的石油醚浸提物中分离到 2 种具有抗氧化活性的酚类化合物，随后又有人从波兰桔梗的地上部分鉴定出 12 种酚酸类物质及其衍生物。结果证明，桔梗酚酸类化合物有较好的抗氧化活性，还可有效地减少因动脉变窄造成的梗塞。桔梗中分离到的酚酸类化合物如图 5.8 所示。

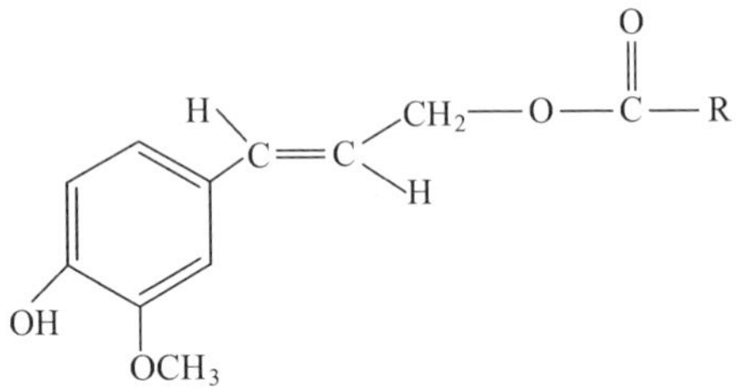

图中结构式

酚类化合物 1（R =（CH$_2$）$_{14}$CH$_3$）；酚类化合物 2（R =（CH$_2$）$_7$CH=CH（CH$_2$）$_4$CH$_3$）

图 5.8　桔梗中分离到的酚酸类化合物

4. 聚炔类化合物

目前已经从桔梗的须根中分离到名为 lobetyol 和 lobetyolin 两种聚炔类化合物，从桔梗须根的培养物中分离到名为 lobetyolinin 的聚炔类化合物，聚炔类化合物的含量常常作为植物分类的重要依据。这三种聚炔类化合物的分子结构如图 5.9 所示。

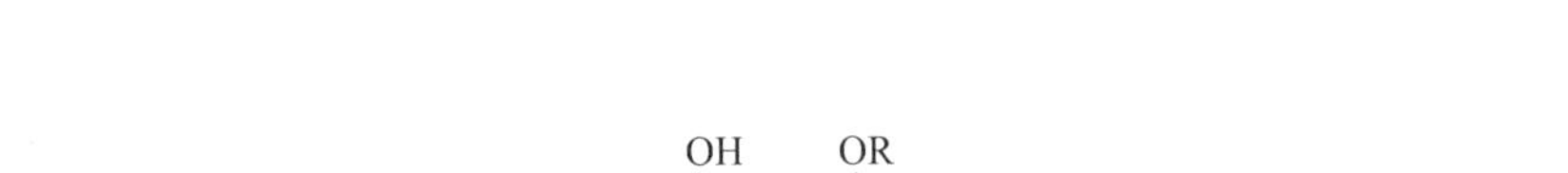

Me — CH == CH — C ≡ C — CH — CH — CH == CH — CH$_2$CH$_2$CH$_2$OH

化合物 1（R=H）；化合物 2（R=glucosyl）；化合物 3（R=gentiobiosy）

图 5.9　桔梗中分离到的聚炔类化合物

5. 脂肪油、脂肪酸类化合物

100 g 桔梗鲜样中含有 920 mg 的油，且大部分为不饱和化合物。所含的脂肪酸主要有亚油酸、软脂酸、亚麻酸、硬脂酸、油酸、棕榈酸等，其中亚油酸和软脂酸的质量分数分别占 63.24%和 29.51%，所占比例较大。在其混合脂肪酸中以油酸和硬脂酸为主。李静等于 1997 年采用 GC-MS 的方法分析了桔梗、桔梗人参（人参与桔梗的杂交品种）、人参中的脂肪酸含量。经过鉴定，它们均含有硬脂酸、亚油酸、软脂酸、亚麻酸等常规的脂肪酸，且不饱和脂肪酸的含量最多的是桔梗人参，其次是桔梗。

6. 多聚糖化合物

研究证明，桔梗中含有大量的菊糖和桔梗聚糖，其中桔梗聚糖由果糖构成。已经鉴定出结构的桔梗聚糖包括 GF_2、GF_3、GF_4、GF_5、GF_6、GF_7、GF_8、GF_9。另外，朝鲜专家通过红外光谱和薄层色谱分析技术确定了从桔梗中粗提出的果胶的化学结构，其水解产物中的糖主要由葡萄糖、果糖、半乳糖、半乳糖醛酸组成。

7. 氨基酸

桔梗根中含有的氨基酸种类高达 16 种以上，氨基酸总质量分数高达 15.01%，这其中包括人体所需的 8 种必需氨基酸，它们占氨基酸总量的 6.44%。另外，桔梗中还有一种 γ-氨基丁酸，该物质可调节神经传导过程，镇静神经、抗焦虑，有效促进血管扩张，降低血压，提高大脑活力，平衡大脑的能量代谢过程。

8. 维生素

桔梗根中维生素含量非常丰富，每百克鲜样中含有胡萝卜素 8.87 mg、维生素 B 138 mg、维生素 C 12.67 mg、尼克酸 0.3 mg，它们对维持机体的健康运行有重要作用。比如，胡萝卜素在人体内可转化成维生素 A，有效改善夜盲症、皮肤粗糙等症状，是目前最安全的补充维生素 A 的物质，而维生素 B 则有解酒、护肝、预防贫血等作用。

9. 无机元素

经鉴定，桔梗中含有 17 种以上的无机元素，包括 Zn、Mn、Cu、Ni、Cr、Sr、Fe、V 8 种人体必需的微量元素，其中 Cu、Zn、Mn 含量相对较高。

10. 其他成分

经气相色谱-质谱-计算机联用技术分析，桔梗根中含有 75 种挥发油，其中已经鉴定出的有 21 种，占挥发油总量的 57.06%，还含有 α-菠菜甾醇（α-Spinastero）及其葡萄糖苷、Δ7-豆甾烯醇等多种甾醇和白桦脂醇 Betulin 等醇苷。桔梗种子中还有多种不饱和脂肪酸、氨基酸和矿物质等成分。桔梗中分离到的甲基丁醇苷结构如图 5.10 所示。

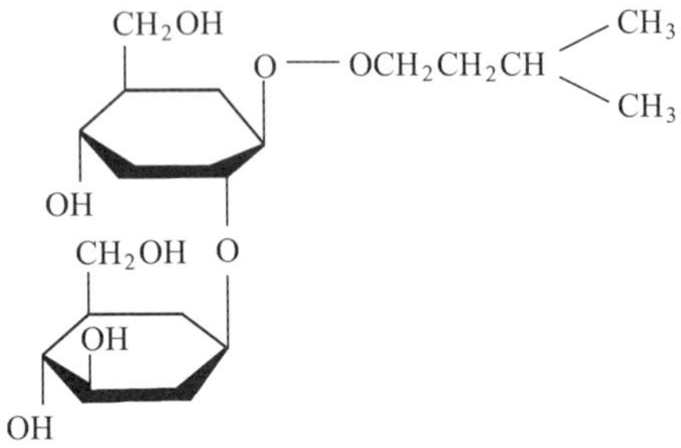

图 5.10　桔梗中分离到的甲基丁醇苷结构

5.1.3　皂苷的结构及分类

经研究，皂苷是很强的表面活性剂和溶血剂，其分子式为 $C_{27}H_{42}O_3$，由皂苷元和糖、糖醛酸或其他有机酸组成。组成皂苷的糖主要有葡萄糖、半乳糖、鼠李糖、阿拉伯糖、木糖、戊糖及葡萄糖醛酸、半乳糖醛酸等。通常，糖和糖醛酸先结合成低聚糖，然后再与皂苷元 C_3 位的—OH 相互缩合，形成单糖链皂苷或双糖链皂苷。如果皂苷分子中的羟基和有机酸缩合，其缩合物酯皂苷就会被植物体内存在的酶类酶解成次级苷。

皂苷的分类方法有很多，根据皂苷水解后生成皂苷元结构的不同，可将皂苷分为三萜皂苷（Triterpenoidal saponins）与甾体皂苷（Steroidal saponins）两大类；根据皂苷分子中糖链数目的不同，可将皂苷分为单糖链皂苷、双糖链皂苷以及三糖链皂苷；根据皂苷分子中酸性基团的有无，可将皂苷分为中性皂苷和酸性皂苷；有时也可根据皂苷元母核化学结构的变化规律给不同的皂苷命名，比如桔梗的皂苷类成分分为桔梗酸类、桔梗二酸类和远志酸类三种主要类型。而在诸多方法中，按照皂苷元结构的不同来分类是目前最为常用的。

1. 三萜皂苷

三萜皂苷广泛存在于远志、桔梗、甘草、人参、三七、槲寄生、商陆、柴胡、椒木、党参、地榆等中药材中。其皂苷元是由 30 个碳原子组成的三萜类衍生物。大部分三萜类衍生物均可看作由六个异戊二烯单位组成的化合物。由于三萜皂苷的 C_3—羟基与糖结合，皂苷元中含有羧基，故三萜皂苷多呈酸性，在植物体内，它们常与钙离子、镁离子等结合成盐类。根据皂苷元中 30 个碳原子组成环数的不同，可将三萜皂苷分为四环三萜皂苷和五环三萜皂苷。因五环三萜皂苷比四环三萜皂苷存在更为广泛，且桔梗皂苷也隶属于五环三萜皂苷的范畴，故重点介绍五环三萜类皂苷。该类皂苷的 30 个碳原子可以组成 A、B、C、D、E 5 个环，按 E 环上的取代形式不同，可将其分为三类。

（1）β-香树脂烷型（β-Amyrane）。

β-香树脂烷型也称齐墩果烷型，是齐墩果酸的衍生物。桔梗、远志、人参、柴胡、楤木、甘草、雪胆、槲寄生、女贞子等中草药中常含有此成分。研究可知，它的基本母核为 5 个六元环稠合成的多氢苯结构，其上有 8 个单碳原子取代基，C_4、C_{20} 上有 2 个，C_8、C_{10}、C_{14}、C_{17} 上各 1 个，甲基通常为取代基，C_{11} 位置接酮基，C_{12} 位置有双键，C_{17} 位置接羧基，具体的化学结构式如图 5.11 所示。

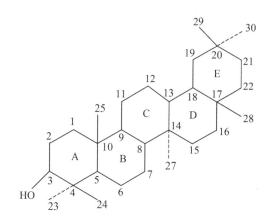

图 5.11　β-香树脂烷型五环三萜皂苷元化学结构式

（2）α-香树脂烷型（α-Amyrane）。

α-香树脂烷型也称乌苏烷型，大部分是乌苏酸（即熊果酸）的衍生物，主要存在于积雪草、金钱草、地榆、车前草等中草药中。在其化学结构中，C_{29} 甲基从 C_{20} 位移动到 C_{19} 位上，具体的化学结构式如图 5.12 所示。

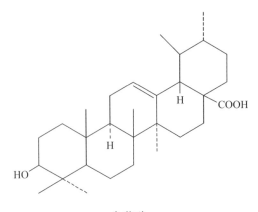

乌苏酸

图 5.12 α-香树脂烷型五环三萜皂苷元化学结构式

（3）羽扇豆烷型（Lupane）。

羽扇豆烷型物质多呈游离态，相对前两者在自然界中存在较少，主要存在形式有白头翁皂苷元、羽扇豆醇（Lupeol）及酸枣仁中的白桦醇（Betulin）和白桦酸（Belulinic acid）等。该成分化学结构中的 E 环是五元碳环，即 C_{19} 与 C_{20} 位直接相连，而 C_{20}、C_{29}、C_{30} 则形成不饱和侧链，即异丙烯基，具体的化学结构式如图 5.13 所示。

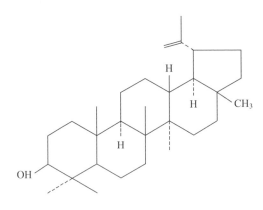

羽扇豆醇

图 5.13 羽扇豆烷型五环三萜皂苷元化学结构式

2. 甾体皂苷

甾体皂苷的苷元是含有 27 个碳原子的螺甾醇或呋甾醇,大部分存在于单子叶的百合科、石蒜科和薯蓣科等植物中。常用中草药知母、麦门冬、天门冬、七叶一枝花等均含有大量的甾体皂苷。目前,国内外学者已研究了近 150 种植物中的约 200 多种天然甾体皂苷。研究发现,薯蓣皂苷元(Diosgenin)及其苷有抗关节炎、降低胆固醇、抗癌作用;从龙舌兰科(Dracaena afromontan)的植物中分离出的新甾体皂苷(Afromontoside)具有抑制 KB 细胞的活性;从重楼属植物中分离出的甾体皂苷,具有止血、免疫调节、抗肿瘤及对心血管系统的作用;用盾叶薯蓣(*D. zingibernsis*)为原料研制成功的新药"盾叶冠心宁",临床治疗冠心病、心绞痛也有一定疗效。

甾体皂苷元由 A、B、C、D、E、F 6 个环组成,其中 A、B、C、D 四环为环戊烷并多氢菲母核,C_{16} 与 C_{17} 位上侧链并合为一个呋喃环 E,该呋喃环是一个五元含氧环,而 C_{22} 位上又接有一个六元含氧环吡喃环 F,然后 E、F 两环以螺缩酮的形式连接组成螺旋甾烷形式。

甾体皂苷元一般是螺甾醇,单羟基取代多在 3 位,而当 F 环开裂时,则形成呋甾醇。甾体皂苷中所含糖的种类较多,这一点显著不同于三萜皂苷。到目前为止,人们已经发现了 10 余种,包括己糖、戊糖、去氧糖、酮糖、糖醛酸等,其中以 D-葡萄糖、D-半乳糖、D-木糖、L-鼠李糖和 L-阿拉伯糖最为常见。甾体皂苷元化学结构式如图 5.14 所示。

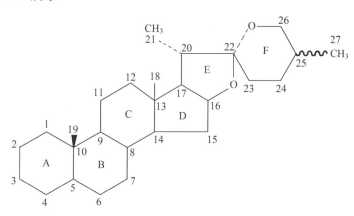

图 5.14　甾体皂苷元化学结构式

5.1.4 皂苷的性质与生物活性

1. 性状

皂苷的分子量比较大，不易结晶，大多为白色或乳白色的无定形粉末，只有少数皂苷为晶体（如常春藤皂苷为针状晶体），而多数皂苷元呈结晶状态；皂苷大多没有明显熔点，而在实验室状态下测得的是其分解点；皂苷大多数具有苦、辛辣味，其粉末极易刺激人或动物的黏膜而引起喷嚏、呼吸不畅等症状； 大部分甾体皂苷为中性，而多数三萜皂苷为酸性皂苷；皂苷大多有吸湿性，故常于干燥密闭条件下保存。

2. 溶解性

大多数皂苷有较大极性，易溶于水、热甲醇、热乙醇、含水稀醇，不溶于乙醚、丙酮、苯等极性小的有机溶剂；皂苷在水饱和的丁醇或戊醇中有较大溶解度，故常借助水饱和丁醇或戊醇来提取纯化总皂苷，使它们与糖、蛋白质等亲水性成分分开；皂苷不完全水解为次皂苷后，在水中的溶解度下降，而易溶于中等极性的丙酮、乙醚及醇，若经完全水解，皂苷水解后的产物是呈结晶状态的皂苷元，该物质不溶于水，而溶于石油醚、乙醚、苯、氯仿等极性小的溶剂；另外，皂苷能改善某些成分的水溶解度，具有一定的助溶特性。

3. 表面活性（起泡性）

皂苷可以降低水溶液的表面张力，大部分皂苷水溶液经强烈振荡可以产生持久性的泡沫，且不因加热而消失，而蛋白质或黏液质的水溶液也有较好的起泡性，但它们的泡沫不能持久，随着温度的升高而逐渐消失。

4. 溶血性

大多数皂苷水溶液能破坏红细胞而产生溶血现象，其强度可用溶血指数表示，即皂苷在一定条件下使血液中红细胞完全溶解所需的最低浓度。在实验室条件下，通常根据溶血性的有无来判断皂苷的有无。皂苷的溶血性与皂苷元有密切关系，而溶血作用的强弱与结合的糖的种类有关，单糖链皂苷的溶血性要好于双糖链皂苷的溶血性，而中性三萜类双糖链皂苷的溶血作用更弱或没有。

5. 水解性

采用酸、酶类或氧化等方式可使皂苷键发生断裂而水解，若条件更剧烈，某些皂苷元通常会发生脱水、环合、双键移位、取代基移位或构型改变等现象而产生次生产物；若条件稍温和，比如采用光分解、微生物淘汰培养、酶分解等方法，水解产物就变成了皂苷元。

6. 与酸的反应

某些强酸（如硫酸、磷酸、高氯酸）中强酸（如三氯乙酸）或者路易斯（Lewis）酸（如氯化锌、三氯化铝、三氯化锑）在无水条件下也可与皂苷反应，产生颜色变化或荧光，借此可以鉴别皂苷的有无及其种类。

皂苷是一种含有多种生理作用的活性物质，可以预防人体衰老、抗动脉粥样硬化、改善血脂、降血糖、提高机体免疫力、抗癌、抗病毒等，是颇受人类欢迎的营养保健、有一定疗效、天然无污染的食品、药品的重要成分。

7. 免疫调节活性

大量研究表明，从人参茎叶中提取的皂苷可调节小鼠 T 细胞内环核苷酸含量，促进磷脂酰肌醇代谢，从而增强创伤后活化的 T 细胞内 L-2 及 L-2Rα 的基因转录与表达。人参皂苷 Rg3 则能显著提高小鼠碳粒廓清速率、血清溶血素含量、免疫器官质量、脾淋巴细胞转化和 NK 活性，从而提高小鼠的免疫力。试验证实，人参皂苷还可以显著甚至极显著改善刀豆蛋白 A 和脂多糖诱导的小鼠外周血和脾脏淋巴细胞增殖，可以显著甚至极显著提高小白鼠腹腔 NK 细胞及巨噬细胞的活性。刘晓松等采用绞股蓝皂苷按 300 mg/kg 的量连续 7 天给小白鼠灌胃，发现该物质能明显提高鼠腹腔巨噬细胞的吞噬功能（$P<0.01$），而且能显著增加服药 90 天的大鼠 T 淋巴细胞数，而对免疫抑制剂环磷酰胺、糖皮质激素及荷瘤等不同原因所导致的免疫功能低下的动物，也都有显著的抵抗作用。有学者认为，大豆皂苷的免疫调节作用是促成其抑制肿瘤生长的重要因素，通过对小鼠灌喂大豆皂苷，可以发现刀豆蛋白 A 和脂多糖能显著促进小鼠脾细胞的增殖，提高脾细胞对 IL-2 的反应性，从而增加 IL-2 的分泌，改善机体的免疫作用。

8. 抑菌、抗病毒活性

皂苷的抑菌作用较广泛，对变形杆菌、伤寒杆菌、百日咳杆菌、肺炎链球菌、溶血性金黄色葡萄球菌、溶血性链球菌等均有较好的抑制作用。从苜蓿根部提取的皂苷能抑制致病菌菌核生长，降低致病真菌的生物活性，有人已经用苜蓿皂苷 G_2 来治疗被皮癣菌、毛癣菌感染的皮肤疾病，取得了较好的效果。长尾常敦发现，从无患子果皮中提取出的皂苷可较好地抑制肿瘤的增殖，起到抑菌抗瘤的疗效。研究还发现，大豆皂苷能较好地抵抗猴免疫缺陷病毒（SIV），人参皂苷、黄芪皂苷可抑制被病毒感染的细胞的生长。

9. 降脂、降血糖作用

学者 Kitagawa 研究证实，大豆皂苷能防止血清中的脂类物质的氧化，减少过氧化脂质的生成，同时降低胆固醇及甘油三酯水平，从而降低血液中的脂肪含量。苦瓜皂苷可改善鼠进食后体内的血糖及胆固醇含量，有效调节皮质醇水平，提高肌糖原和肝糖原含量，加速体内糖的分解。给小鼠静脉注射一定量的绞股蓝皂苷液后，小鼠的血压、收缩压冠脉及脑血管阻力等指数显著下降，这说明该皂苷可改善血脂、血糖水平，从而将血压维持到正常水平。

10. 抗氧化、防衰老作用

有学者用含绞股蓝水溶液的饮料灌喂小鼠，发现试验组比对照组体内的超氧化物歧化酶的活性显著偏高。陈卫红等也发现绞股蓝皂苷具有降血糖、降血脂及抗氧化的活性。Yalinkilic 等给兔子灌喂无患子果皮提取物，结果显示该提取物有较好的抗氧化活性。大量研究表明，大豆皂苷能借助自身调节来增加超氧化物歧化酶的含量，清除自由基，减缓细胞老化或死亡，从而预防衰老。

11. 抵御害虫作用

在实验室和自然条件下的试验表明，苜蓿可抵抗牧草田中蛴螬的生长，苜蓿根皂苷提取物能较好地驱散昆虫、降低昆虫的繁殖速度，从而起到抵御害虫的作用。

5.1.5　桔梗皂苷概述

1. 桔梗皂苷的化学结构

近年来，围绕桔梗皂苷而做的研究不胜枚举，试验证实，桔梗皂苷是典型的 12-烯-齐墩果烷型五环三萜类皂苷，双糖链皂苷在 3 位和 28 位上形成，糖基配体主要是 D-葡萄糖、L-阿拉伯糖、L-鼠李糖、D-木糖和 D-芹糖及其衍生物，桔梗皂苷中的芹糖主要连接在 C_{28} 位糖链的末端，而在药用植物中由芹糖作为糖链的情况比较少见。桔梗皂苷的化学结构如图 5.15 所示。

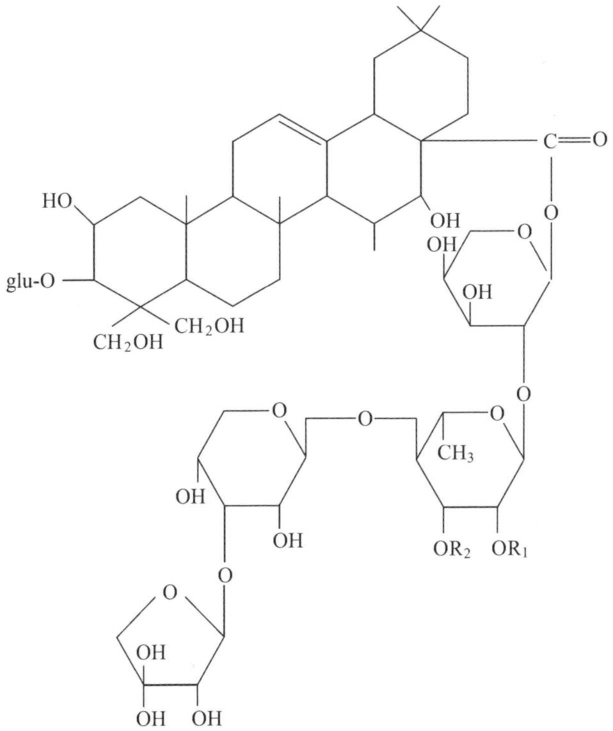

	R_1	R_2
桔梗皂苷 A	$COCH_3$	H
桔梗皂苷 D	H	H
桔梗皂苷 C	H	$COCH_3$

图 5.15　桔梗皂苷的化学结构

2. 桔梗皂苷的药理活性

桔梗是一种具有食用价值的中药材，在我国也已有悠久的种植、使用历史。在各种医用方剂中主要利用桔梗的止咳祛痰、保健的药理活性，对它的研究可追溯到20世纪30年代。传统中药学和现代药理学的一系列研究都表明桔梗的药理活性非常多，因此，近年来有关桔梗药理活性的研究也越来越多，对桔梗皂苷的组成、结构、新的生物活性等方面的研究也取得了突破性的进展。

（1）止咳祛痰作用。

大量研究已经证实，桔梗皂苷可较好地治疗痰多、咳嗽等症状。而机理主要是促进唾液和支气管分泌物的产生，有人给麻醉犬和猫口服桔梗水煎液，剂量为1 g/kg，结果发现，桔梗水煎液可增加它们的呼吸道黏液的分泌，其作用机理与氯化铵类似。另外，有学者以大白鼠为研究对象，对桔梗皂苷单体的祛痰活性进行了深入的研究，他们发现，桔梗皂苷 D 和 D_3 能加强大白鼠上皮细胞中黏液激素的释放，从而起到化痰的效果，尤其是桔梗皂苷 D_3，它的作用比 ATP 和氨溴索（Ambroxole）的更强。

还有研究证实，桔梗水提物可以降低 CCl_4、对乙酰氨基酚（APAP）导致的小白鼠肝脏的毒性。其机理是水提物中的桔梗皂苷能阻止 P450 介导的 APAP 的生物活性，清除鼠体内的自由基。另外，还发现水提物能抑制急性 CCl_4 导致的大鼠肝纤维化程度的增加。对 CCl_4 中毒大鼠肝及体外培养的肝星状细胞分子生物学研究发现，其作用机理与它能抑制肝炎和肝星状细胞的活化作用有重要关系。桔梗皂苷还可缓解四丁基过氧化物对大鼠肝脏的损伤，清除 1，1-二苯基-2-三硝基苯肼（DPPH）和过氧化物自由基。

（2）抗炎作用。

大量试验证明，桔梗皂苷有较好的抗炎活性，比如桔梗皂苷 D 和 D_3 可消除小鼠体内的炎症，抗炎机理主要是调控炎症早期的介质，对佛波酯（TPA）所致的炎症，桔梗皂苷 D 可以抑制前列腺素 E_2 的产生；对脂多糖（LPS）所致的炎症，桔梗皂苷 D 和 D_3 可以抑制 NO 的产生，同时增加肿瘤坏死因子（TNF-α）的分泌。桔梗对急性肺炎的治疗作用可能通过调节 NF-kB 因子的活性和炎症相关基因的表达实现。

一系列的动物试验已经发现，口服给药可以较好地抑制脂球肉芽肿胀的发生，灌胃给药可以抵抗角叉菜胶、醋酸等所致的大白鼠足肿胀症，治疗佐剂导致的大鼠关节炎等症状。随后，又有学者深入全面地研究了 7 种桔梗皂苷的抗炎活性，得出结论：桔梗皂苷 A、桔梗皂苷 D、2″-O-乙酰基远志皂苷 D、远志皂苷 D 均能抑制 iNOS 和 COX-2 的形成，其作用机理是阻碍 NF-kB 的理化活性，从而减少 iNOS 和 COX-2 的基因表达。

（3）抗肿瘤、免疫调节作用。

桔梗水提物可以对抗肿瘤、调节机体免疫系统等。这些生物主要是借助潜在效应细胞（如巨噬细胞）来实现的。通过研究大鼠腹膜巨噬细胞可知，桔梗皂苷能通过 NF-kB 反式转录激活功能，上调 TNF-α 和 iNOS 的表达，使 NO 和 TNF-α 释放。桔梗皂苷还会刺激巨噬细胞的增生能力、撒布特性、噬菌作用，使细胞抑制活性增强，可作为一种潜在的巨噬细胞功能增强剂使用。

桔梗皂苷亦可使体外培养条件下的人肺癌细胞 A549 的生长得到抑制甚至凋亡，从分子生物学角度来说，桔梗皂苷引起的细胞凋亡机制与端粒酶活性的降低和 Bcl-2 表达能力的下调有关。桔梗的石油醚提取物可抑制人癌细胞（HT-29、HRT-18 和 HepG2）的生物活性，经过进一步研究得知，其活性成分显示出聚炔类的典型 UV 吸收光谱特征。

（4）抑制胰脂肪酶活性、抗肥胖作用。

采用体外试验的方法，以胰脂肪酶的相对活性为考察指标，可得在桔梗所含的化学成分中只有桔梗皂苷能抑制胰脂肪酶的生物活性，此处的桔梗皂苷包括桔梗总皂苷、桔梗皂苷 A、桔梗皂苷 C、桔梗皂苷 D。在体外试验条件下，用基于 1, 2-甘油二酯多步比色法测定胰脂肪酶活性可知，桔梗皂苷 D 主要采用竞争的方式抑制胰脂肪酶的活性。用含有桔梗水提物的高脂肪饲料喂养小白鼠，经过连续观察可知，小白鼠的体重和子宫周围组织的脂肪含量均低于对照组，这表明桔梗皂苷类成分能较好地抑制胰脂肪酶活性，阻碍机体对食物中脂肪的吸收，进而起到抵抗肥胖的目的。

（5）降血脂作用。

大量试验证实，桔梗皂苷会影响鼠血清和肝脏中的脂肪含量。给饲喂高脂饲料所致的高脂血症大鼠模型喂含桔梗水提物的饲料，饲喂质量分数为 5% 的桔梗饲料的大鼠，其血清和肝脂质中总胆固醇和甘油三脂的浓度明显低于对照组。而不同含量的桔梗皂苷对大鼠高血脂的控制作用也不同，大剂量（如 200 mg/（kg·d））可显著降低高脂血症大鼠的总胆固醇（TC）、高密度酯蛋白胆固醇（HDL-C）和低密度酯蛋白胆固醇（LDI-C），其效果比阳性药物（绞股蓝）组的要好，但是小剂量组和中剂量组仅对血脂的部分指标有影响。

（6）抗氧化、美容作用。

桔梗石油醚浸提液可以抑制脂质过氧化反应，清除强氧化剂（如 1-二苯基-2-苦肼基自由基（DPPH）、NO 自由基和超氧化物）的抗氧化作用。此外，桔梗和当归、川芎饮片等中草药配合，不但可以治疗人面部皮疹、色素、黄褐斑的形成，还能作为皮肤的增白剂。试验证实，桔梗总皂苷和 PD 可较好地抑制酪氨酸酶的活性。所以，桔梗皂苷能美容、护肤的优势越来越引起大家的广泛关注。

（7）镇痛作用。

借助甩尾法试验可知，给小白鼠脑室内注射桔梗皂苷 D 时的镇疼作用与注射剂量呈正相关关系，控制疼痛可持续至少 1 h，经过进一步研究，桔梗皂苷 D 产生的镇痛作用和脊椎上的 γ-氨基丁酸（GABA）（B）、GABA（A）、N-甲基-D-天冬氨酸（NMDA）和 non-NMDA（N-甲基-D-天门冬氨酸）等受体关系密切。这种镇痛作用因刺激减弱了去甲肾上腺素及五羟色胺的通路，与吗啡通路无关。用桔梗皂苷 D 对脑室或膜内注射给药时，在甩尾、扭体和福尔马林等不同类型疼痛模型试验中均显示出较强的镇疼效果，这种作用不受鸦片受体的影响，而主要在中枢神经系统。

（8）毒理作用。

正常情况下，口服桔梗没有毒副作用，但桔梗也能导致人体局部组织兴奋，造成接触性皮炎甚至溶血，另外，它还是一种治疗中枢神经系统的抑制剂，能有效地降低人体血压。

由于桔梗皂苷有较强的溶血作用，所以只宜口服，不能用于注射，口服后桔梗皂苷在消化道因水解而破坏，失去了溶血作用。如果灌服桔梗皂苷过量，会使呕吐中枢系统过度兴奋，引起机体恶心呕吐等症状。

通过急性毒性试验，小白鼠服用桔梗水煎液的 LD_{50} 值是 24 g/kg，皮下注射桔梗水煎液的最小致死量是 770 mg/kg，而对家兔服用桔梗水煎液的 LD_{50} 值是 40 g/kg，且在 24 h 内全部死亡，但于 20 g/kg 时全部存活。

3. 桔梗皂苷的研究进展

20 世纪初期，日本学者首先在世界范围内对桔梗及其化学成分进行了研究。试验证实，桔梗的主要活性成分为桔梗皂苷，该物质为一种五环三萜类的多糖苷，其他成分还有甾体、脂肪酸、聚炔类、黄酮等。随后有越来越多的学者、专家投入到研究桔梗皂苷的工作中。时至今日，大量研究已经分离鉴定出 27 种皂苷、5 种皂苷元和 12 种次生皂苷。

Akiyama 等在 1968 年证实了桔梗皂苷元的结构，次年，Kubota 等又报道了桔梗酸 A、B、C 等的结构，1972 年，Akiyama 通过水解桔梗总皂苷，得到了一次皂苷 3-O-β-葡萄吡喃糖基桔梗皂苷元，Elyakov 等人分离得到桔梗皂苷 C。日本和韩国学者用硅胶柱层析法及反相高效液相色谱法得到桔梗皂苷 D，1996 年，丁长江等借助 GC-MS 计算机联用技术分析了从桔梗根中提取的挥发油，总共分离出 75 种化合物，其中鉴定了 21 种。1998 年，Nikaido 通过试验得到了桔梗皂苷 A、桔梗皂苷 B 和桔梗皂苷 C，1999 年他又分离出桔梗皂苷 D 和桔梗皂苷 E，同年，我国学者徐宝军等采用大孔吸附树脂纯化桔梗总皂苷，用电喷雾质谱跟踪并分析目标物，较好地改进了桔梗皂苷 D 的提取纯化工艺。2002 年，杨献文等在试验中得到了 7 个次皂苷单体，其中鉴定了 6 个。近年来，对桔梗皂苷的提取、分离及鉴定方面的研究也很广泛。

据《中国药典》记载，测定桔梗皂苷的含量多采用重量法，即借助索氏提取器，用甲醇提取桔梗皂苷，然后干燥至恒重称最终质量。2000 年，芦金清等优化了该工艺，缩短了提取时间，提高了产品纯度，同年，徐宝军等对比研究了提取桔梗的多种方法，得出水提醇沉-树脂吸附脱糖脱色法提取的桔梗皂苷产率达 2.1%。2002 年，吴碧元等采用正交试验优化了桔梗皂苷的提取工艺，结果表明，当乙醇体积分数为 70%，乙醇用量为 3 倍的药材量，回流提取 5 次，每次 60 min 时，所得桔梗总皂苷的产率为 5.8%，效果较好。2008 年，孙印石等采用微波辅助萃取法提取桔梗中的有效成分，所得桔梗皂苷 D 的提取率可达 3.87 mg/g。 2010 年，吴彦等采用超临界 CO_2 萃取技术提高了桔梗皂苷的得率，最佳工艺为：以 95%乙醇为夹带剂，并加入适量的表面活性剂吐温-80 或司盘-80，在萃取温度 40 ℃、压力 35 MPa 的条件下萃取 2 h。

2001 年，杨献文等采用乙醇-大孔吸附树脂柱色谱分离法求得产物的得率为 2.05%，得率较高，成本低廉。随后，他们又对此方法进行了改进，摸索出水提-大孔吸附树脂分离法，该方法所得产物的得率为 1.603%，虽然得率降低，但操作更为简便，能耗降低，更适于工业化需要，对药效的破坏也较小。2011 年，黄海等选取了不同型号的大孔吸附树脂对桔梗皂苷溶液进行纯化，筛选出最佳树脂是 D_{101} 型，然后研究了 D_{101} 型树脂对桔梗皂苷溶液的吸附动力学及吸附条件。

近年来，对桔梗皂苷含量测定方法的研究也较多。2001 年，朱丹妮首次用高效液相-蒸发光激光散射检测器色谱法测定了桔梗皂苷 D 的含量，效果较好。许传莲等则用高效液相色谱法对桔梗皂苷 D 的含量进行了测定，最佳色谱条件为 Hypersil NH_2（4.4 mm×200 mm），流动相为甲醇-异丙醇（38∶62），流速为 0.8 mL/min，检测波长为 210 nm。2008 年，杨壮等用比色法考察了桔梗中总皂苷的含量，以香草醛-高氯酸为显色剂，桔梗皂苷 D 为对照品，该法的精密度、稳定性及重复性均较好，平均回收率高达 95.2%，有一定的实践价值。2009 年，李妍等用索氏提取器提取、大孔吸附树脂纯化、香草醛-硫酸比色法测定了桔梗总皂苷的含量，结果显示其平均加样回收率可达 96.97%，为实际生产提供了可靠依据。2010 年，叶静等采用高效液相色谱-蒸发光激光散射检测器法测定了桔梗中桔梗皂苷 D、桔梗皂苷 D_3 和桔梗皂苷 E 的含量，当测定条件为：流速 1.0 mL/min，蒸发光散射检测器（ELSD）漂移管温度 113 ℃，载气流速 3.0 mL/min，流动相为乙腈-水，Hypersil C_{18} 柱（5 μm，4.6 mm×150 mm）时，所得平均回收率（n=5）分别为 98.3%、99.4%和 101.3%，相关系数均大于 0.999。

根据近年来的研究情况，再考虑到现有实验室的条件及设备，本章采用乙醇-超声波辅助提取、大孔吸附树脂纯化、香草醛-高氯酸比色测定等一系列方法来研究分析桔梗及其皂苷。

5.2 研究目的与内容

5.2.1 研究目的和意义

随着人们越来越关注健康、养生，中药及中药制品也越发受到人们的欢迎。在我国，感冒是最常见的疾病，其症状为咳嗽、痰多等。中药制品中祛痰效果较好的药物有橘红痰咳口服液、复方鲜竹沥口服液等少数几种，所以开发祛痰效果好、消炎止咳的中药新品种将会带来巨大的经济效益和社会效益。

桔梗作为一种传统的中药材，其作用很多，不仅可以祛痰止咳，还可宣肺、排脓等，桔梗嫩茎叶和根部也可当蔬菜食用，朝鲜族将其视为待客的特色菜。众多研究表明，桔梗的药理活性物质为桔梗皂苷，祛痰效果明显，临床疗效可靠，也能抗菌消炎，是难得的治疗感冒的中药物质。若能将该活性物质提取出来制成中成药，必将有广阔的市场前景，一方面充分利用自然资源，带动农村经济的发展，促进农民增收，在一定程度上缓解农民的就业难问题；另一方面，开发感冒药新产品，保障全民身体健康，具有重大意义。

近年来报道的有关桔梗总皂苷提取纯化工艺的研究较多，而对桔梗总皂苷理化性质的研究相对单一，不能更为全面深入地利用好桔梗资源。本研究采用单因素试验和响应面分析试验相结合的方式，优化桔梗总皂苷的提取工艺，然后用大孔吸附树脂进行纯化，并研究了该物质对蛋白质、淀粉理化性质的影响，为桔梗总皂苷的提取纯化技术及其多方面应用打好基础。

5.2.2　研究内容及目标

本章以桔梗皂苷为研究对象，具体的研究内容包括：

（1）以总皂苷提取率为指标，浸泡时间、乙醇浓度、超声时间、料液比等为考察因子，建立乙醇-超声波辅助提取桔梗皂苷的试验体系，并采用正交试验优化该工艺。

（2）筛选最佳大孔吸附树脂，并考察其分离纯化桔梗总皂苷的最优条件。

（3）考察纯化后的桔梗总皂苷对大豆分离蛋白、玉米淀粉理化性质的影响。

通过乙醇-超声波辅助提取、大孔吸附树脂分离等方法来纯化桔梗总皂苷，然后再考察其对蛋白质、淀粉的糊化特性、凝胶特性等理化性质的影响，试图找出改善这些性质的最佳条件，为桔梗皂苷在面条制品领域的发展提供理论和技术支持。

5.3 仪器与材料

主要仪器见表 5.4,主要试剂见表 5.5,主要材料见表 5.6。

表 5.4 主要仪器

仪器	型号	生产厂商
紫外可见分光光度计	T6 新世纪	北京普析通用仪器有限公司
超声波细胞粉碎机	JY92-2D	宁波新芝生物科技有限公司
多功能离心力	BR4i	Thermo electron corporation
旋转蒸发仪	RE-52AA（1 L）	上海亚荣生化仪器厂
循环水多用真空泵	SHB-3	郑州杜甫仪器厂
高速多功能粉碎机	HL-100	上海塞耐机械有限公司
电子天平	DT 2000	常熟市双杰测试仪器厂
冰箱	BCD-213KDZ	新飞电器有限公司
分析天平	FA 1004B	上海越平科学仪器有限公司
数显恒温水浴锅	HH-2	金坛市华峰仪器有限公司
电热恒温鼓风干燥箱	DHG-9070A	上海鸿都电子科技有限公司
分样筛	8 目、40 目、60 目	浙江上虞市五四纱筛厂
恒流泵	HL	上海沪西分析仪器厂有限公司
全温振荡培养箱	HZQ-160	太仓市试验设备厂
层析柱	$\Phi 1\text{ cm} \times 10\text{ cm}$	上海康华生化仪器厂
层析柱	$\Phi 2.6\text{ cm} \times 30\text{ cm}$	上海康华生化仪器厂
pH 复合电极	E-201-C-9	上海理达仪器厂
生物显微镜	BA300	麦克奥迪实业集团有限公司
物性测试仪	TA.XTplus	英国 STABLE MICRO SYSTEMS 有限公司
数显高速分散均质机	fj300-s	上海标本模型厂制造

表 5.5　主要试剂

名称	纯度	生产厂商
桔梗皂苷标准品	99.5%	河南华丰公司
生药桔梗饮片	—	河南张仲景大药房
无水乙醇	分析纯	天津市德恩化学试剂有限公司
高氯酸	分析纯	天津市鑫源化工有限公司
香草醛	分析纯	天津市科密欧化学试剂开发中心
冰醋酸	分析纯	天津市德恩化学试剂有限公司
甲醇	分析纯	烟台市双双化工有限公司
正丁醇	分析纯	天津市德恩化学试剂有限公司
浓硫酸	分析纯	烟台市双双化工有限公司
醋酸酐	分析纯	西安试剂厂
氯仿	分析纯	天津市德恩化学试剂有限公司
玉米淀粉	一级	天津利民调料有限公司
大豆分离蛋白	TcF2003	郑州同创益生食品有限公司

表 5.6　主要材料

树脂型号	结构	性质	生产厂商
D101	苯乙烯型	非极性	安徽三星树脂科技有限公司
AB-8	苯乙烯型	弱极性	沧州宝恩吸附材料科技有限公司
D201	苯乙烯型	弱极性	蚌埠东立化工有限公司
HPD450	苯乙烯型	弱极性	沧州宝恩吸附材料科技有限公司
HPD600	苯乙烯型	极性	沧州宝恩吸附材料科技有限公司
S-8	苯乙烯型	强极性	沧州宝恩吸附材料科技有限公司

5.4　试验方法

5.4.1　桔梗总皂苷的理化鉴定

对桔梗总皂苷的理化鉴定主要是通过 Liebermann-Burehard（醋酐-浓硫酸）反应实现的，该反应可大致区别溶液中皂苷种类。具体做法如下：将一定量的桔梗总皂苷样品溶于氯仿中，加入数滴 5%的浓硫酸-醋酸酐，观察溶液颜色变化，若呈黄→红→蓝→紫→绿色等变化，且最后颜色呈蓝绿色，说明是甾体皂苷，最后颜色呈红或紫色，说明是三萜皂苷。

5.4.2　桔梗总皂苷的定量分析

1. 制备标准溶液

准确称取桔梗皂苷 D 标准品 10.00 mg，置于 100 mL 容量瓶中，加入甲醇，超声一段时间以使其充分溶解，再用甲醇稀释至刻度，振摇均匀，即得质量浓度为 0.1 mg/mL 的标准溶液。

2. 绘制标准曲线

用移液枪分别精密吸取配制好的桔梗皂苷 D 标准品溶液 1 mL、2 mL、3 mL、4 mL、5 mL、6 mL、7 mL，置于具塞试管里，待溶剂挥干后，加入新配制的 5%香草醛-冰醋酸溶液 0.2 mL，高氯酸 0.8 mL，于 60 ℃水浴中加热 15 min 后，立即置冰水中冷却 2 min 终止反应，再加入冰醋酸 5.0 mL，摇匀，室温静置 10 min，以蒸馏水代替桔梗皂苷 D 标准品溶液做空白对照，于 475 nm 波长处测定各样品的吸光度A。再以吸光度 A 为纵坐标，桔梗皂苷标准溶液的质量浓度为横坐标，绘制标准曲线如图 5.16 所示。

由标准曲线可以看出，桔梗皂苷质量浓度在 0.1～0.7 mg/mL 范围内，浓度与吸光度的线性关系良好。所得回归方程为

$$y = 1.218\ 6x + 0.003\ （R^2 = 0.998\ 7）$$

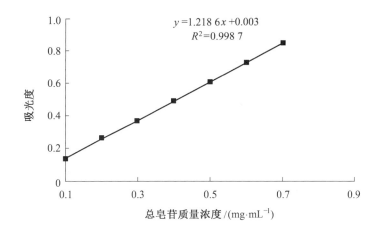

图 5.16　桔梗总皂苷标准曲线

3. 桔梗中总皂苷含量的确定

首先称取适量桔梗粉末，按试验设计的方法进行提取。对提取液进行旋蒸，从中量取一定量提取液，用水饱和正丁醇进行萃取，萃取 4 次后，合并所得正丁醇萃取液，减压回收正丁醇至干浸膏，往旋蒸瓶中倒入适量甲醇以溶解皂苷，定容。摇匀后，精密量取溶液 1 mL，将溶剂挥干，按上述方法测定吸光度，再算出总皂苷浓度。

精确称取桔梗干燥粗粉 4.00 g，置于索氏提取器中，加入 25 mL 甲醇，浸泡 15 h 后，再加入 25 mL 甲醇，加热回流 6 h，放置过夜，真空抽滤，用旋转蒸发仪对所得滤液进行浓缩，至 15~20 mL 止，采用紫外-可见分光光度法进行测定。

5.4.3　乙醇-超声波辅助提取桔梗皂苷的单因素试验

通过查阅大量的相关文献，在超声功率为 200 W 条件下，最终选择桔梗粒度、桔梗浸泡时间、乙醇体积分数、超声时间、料液比及提取次数 6 个因素为单因素试验的考察对象。具体的试验步骤为：桔梗粉碎过筛至某粒度，加入某浓度的乙醇，冷浸一定时间后进行超声提取，经高速离心后减压浓缩，过滤。滤液回收溶剂后用水定容至 V_1 mL，再从中吸取 V_2 mL 溶液，多次萃取，回收溶剂，用甲醇定容至 V_3 mL，计算桔梗总皂苷量及提取率。

$$W = \frac{V_1 \times \rho \times V_3}{V_2} \qquad (5.1)$$

式中　W——桔梗总皂苷量，mg；

　　　ρ——测得桔梗皂苷质量浓度，mg/mL。

$$Y = \frac{W_2}{W_1} \times 100\% \qquad (5.2)$$

式中　Y——桔梗总皂苷提取率，%；

　　　W_1——原料桔梗中所含的总皂苷量，mg；

　　　W_2——超声提取桔梗得到的总皂苷量，mg。

1. 桔梗粒度对提取率的影响

称取 10 g 桔梗，粒度分别为饮片（厚度 0.5～2 mm）、10 目粉末、40 目粉末、60 目粉末，用体积分数为 70% 的乙醇浸泡 1.0 h，料液比（桔梗质量（g）：溶剂体积（mL））1：10，超声 40 min，提取 2 次。测定总皂苷吸光度值，计算总皂苷提取率，以确定最佳粒度。

2. 浸泡时间对提取率的影响

称取 10 g 桔梗粉末（40 目），用体积分数为 70% 的乙醇分别浸泡 0 h、0.5 h、1.0 h、1.5 h，料液比为 1：10，超声 40 min，提取 2 次。测定总皂苷的吸光度值，计算总皂苷提取率，以确定最佳浸泡时间。

3. 乙醇体积分数对提取率的影响

称取 10 g 桔梗粉末（40 目），用体积分数分别为 50%、60%、70%、80% 的乙醇浸泡 1.0 h，料液比为 1：10，超声 40 min，提取 2 次。测定总皂苷的吸光度值，计算总皂苷提取率，以确定最佳乙醇体积分数。

4. 超声时间对提取率的影响

称取 10 g 桔梗粉末（40 目），用体积分数为 70% 的乙醇浸泡 1.0 h，料液比为 1：10，超声时间分别为 20 min、30 min、40 min、50 min，提取 2 次。测定总皂苷的吸光度值，计算总皂苷提取率，以确定最佳超声时间。

5. 料液比对提取率的影响

称取 10 g 桔梗粉末（40 目），用体积分数为 70%的乙醇浸泡 1.0 h，料液比分别为 1∶4、1∶6、1∶8、1∶10，超声 40 min，提取 2 次。测定总皂苷的吸光度值，计算总皂苷提取率，以确定最佳超声时间。

6. 提取次数对提取率的影响

称取 10 g 桔梗粉末（40 目），用体积分数为 70%的乙醇浸泡 1.0 h，料液比为 1∶8，超声 40 min，提取次数分别为 1 次、2 次、3 次、4 次。测定总皂苷的吸光度值，计算总皂苷提取率，以确定最佳提取次数。

5.4.4　桔梗总皂苷提取的响应面分析试验

采用 Box-Behnke 设计，以总皂苷提取率为目标，选择浸泡时间、乙醇体积分数、超声时间和料液比为主要考察因子，并以 X_1、X_2、X_3、X_4 表示，以+1、0、−1 分别代表变量的水平，按方程 $x_i = \dfrac{X_i - X_0}{\Delta X}$ 对自变量进行编码。其中，x_i 为自变量的编码值；X_i 为自变量的真实值；X_0 为试验中心点处自变量的真实值；ΔX 为自变量的变化步长。因素及水平见表 5.7。

表 5.7　响应面试验因素及水平

水平	X_1（浸泡时间）/h	X_2（乙醇体积分数）/%	X_3（超声时间）/min	X_4（料液比）
−1	0.5	60	30	1∶6
0	1	70	40	1∶8
1	1.5	80	50	1∶10

5.4.5　树脂的优选

大孔吸附树脂按其极性大小和所含单体分子结构的不同，可分为非极性、中极性和极性三大类，它们对各类化合物的吸附能力也不尽相同。所以，不同的天然产物应选择合适的树脂型号才能保证纯化效果更好。本部分内容研究了 D101、AB-8、D201、HPD450、HPD600、S-8 型 6 种大孔吸附树脂的静态吸附及解吸附试验，以吸附率和解吸率为指标，优选出综合性能最佳的树脂。

1. 树脂的预处理及装柱

采用湿法装柱，将新树脂装入层析柱中，注入高于树脂柱 10 cm 的无水乙醇浸泡 24 h，借助树脂的充分溶胀，以除去部分杂质，然后放出浸液，用体积分数为 95% 的乙醇清洗，直至洗出液在试管中加蒸馏水稀释无白色浑浊，再用蒸馏水洗至流出液澄清且无醇味；加入体积分数为 4% 的盐酸溶液浸泡树脂 3 h，接着用蒸馏水淋洗至无醇味，再用体积分数为 5% 的氢氧化钠溶液浸泡树脂 3 h，同样用蒸馏水淋洗至中性。最后，对树脂进行减压抽滤至不滴水状态，备用。湿法装柱的方法是：先往柱内加入适量蒸馏水，将大孔树脂水溶液顺着玻璃棒注入柱内，打开底部活塞，树脂即会自然沉降，将树脂中的气体排出，同时要始终使液面高于树脂层，以免空气进入。

2. 树脂静态吸附试验

精密称取预处理过的树脂约 1.00 g，置于 150 mL 锥形瓶中，加入一定质量浓度的桔梗皂苷水溶液 20 mL，在 25 ℃下以 140 r/min 的转速在摇床中振荡 24 h，直至吸附达饱和。分别精密移取吸附前后溶液各 10 mL，测定总皂苷质量浓度，计算树脂吸附量（mg/g）和吸附率。

$$Q_1 = \frac{\rho_0 V_0 - \rho_1 V_1}{m} \qquad (5.3)$$

$$E_1 = \frac{\rho_0 V_0 - \rho_1 V_1}{\rho_0 V_0} \times 100\% \qquad (5.4)$$

式中　Q_1——吸附量，mg/g;

E_1——吸附率，%;

ρ_0——吸附前溶液中总皂苷的质量浓度，mg/mL;

ρ_1——吸附后溶液中总皂苷的质量浓度，mg/mL;

V_0——吸附前溶液的体积，mL;

V_1——吸附后溶液的体积，mL;

m——湿树脂的质量，g。

3. 静态解吸试验

分别将上述饱和吸附的树脂滤出，用 50 mL 去离子水冲洗，吸干表面水分后，准确加入体积分数为 70%的乙醇 50 mL 解吸附（25 ℃恒温振摇 24 h），取乙醇解吸液 10 mL，旋转蒸发至干浸膏，用甲醇定容，测定解吸后的总皂苷质量浓度，计算各型号树脂的解吸量和解吸率。

$$Q_2 = \frac{\rho_2 V_2}{m} \tag{5.5}$$

$$E_2 = \frac{\rho_2 V_2}{\rho_0 V_0 - \rho_1 V_1} \times 100\% \tag{5.6}$$

式中　Q_2——解吸量，mg/g；

　　　E_2——解吸率，%；

　　　ρ_2——解吸后药液中总皂苷的质量浓度，mg/mL；

　　　V_2——解吸后溶液的体积，mL。

最后比较各种树脂的静态吸附量、吸附率和静态解吸量、解吸率大小，选择最佳树脂进行下述试验。

5.4.6　动态吸附-解吸条件的选择

将选出的最佳树脂湿法装入层析柱中，将一定质量浓度的皂苷溶液以一定的流速通过树脂柱，定时分析流出液中皂苷的质量浓度，绘制穿透曲线，分析样液流速、质量浓度对皂苷吸附效果的影响。吸附结束后，先用蒸馏水洗脱，再用洗脱剂连续洗脱，分析洗脱液中桔梗皂苷质量浓度，绘制洗脱曲线，分析洗脱剂质量浓度及洗脱流速对皂苷洗脱曲线的影响，确定最佳的解吸附条件。

5.4.7　桔梗皂苷对蛋白质部分理化性质的影响

1. 起泡度和泡沫稳定性的测定

配制合适浓度的大豆分离蛋白溶液，添加质量分数分别为 0、0.05%、0.1%、0.15%、0.2%的桔梗皂苷，搅拌均匀，置于高速组织捣碎机中，以 1 000 r/min 的转速搅拌 2 min，测定泡沫体积 V，溶液的起泡度计算公式为

$$起泡度 = \frac{V - 100}{100} \times 100\% \tag{5.7}$$

式中　V——停止搅拌时泡沫的总体积，mL；

　　　100——原液体积，mL。

将上述测过起泡性后的泡沫溶液室温静置 30 min，然后再次测定泡沫体积 V_1，根据下列公式计算泡沫的稳定性。

$$稳定性 = \frac{V_1}{V} \times 100\% \qquad (5.8)$$

式中　V——停止搅拌时泡沫的总体积，mL；

　　　V_1——放置 30 min 剩余泡沫体积，mL。

2. 桔梗皂苷添加物对大豆分离蛋白表观黏度的影响

配制合适浓度的大豆分离蛋白水溶液，添加质量分数分别为 0、0.05%、0.1%、0.15%、0.2%的桔梗皂苷，搅拌均匀后，采用旋转黏度计于室温下测定不同转速下大豆分离蛋白溶液的表观黏度。

3. 桔梗皂苷对大豆分离蛋白凝胶特性的影响

凝胶制备：配制质量分数为 12%的淀粉溶液沸水浴加热搅拌，使之糊化，冷却至室温后放置冰箱 15 h，取出陈化 30 min 即可。

凝胶强度测定：采用物性测试仪测定凝胶质构性能，测量用凝胶厚度为 15 mm，考察添加质量分数为 0、0.05%、0.1%、0.15%、0.2%的桔梗皂苷对大豆分离蛋白凝胶质构性质的影响。

测凝胶强度的参数：探头 P/0.5；测定模式 Return to the start；测试速度 1.0 mm/s；时间 5 s；下压 1.0 mm/s；上提 5.0 mm/s；穿透距离 5 mm。

TPA 测试的参数：探头 P/50；操作模式为压力测定；测试前速度 2.0 mm/s；测试速度 1.0 mm/s；测试后速度 1.0 mm/s；测试距离 50%（样品厚度百分数）。平行测定 3 次。

5.4.8　桔梗皂苷对淀粉部分理化性质的影响

1. 桔梗皂苷对玉米淀粉颗粒形貌的影响

取不同量纯化后的桔梗皂苷液，分别加入玉米淀粉中，配成含皂苷质量分数为 2%、4%、6%、8%的淀粉溶液，然后用 BA300 系列生物显微镜观察、拍摄。

2. 桔梗皂苷对玉米淀粉糊表观黏度的影响

取一定量的淀粉样品，分别加入质量分数为 0、0.05%、0.1%、0.15%、0.2%的皂苷溶液，再加适量水调配成质量分数为 4%的淀粉乳，于沸水浴中加热 20 min 糊化后，冷却至室温，用美国 Brookfield 旋转黏度仪测定玉米淀粉糊黏度。选择适当的转子和转速，调整仪器高度，使转子在淀粉糊中能自由旋转，待指针趋于稳定，即可读数，绘制淀粉糊在不同转速下的表观黏度曲线。黏度计算公式为

$$\eta = K \cdot N \tag{5.9}$$

式中　η——表观黏度；

K——常数，不同的转子和转速 K 值不同；

N——仪器读数。

3. 桔梗皂苷对玉米淀粉糊凝沉曲线的影响

把 100 mL 体积分数为 1%、添加桔梗皂苷的质量分数分别为 0、0.05%、0.1%、0.15%、0.2%的淀粉糊分别放于 100 mL 具塞刻度管中静置，在室温下每隔 1 h 记录上层清液体积，观察 24 h，绘成清液体积百分比对时间的变化曲线，即为淀粉糊的凝沉曲线。

$$清液体积的百分比 = \frac{V}{100} \times 100\% \tag{5.10}$$

式中　V——上清液的体积，mL。

4. 桔梗皂苷对玉米淀粉凝胶特性的影响

凝胶制备：配制质量分数为 8%的玉米淀粉溶液搅拌糊化，冷却至室温后放置冰箱 15 h，取出陈化 30 min 即可。

凝胶强度测定：采用物性测试仪测定凝胶质构性能，测量用凝胶厚度为 15 mm，考察添加质量分数为 0、0.05%、0.1%、0.15%、0.2%的桔梗皂苷对淀粉胶体质构性质的影响。

测凝胶强度的参数：探头 P/0.5；测定模式 Return to the start；测试速度 1.0 mm/s；时间 5 s；下压速度 1.0 mm/s；上提速度 5.0 mm/s；穿透距离 5 mm。

TPA 测试的参数：探头 P/50；操作模式为压力测定；测试前速度 2.0 mm/s；测试速度 1.0 mm/s；测试后速度 1.0 mm/s；测试距离 50%（样品厚度百分数）。平行测定 3 次。

5.5 结果与分析

5.5.1 桔梗皂苷的鉴定

经过观察，随着时间变化，溶液颜色呈黄→红→蓝→紫色变化，这说明所含皂苷是三萜皂苷。

5.5.2 单因素试验

1. 桔梗粒度对提取率的影响

桔梗粒度对总皂苷提取率的影响如图 5.17 所示。由图可知，桔梗饮片和粉末提取总皂苷的提取率差别较大。随着粒度目数的增大，提取率也逐渐增加，当粒度为 40 目时提取率达到最大。60 目时提取率略有下降，这可能是由于粉末过细，超声时随着温度的增大，粉末更容易黏附在锤头上影响超声效果。所以粒度选择 40 目为宜。

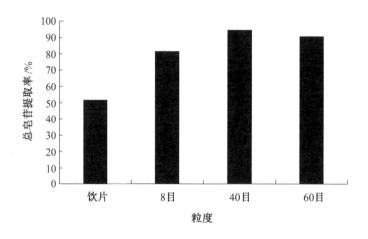

图 5.17 桔梗粒度对总皂苷提取率的影响

2. 浸泡时间对提取率的影响

浸泡时间对总皂苷提取率的影响如图 5.18 所示，随着浸泡时间的延长，桔梗总皂苷提取率明显增加。原因可能是浸泡一段时间使桔梗细胞充分溶胀，有利于溶剂的渗入，活性物质的渗出，而且后续超声波的空化作用又加强了这一现象。但当浸泡时间大于 1 h 后，增加的幅度较小，考虑到实际生产需要，浸泡时间取 1 h 为宜。

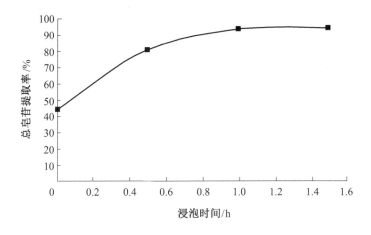

图 5.18　浸泡时间对总皂苷提取率的影响

3. 乙醇体积分数对提取率的影响

乙醇体积分数对总皂苷提取率的影响如图 5.19 所示，随着乙醇体积分数的增加，总皂苷提取率也提高。乙醇体积分数为 70% 时，总皂苷提取率达最高点。当乙醇体积分数继续增加，总皂苷提取率反而降低，原因可能是高体积分数乙醇极性较小，不利于皂苷的溶出。因此，选择乙醇体积分数为 70% 为最佳。

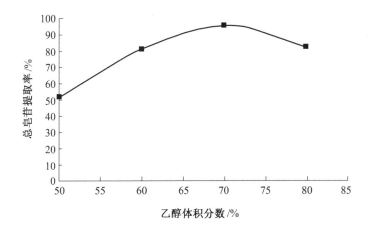

图 5.19　乙醇体积分数对总皂苷提取率的影响

4. 超声时间对提取率的影响

超声时间对总皂苷提取率的影响如图 5.20 所示，由图可见，超声波对总皂苷提取有显著影响。当超声时间为 40 min 时总皂苷的提取率最大，但随着超声时间的继续延长，总皂苷提取率降低，这可能是因为超声过程会产生较强的热效应，超声时间的延长会使温度升高，过高的温度不仅会使某些热敏物质发生分解，还会使细微的皂苷粉末黏度增大，阻碍锤头的空化作用，降低超声效果。因此，选择超声时间 40 min 为宜。

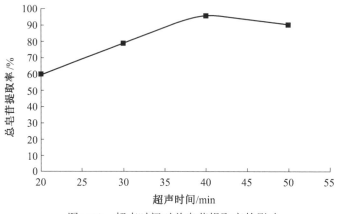

图 5.20　超声时间对总皂苷提取率的影响

5. 料液比对提取率的影响

料液比对总皂苷提取率的影响如图 5.21 所示，总皂苷提取率随料液比的增加而提高，当料液比由 1∶8 增加到 1∶10 时，总皂苷提取率变化趋于平缓。从节约成本的角度考虑，确定超声提取的料液比为 1∶8 为宜。

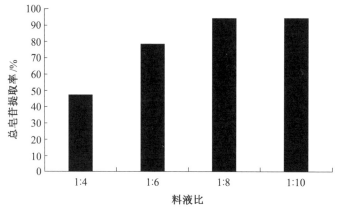

图 5.21　料液比对总皂苷提取率的影响

6. 提取次数对提取率的影响

提取次数对总皂苷提取率的影响如图 5.22 所示，超声提取 2 次基本上可将总皂苷全部提出。从减少溶剂用量、降低成本和提高效率等综合因素考虑，选择提取次数 2 次为宜。

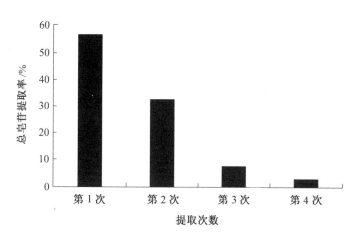

图 5.22　提取次数对总皂苷提取率的影响

5.5.3　响应面分析

1. 模型的建立及其显著性检验

选用 4 因素 3 水平中心试验，共进行 29 次试验。依据试验设计方案得结果见表 5.8。表 5.8 中 29 个试验点可分为两类，5、8、14、18、23 号试验为中心试验，其余为析因试验。

利用 Design Expert 软件对表 2.5 试验数据进行二次多项式逐步回归拟合，得到的数学模型回归方程为

$$Y=94.80+1.07X_1-1.82X_2+10.66X_3-0.41X_4+5.23X_1X_2+1.47X_1X_3-4.7X_1X_4-2.32$$
$$X_2X_3+10.21X_2X_4-1.33X_3X_4-11.46X_1X_1-7.97X_2X_2-10.79X_3X_3-14.00X_4X_4 \quad （5.11）$$

从表 5.9 可知，方程的 F 值为 3.45，$\mathrm{Pr}>F$ 值为 0.013 6<0.05，说明用上述回归方程描述各因素与响应值之间的关系时，其因变量和全体自变量之间的线性关系显著，即这种试验方法是可靠的。

表 5.8　响应面分析试验结果

试验号	X_1	X_2	X_3	X_4	$Y/\%$
1	0	1	0	1	79.3
2	0	1	−1	0	59.8
3	0	−1	0	1	75.1
4	0	0	1	−1	89
5	0	0	0	0	95.13
6	1	0	1	0	86.6
7	−1	0	0	−1	53.5
8	0	0	0	0	94.38
9	1	0	−1	0	60.47
10	0	1	1	0	73.2
11	0	−1	1	0	90.97
12	−1	0	1	0	84.9
13	1	0	0	−1	77.33
14	0	0	0	0	95.44
15	0	0	1	1	76.43
16	−1	0	−1	0	64.65
17	−1	−1	0	0	76.13
18	0	0	0	0	94.96
19	1	−1	0	0	58.9
20	0	1	0	−1	53.36
21	0	0	−1	1	56.39
22	1	0	0	1	69.83
23	0	0	0	0	94.08
24	0	0	−1	−1	63.63
25	−1	0	0	1	64.8
26	0	−1	−1	0	68.3
27	1	1	0	0	87.78
28	0	−1	0	−1	90
29	−1	1	0	0	84.08

表 5.9　回归模型方差分析

方差来源	平方和	自由度	均方和	F 值	$Pr>F$
模型	4 240.92	14	302.92	3.45	0.013 6
X_1	13.76	1	13.76	0.16	0.698 3
X_2	39.89	1	39.89	0.45	0.511 4
X_3	1 362.35	1	1 362.35	15.50	0.001 5
X_4	2.06	1	2.06	0.023	0.880 5
$X_1 X_2$	109.52	1	109.52	1.25	0.283 1
$X_1 X_3$	8.64	1	8.64	0.098	0.758 4
$X_1 X_4$	88.36	1	88.36	1.01	0.333 0
$X_2 X_3$	21.48	1	21.48	0.24	0.628 7
$X_2 X_4$	416.98	1	416.98	4.75	0.047 0
$X_3 X_4$	7.10	1	7.10	0.081	0.780 3
$X_1 X_1$	852.35	1	852.35	9.70	0.007 6
$X_2 X_2$	411.97	1	411.97	4.69	0.048 1
$X_3 X_3$	755.45	1	755.45	8.60	0.010 9
$X_4 X_4$	1 271.47	1	1 271.47	14.47	0.001 9
残差	1 230.23	14	87.87		
失拟项	1 228.99	10	122.90	396.81	0.000 1
纯误差	1.24	4	0.31		
总和	5 471.15	28			

从回归方程各项方差的进一步检验也可看出，X_3、$X_2 X_4$、$X_1 X_1$、$X_2 X_2$、$X_3 X_3$、$X_4 X_4$ 对结果影响显著（$P<0.05$），因此各具体试验因子对响应值的影响不是简单的线性关系。回归方程各项的方差分析结果还可以看出方程的失拟项很小，表明该方程对试验拟合情况好，试验误差小。因此可用该回归方程代替试验真实点对试验结果进行分析和预测。

2. 响应面分析

通过桔梗总皂苷提取率的回归方程进行响应面分析，如图 5.23 所示。

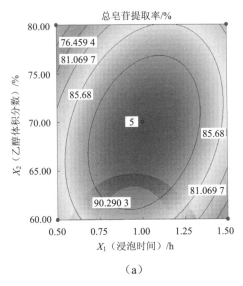

（a）

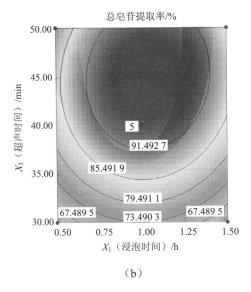

（b）

图 5.23　试验因素及其交互作用的等高线图和响应面图

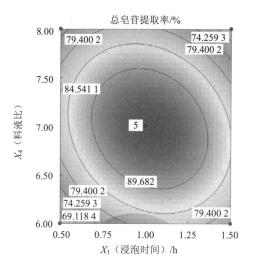

（c）

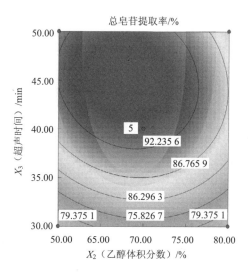

（d）

续图 5.23

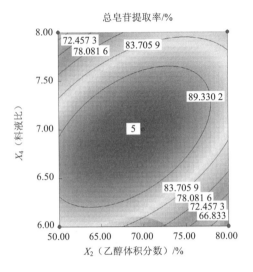

（e）

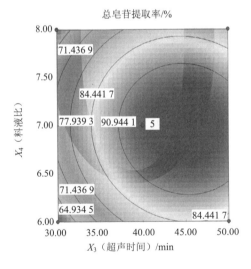

（f）

续图 5.23

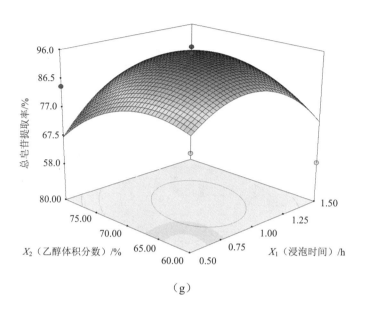

（g）

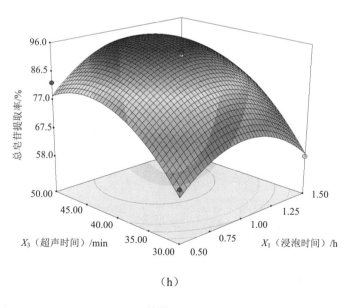

（h）

续图 5.23

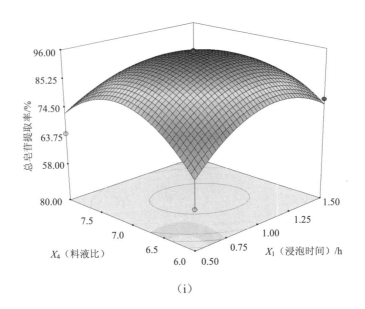

（i）

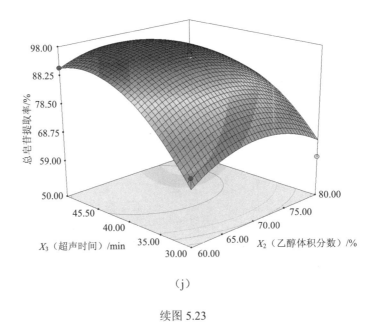

（j）

续图 5.23

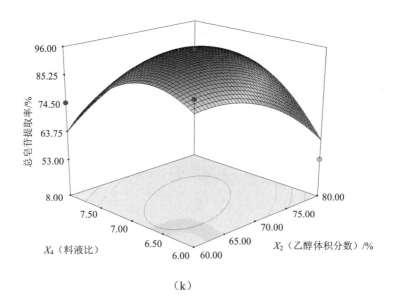

（k）

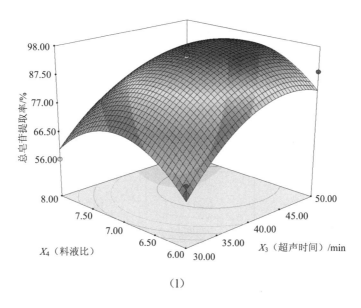

（1）

续图 5.23

由图 5.23 可知，随着浸泡时间的延长、乙醇体积分数的增加、超声时间的延长和料液比的增大，提取率均呈先增大后减小的趋势，响应面图为抛物线形状，所以回归方程有极大值，用 Design Expert（7.1.3）软件分析得出最优方案：浸泡时间 1.02 h、乙醇体积分数 67.3%、超声时间 45.45 min、料液比 1∶7.7，此条件下，总皂苷提取率可达 97.9%。

考虑到实际情况，将上述条件修正为浸泡时间 1 h、乙醇体积分数 70%、超声时间 45 min、料液比 1∶8，并进行验证试验。重复试验 6 次，得到总皂苷提取率平均值为 96.3%，与理论预测值接近，重复性好，证实了此模型的可靠性。

5.5.4 树脂的优选

1. 静态吸附试验

不同型号树脂对桔梗总皂苷的吸附量及吸附率的比较见表 5.10、图 5.24，在相同条件下，不同性质的大孔吸附树脂对桔梗总皂苷吸附量和吸附率的影响不同，但差别不明显，其中 HPD600、S-8、AB-8 型树脂的吸附性能相对较好。

表 5.10 不同型号树脂对桔梗总皂苷的吸附量及吸附率比较

树脂型号	原液质量浓度/（mg·mL^{-1}）	吸附后质量浓度/（mg·mL^{-1}）	树脂吸附量 Q_1/（mg·g^{-1}）	吸附率 E_1/%
S-8	1.181	0.563	12.16	52.3
HPD600	1.181	0.534	12.07	54.8
D201	1.181	0.623	10.97	47
AB-8	1.181	0.58	11.41	50.9
HPD450	1.181	0.635	10.25	46.2
D101	1.181	0.606	11.31	48.7

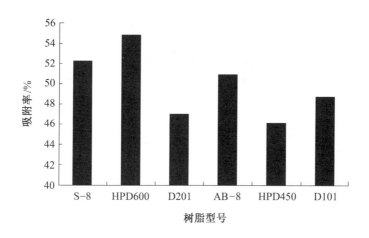

图 5.24　树脂型号对桔梗总皂苷吸附率的影响

2. 静态解吸试验

不同型号树脂对桔梗总皂苷的解吸量及解吸率比较见表 5.11、图 5.25，从整体来讲，解吸量及解吸率随着树脂极性的减小而呈增大趋势，这是因为树脂的极性越强，解吸越困难，死吸附越多，从而上样溶液的损失也越大。在实际生产中，理想的树脂要同时具备良好的吸附性能和解吸附性能，综合考虑，选择 AB-8 型树脂纯化桔梗皂苷。

表 5.11　不同型号树脂对桔梗总皂苷的解吸量及解吸率比较

树脂型号	树脂吸附量 Q_1/（mg·g^{-1}）	解吸后质量浓度/（mg·mL^{-1}）	树脂解吸量 Q_2/（mg·g^{-1}）	解吸率 E_2/%
S-8	12.16	0.163	8.03	66
HPD600	12.07	0.2	9.34	77.4
D201	10.97	0.191	9.4	85.7
AB-8	11.41	0.21	9.94	87.1
HPD450	10.25	0.178	8.33	81.3
D101	11.31	0.201	9.88	87.4

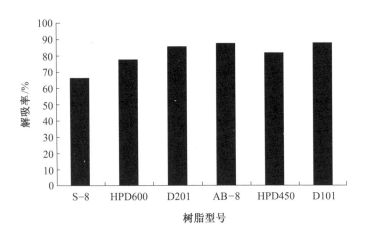

图 5.25　树脂型号对桔梗总皂苷解吸率的影响

5.5.5　静态吸附-解吸试验

1. 静态吸附动力学曲线

AB-8 树脂对桔梗皂苷的静态吸附动力学曲线如图 5.26 所示，温度影响树脂的吸附量，温度升高，吸附量增大。上样浓度也对吸附量有影响，整体来看，质量浓度为 1.532 mg/mL 时的吸附量比 0.767 5 mg/mL 的吸附量高。在 0~1 h 之间，树脂吸附速度较快，随后速度逐渐减慢，吸附趋于平衡。

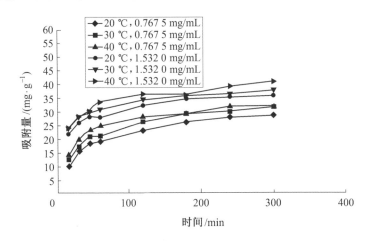

图 5.26　AB-8 树脂对桔梗皂苷的静态吸附动力学曲线

在树脂吸附过程中，吸附速度随着吸附剂表面情况、覆盖率等的变化而变化。前人已提出多个描述吸附速度的方程，本试验采用 Lagergren 一级吸附速率方程 $\ln(q_e-q)=\ln q_e^{-kt}$ 和 Bangham 吸附速率方程 $q=kt^{1/m}$ 对体系进行拟合，结果见表 5.12。

从表 5.12 可以看出，这两个方程都能较好地拟合试验结果，其中，Lagergren 方程的拟合程度比 Bangham 方程的要高，故 AB-8 树脂的动力学吸附更符合 Lagergren 一级吸附速率方程。

表 5.12　动力学方程拟合结果

原液浓度		Lagergren 方程		Bangham 方程	
T/K	$\rho/(mg\cdot mL^{-1})$	k/min^{-1}	R^2	k/min^{-1}	R^2
293	0.767 5	0.013 7	0.978 8	5.513 4	0.970 9
303	0.767 5	0.011 7	0.988 4	6.69	0.971 6
313	0.767 5	0.020 9	0.973 1	9.194	0.943 1
293	1.532	0.013 9	0.979 6	14.634 2	0.976 2
303	1.532	0.014 5	0.987 1	16.772 5	0.986 6
313	1.532	0.019 7	0.958 7	15.705 7	0.953 2

2. 溶液 pH 的影响

pH 影响溶液中被吸附物的理化性质与吸附位点的变化，是决定吸附效果的重要因素。在室温下对质量浓度为 0.98 mg/mL、pH 为 4.35 的桔梗皂苷溶液进行吸附和解吸附试验，结果如图 5.27、图 5.28 所示。在酸性范围内，pH 对吸附率影响不大，这是因为桔梗皂苷是弱酸性的，在酸性条件下溶解度较高，吸附性能好。但随着酸性的增强，解吸率明显下降。在碱性范围内，随着碱性的增强，吸附率和解吸率都呈下降趋势，而且解吸率下降更为明显。由图可知，桔梗皂苷在原始 pH 下吸附率和解吸率都较高，故以下试验所用溶液无须调整 pH。

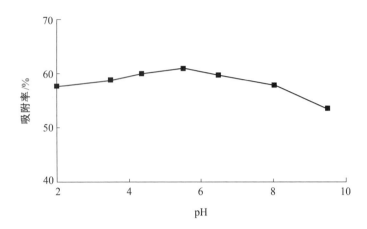

图 5.27　桔梗皂苷溶液 pH 对树脂吸附率的影响

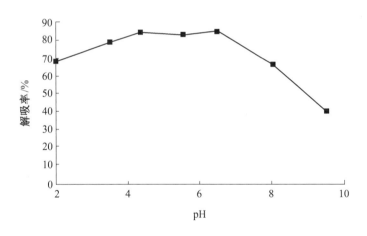

图 5.28　桔梗皂苷溶液 pH 对树脂解吸率的影响

3. 吸附等温线

分别称取 2 g 树脂加入 30 mL 不同质量浓度的皂苷溶液，在 20 ℃、30 ℃、40 ℃下吸附达到饱和后，测定吸附平衡时残液中皂苷质量浓度，计算饱和吸附量，绘制吸附等温线，结果如图 5.29 所示。

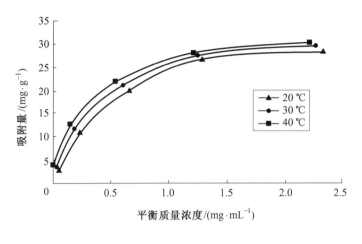

图 5.29　吸附等温线

在低浓度时，树脂吸附量随着皂苷质量浓度的增加而增大的趋势较明显，这表明是单分子层吸附；当平衡质量浓度增大到一定程度时，吸附曲线趋于平缓。另外，吸附量随着温度的升高而增大，说明树脂表面吸附位点随着温度的升高而逐渐增多，致使吸附能力也随之增大，所以升高温度有利于吸附的进行。

表达等温吸附曲线的数学公式，称为等温吸附方程式。采用基于单分子层吸附理论的 Langmuir 等温吸附方程 $1/q_e = 1/q_m + 1/K_L C_e$（式中 q_m 为饱和吸附量（mg/g），K_L 为能量常数）和半经验的 Freundlich 等温吸附方程 $\ln q_e = \ln K_f + 1/n \ln C_e$（式中 n 为吸附剂表面的不均匀性和吸附强度的相对大小，K_f 为吸附量的相对大小）分别对吸附等温数据进行拟合分析，不同温度下皂苷在 AB-8 树脂上吸附的等温方程拟合参数见表 5.13。可以看出，在描述皂苷在 AB-8 树脂上的物理吸附平衡时，Langmuir 比 Freundlich 更合适，其 R^2 均在 0.99 以上。

表 5.13　AB-8 树脂等温吸附方程拟合参数

T/K	Langmuir 模型			Freundlich 模型		
	q_m	K_L	R^2	K_f	$1/n$	R^2
293	34.831 48	2.453 9	0.998 7	24.417 27	0.344 15	0.960 7
303	34.075 49	2.992 62	0.997 9	23.104 61	0.402 76	0.972 2
313	32.244 9	2.116 46	0.996 7	21.454 46	0.442	0.989 8

5.5.6 动态吸附-解吸试验

1. AB-8 树脂的穿透曲线

将质量浓度为 2.5 mg/mL 的皂苷溶液加入层析柱中，以 2.5 mL/min 上柱，直到吸附饱和。每隔 1 洗脱体积（BV，1 BV=11.2 mL）收集流出液并测其浓度，考察其动态吸附情况，绘制的树脂吸附穿透曲线如图 5.30 所示。

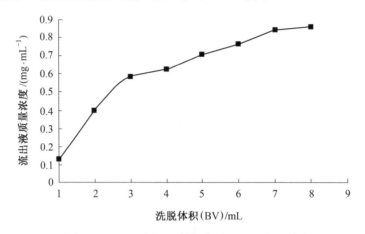

图 5.30　AB-8 树脂对桔梗皂苷的吸附穿透曲线

由图 5.30 可知：随着溶液量的增加，流出液中桔梗皂苷质量浓度起初增大趋势比较明显，随后增大趋势减慢，整个过程树脂的吸附量都呈增加趋势。当流出液体积为 7 BV 时，桔梗皂苷的质量浓度趋于稳定，即树脂吸附达到饱和，分析计算其饱和吸附量为 213.75 mg，根据 AB-8 树脂装柱体积求得其单位吸附量为 28.5 mg/mL。

2. 上样质量浓度对吸附效果的影响

将一定量的树脂湿法装入层析柱，取质量浓度为 1.0 mg/mL、1.5 mg/mL、2.0 mg/mL、2.5 mg/mL、3.0 mg/mL 的桔梗皂苷溶液上柱，上样流速为 2.5 mL/min，收集流出液，计算吸附率，结果如图 5.31 所示。

由图 5.31 可知，随着皂苷液质量浓度增大，树脂的吸附率增大，当质量浓度达到 2.0 mg/mL 时，树脂的吸附率最大，继续增大进样质量浓度，树脂吸附率反而略有下降，这可能是树脂柱发生了泄漏，导致样品的处理量下降，故选取最佳上样质量浓度为 2.0 mg/mL。

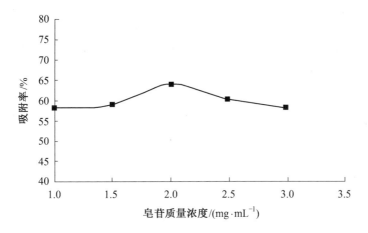

图 5.31   桔梗皂苷质量浓度对树脂吸附率的影响

3. 上样流速对吸附效果的影响

树脂湿法装入层析柱，取质量浓度为 2.0 mg/mL 的皂苷溶液上柱，上样流速分别为 1.0 mL/min、1.5 mL/min、2.0 mL/min、2.5 mL/min、3.0 mL/min，收集流出液，计算吸附率，结果如图 5.32 所示。

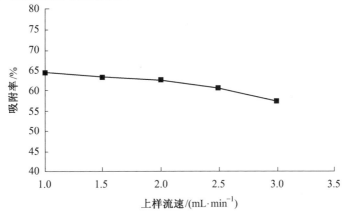

图 5.32   上样流速对树脂吸附率的影响

由图 5.32 可知，吸附率随着上样流速的增大而减小，这是因为流速过快皂苷液和树脂接触时间短，溶质分子来不及扩散到树脂内表面就会发生泄漏，致使吸附率下降。上样流速过慢，吸附效果较好，但会导致操作时间成本增加。综合考虑，上样流速以 1.5 mL/min 为宜。

4. 解吸剂的选择和洗脱曲线的绘制

室温下，树脂吸附达饱和后，以 8 BV 的蒸馏水洗脱树脂柱，除去树脂空隙中多余的桔梗皂苷，以体积分数为 70%、80%、90% 的乙醇为解吸剂在 2.0 mL/min 流速下进行洗脱，再以体积分数为 80% 的乙醇在 1.0 mL/min、1.5 mL/min、2.0 mL/min 流速下洗脱树脂柱，洗脱曲线如图 5.33、图 5.34 所示。

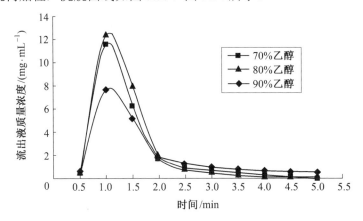

图 5.33　乙醇体积分数对桔梗皂苷洗脱曲线的影响

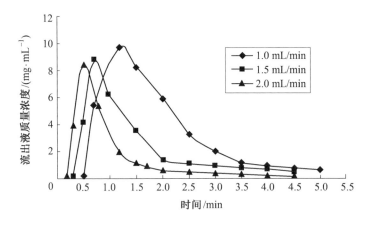

图 5.34　洗脱流速对桔梗皂苷洗脱曲线的影响

由图 5.33 可知，不同的乙醇体积分数对桔梗皂苷洗脱曲线的变化趋势有一定影响，随着乙醇体积分数的增加，洗脱强度也逐渐增大，但增加趋势变小。体积分数为 80% 的乙醇洗脱效果较好，其洗脱峰集中，对称性好，无明显的拖尾的现象，又考虑到成本等问题，选择体积分数为 80% 的乙醇较合适。另外，经计算，乙醇最佳洗脱用量为 4 BV。

图 5.34 中，提高洗脱剂流速，洗脱峰变窄，这说明桔梗皂苷的分离效果较好，但流速过大，也会导致乙醇来不及解吸桔梗皂苷就流下，会造成一定的资源浪费。综合考虑，以 2.0 mL/min 流速洗脱树脂柱为佳。

5.5.7　最佳工艺条件的验证试验

将质量浓度为 2.0 mg/mL 的皂苷水溶液，以 1.5 mL/min 流速上样，待上样完成后，用 8 BV 的蒸馏水冲洗树脂柱以除去多余的皂苷及其他水溶性杂质，再以体积分数为 80% 的乙醇以 2.0 mL/min 流速洗脱树脂柱，收集乙醇洗脱液，蒸发浓缩，干燥得桔梗皂苷粉末。经计算，产品纯度为 92.13 %，回收率可达 78.41 %，表明该工艺可行。

5.5.8　桔梗皂苷对蛋白质部分理化性质的影响

1. 起泡度和泡沫稳定性的测定

由图 5.35 可知，添加了桔梗皂苷提取物后，大豆分离蛋白的起泡度增加较明显，而泡沫的稳定性却呈下降趋势，这可能是桔梗皂苷本身有较强的起泡性，但泡沫的密度较小，稳定性差。

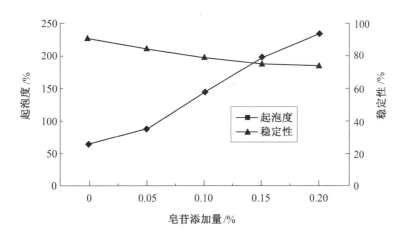

图 5.35　桔梗皂苷对大豆分离蛋白起泡度和泡沫稳定性的影响

2. 桔梗皂苷添加物对蛋白质表观黏度的影响

$$Y=274.950\ 5X^{-0.646\ 7}\ (R^2=0.989\ 7)$$

式中，Y 为表观黏度，mPa·s；X 为转速，r/min，由于 $-0.646\ 7<1$，所以该质量浓度下的大豆分离蛋白水溶液为假塑性流体。大豆分离蛋白在不同转速下的表观黏度曲线如图 5.36 所示

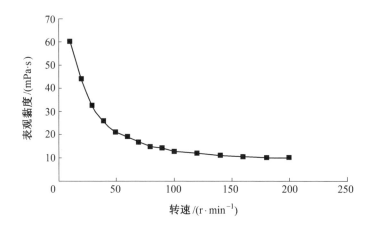

图 5.36　大豆分离蛋白在不同转速下的表观黏度曲线

如图 5.37 所示，桔梗皂苷可以增加大豆分离蛋白的表观黏度，且添加量越大，表观黏度增加越明显，这可能是桔梗皂苷易溶于水，本身也有一定的黏度所致。

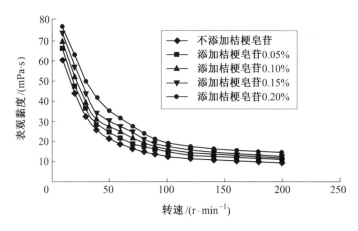

图 5.37　桔梗皂苷提取物对大豆分离蛋白表观黏度的影响

3. 桔梗皂苷对大豆分离蛋白凝胶特性的影响

大豆分离蛋白的凝胶强度、硬度、弹性、胶着性、回复力随着桔梗皂苷添加量的增加而减小，黏着性和咀嚼度随着桔梗皂苷添加量的增加而增大。桔梗皂苷提取物对大豆分离蛋白凝胶质构性能的影响见表 5.14。

表 5.14　桔梗皂苷提取物对大豆分离蛋白凝胶质构性能的影响

添加皂苷量	0	0.05%	0.10%	0.15%	0.20%
凝胶强度	68.43	49.77	30.54	11.75	7.73
硬度	47.09	41.38	38.37	10.19	0.38
黏着性	−7.96	1.06	6.93	17.89	25.81
弹性	0.57	0.46	0.35	0.32	0.21
胶着性	83.78	31.97	16.54	−5.13	−7.23
咀嚼度	2.18	2.67	2.95	3.42	3.71
回复力	0.46	0.31	0.21	0.13	0.04

5.5.9　桔梗皂苷对淀粉部分理化性质的影响

1. 桔梗皂苷对玉米淀粉颗粒形貌的影响

在放大倍数为 1 000 倍的油镜下观察不同玉米淀粉样颗粒的形貌并拍照，如图 5.38（a）所示为未添加桔梗皂苷的玉米淀粉颗粒形貌，图 5.38（b）～（e）分别为添加 2%、4%、6%、8%皂苷的淀粉颗粒形貌。

由图 5.38（a）可以看出，未添加桔梗皂苷的玉米淀粉多呈压碎状的不规则的六角形，棱角又略带圆形，形状各异，大小不一。用显微镜的标尺测量淀粉颗粒的面积范围为 460.0～7 780 μm^2，周长为 95～405 μm。而图 5.38（b）～（e）表明，添加桔梗皂苷的玉米淀粉颗粒略微变小，且随着皂苷量的增加，大的淀粉颗粒越来越少，而小淀粉颗粒相对增多，颗粒大小更平均化。

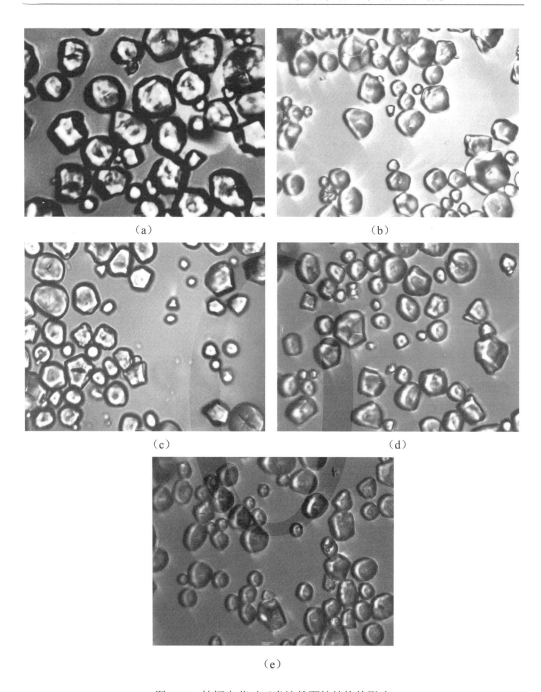

(a)

(b)

(c)

(d)

(e)

图 5.38　桔梗皂苷对玉米淀粉颗粒结构的影响

2. 桔梗皂苷对玉米淀粉糊表观黏度的影响

添加不同质量分数的桔梗皂苷的玉米淀粉糊化后，经黏度计测定黏度，绘制曲线如图 5.39 所示。

用 Origin 工具拟合未添加桔梗皂苷的淀粉糊的黏度数据，得到曲线方程为

$$Y=132.83X^{-0.525\,1}（R^2=0.999\,6）$$

式中，Y 为表观黏度，mPa·s；X 为转速，r/min。

因为指数 $-0.525\,1<1$，所以根据流变学特性可知 4% 质量分数下的玉米淀粉糊为假塑性流体。

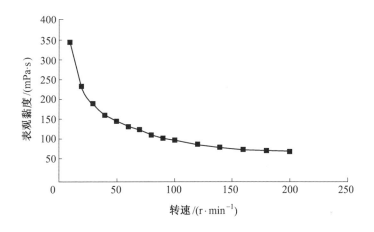

图 5.39 玉米淀粉糊在不同转速下的表观黏度曲线

如图 5.40 所示，添加一定量的桔梗皂苷提取物后，玉米淀粉糊的表观黏度明显增加，这是因为桔梗皂苷分子中羟基数目较多，易溶于水，从而相对减少了膨胀淀粉颗粒的水分，使淀粉颗粒膨胀困难，导致黏度增加。另外，桔梗皂苷提取物中含有粗蛋白，这也使得添加了桔梗皂苷的玉米淀粉的黏度增加。但随着皂苷添加量的增大，其黏度增加的趋势减小，所以皂苷添加的质量分数应在 0～0.15%。

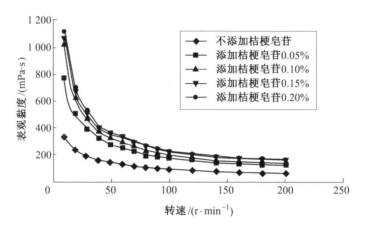

图 5.40 桔梗皂苷提取物对玉米淀粉表观黏度的影响

3. 桔梗皂苷对淀粉糊凝沉曲线的影响

对添加不同量的桔梗皂苷的淀粉糊进行静置观察，每隔 1 h 记录上清液体积，绘制凝沉曲线，如图 5.41 所示。

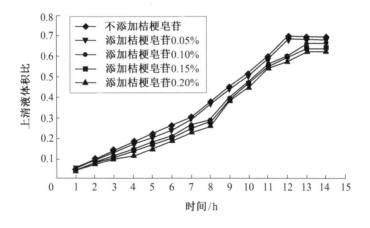

图 5.41 玉米淀粉糊的凝沉曲线

由图 5.41 可知，桔梗皂苷对玉米淀粉的凝沉性有一定的影响，随着皂苷量的增大，体系逐渐稳定，不易凝沉。这 5 种玉米淀粉糊的凝沉曲线变化趋势基本一致，不添加皂苷和添加皂苷量为 0.5% 的玉米淀粉糊于 12 h 后上清液体积趋于稳定，而另外 3 种玉米淀粉糊则在 13 h 后上清液体积才趋于稳定。说明桔梗皂苷可改善玉米淀粉的凝沉性。

4. 桔梗皂苷对淀粉凝胶特性的影响

利用物性分析仪来考察添加不同皂苷量的玉米淀粉凝胶的凝胶强度、硬度、黏着性、弹性等指标，测量结果见表 5.15。

表 5.15　桔梗皂苷提取物对玉米淀粉糊凝胶质构性能的影响

添加皂苷量	0	0.05%	0.10%	0.15%	0.20%
凝胶强度	88.77	63.49	45.46	17.74	4.71
硬度	346.12	231.60	92.38	24.85	-3.32
黏着性	-0.66	23.09	26.33	27.75	28.65
弹性	0.97	0.88	0.79	0.68	0.60
胶着性	285.95	121.69	36.56	10.49	-1.24
咀嚼度	278.15	108.66	29.19	8.49	-0.74
回复力	0.66	0.39	0.25	0.17	0.12

由表 5.15 可知，随着皂苷添加量的增大，淀粉凝胶性能发生一定的变化，其凝胶强度、硬度、弹性、胶着性、咀嚼度及回复力均与桔梗皂苷的添加量呈负相关，添加量越大，所形成的凝胶的弹性和硬度越差，这可能是皂苷破坏了淀粉的物理结构。但黏着性却与桔梗皂苷的添加量呈正相关，添加量越大，黏度也越大，这是由于皂苷本身是溶于水的，而且也含有一定的粗蛋白，增强了玉米淀粉的黏度，这与淀粉黏度测定结果一致。

5.6　本章小结

（1）采用超声辅助提取桔梗中总皂苷，单因素试验确定最佳粒度为 40 目，最佳浸泡时间为 1 h，最佳乙醇体积分数为 70%，最佳超声时间为 40 min，最佳料液比为 1∶8，最佳提取次数为 2 次；响应面试验确定超声波提取工艺的最佳条件为：浸泡时间 1 h、乙醇体积分数 70%、超声时间 45 min、料液比 1∶8，此条件下提取率高达 96.3%，与模型预测值拟合度较高，具有良好的应用前景。

（2）通过静态吸附和解吸附试验，从 6 种不同性质的树脂中优选出 AB-8 型树脂为纯化桔梗总皂苷的最佳树脂；AB-8 树脂的静态动力学吸附属于一级反应动力学模型，经拟合得知更符合 Lagergren 方程；溶液 pH 对吸附、解吸附有影响，综合考虑取自然 pH 为宜；对桔梗皂苷在 AB-8 树脂上的等温吸附行为进行拟合，Langmuir 比 Freundlich 方程更适于描述该过程；通过考察树脂动态吸附及解吸附的行为，确定 AB-8 树脂的单位吸附量为 28.5 mg/mL，最佳上样质量浓度和流速分别为 2.0 mg/mL、1.5 mL/min，最佳洗脱剂为体积分数为 80% 的乙醇，最佳洗脱流速为 2.0 mg/mL；经验证，此条件下可得桔梗皂苷纯度为 92.13 %，回收率可达 78.41 % ，这表明该工艺可行，具有潜在的工业应用价值。

（3）添加桔梗皂苷提取物后，大豆分离蛋白的起泡度增加较明显，而泡沫的稳定性却呈下降趋势；大豆分离蛋白水溶液为假塑性流体。桔梗皂苷可以增加大豆分离蛋白的表观黏度，添加量越大，表观黏度增加越明显；大豆分离蛋白的凝胶强度、硬度、弹性、胶着性、回复力随着桔梗皂苷添加量的增加而减小，黏着性和咀嚼度随着桔梗皂苷添加量的增加而增大。

（4）桔梗皂苷影响玉米淀粉的颗粒大小，添加皂苷量越多，大淀粉颗粒越少，小淀粉颗粒越多；玉米淀粉糊为假塑性流体。随着皂苷添加量的增大，其黏度增加，但增加趋势减小，皂苷添加的质量分数应在 0.15% 之内；随着皂苷量的增大，玉米淀粉的体系逐渐稳定，不易凝沉，所以添加一定量的桔梗皂苷可改善玉米淀粉的凝沉性；皂苷添加量也会影响玉米淀粉凝胶性能的变化，其凝胶强度、硬度、弹性、胶着性、咀嚼度及回复力均与桔梗皂苷的添加量呈负相关，但黏着性却与桔梗皂苷的添加量呈正相关。

第6章 黄精多糖的提取及对面条品质的影响

6.1 概 述

黄精是传统的可食用和药用植物之一（图 6.1、图 6.2），黄精属植物在整个生物圈有 60 多种，我国共计有 39 种，种类多且遗传多样性丰富，有利于人们对其进行品种改良，增强对环境的适应能力，利于栽培。

图 6.1 黄精植株

图 6.2 黄精干制物和黄精饮片

黄精在黑龙江、辽宁、河南、山东等地都有种植，生长在高出海平面 180～2 800 m 处。黄精除根茎外，叶子、果实、花都可以吃，种植经济效益高。

近年来研究发现，黄精含有丰富的功能成分和营养成分。在黄精所含物质中，糖类占 50%，蛋白质占 11.1%，在人体必需氨基酸中，黄精含有 7 种，特别是味觉氨基酸含量充足，保证黄精的口感。黄精根茎中还有黄酮、木脂素类、三萜皂苷、挥发油类等功效成分，具有补气养阴、保护脾肺、利肾等功效，用于治疗脾胃不合、身体乏力、精血不足、腰酸背痛、头发早白、内热等病症。

黄精对糖尿病患者和老年人来说，是最划算的食疗产品之一。2019 年经过统计得出，全世界糖尿病患者大约有 4.63 亿人，而我国有 1.164 亿人，占比为 25.14%。而随着我国跨入老龄化社会，老年人口逐渐增多因此开发黄精抗氧化、抗衰老、护肝、延长寿命等特殊功能的食品配方，以及营养品、运动功能食品和保健食品等，在国内外市场潜力巨大。

黄精以固体的形式存在，在实际使用中黄精多糖的溶出率较低，为了改善这种情况，通常在使用之前将黄精多糖从黄精中分离出来。目前，分离的方法有碱浸提、酶提取法以及新型的超高压提取法等。如 Liu 等用酶辅助提取法，经过试验得出，纤维素酶最佳添加量为 6.0%，黄精多糖的产量为 15.76%。李彦伟经过比较，选用超高压提取法，得到黄精多糖收益率为 25.01%，高于煎煮法提取的黄精多糖，而且得到黄精多糖的质量更好。于伟凯等选择微波提取法，在微波时间为 2 min、水和黄精的比例为 30∶1、功率为 280 W 下，提取黄精多糖的效果最优，提取率为 4.83%。人们在选择黄精多糖的分离方法时，一般情况下会采取温和的方法，避免使用高温、强酸等分离条件，以免破坏多糖的活性和结构。

黄精多糖是一种天然活性物质，近年来研究发现，黄精多糖有抗氧化性、防止骨质疏松、抗疲劳、调节血糖稳定、抗肿瘤活性、抗菌性等功效。比如李志涛等在研究黄精多糖对不同种类细菌的抑制强度时，发现其对革兰氏阳性菌抑菌效果较好；王艺通过对糖尿病小鼠的试验研究，发现加入高剂量的黄精多糖能减轻五脏损坏，保持体内血糖稳定，对减轻糖尿病症状有积极作用；还有研究表明，黄精多糖对人体食管癌细胞有抑制作用，主要是抑制食管癌细胞的增长繁殖和迁移，从而使细胞死亡。

当下，在食品的应用中，大多数是将黄精提取液与食品原料相组合，或是通过简单混合，做成黄精保健酒、黄精饮料等。而把黄精多糖加入食品中的比较少，但黄精多糖的功能效果比黄精好，利用价值更高，比如：微量元素面条，在面条中加入质量分数为 0.6% 的黄精多糖、质量分数为 0.4% 的活性钙等成分，可提高面条的营养和口感；王杰等研究黄精多糖酸奶，在其中加入果胶、淀粉以及黄精多糖，得到了最佳的添加比例，提升了酸奶质量和功能特性。目前市场上关于黄精多糖的产品非常少，而黄精多糖对人体有多种功效，因此，开发黄精多糖保健品、食品等有广阔的市场需求。

6.2　研究目的与内容

6.2.1　研究目的与意义

随着社会的进步，人们对健康越来越关心，黄精作为食疗产品之一，在食品的开发应用中，重视度越来越高。黄精在河南省种植多、产量高，目前在市场上经常看到的黄精产品主要有中药类（黄精赞育胶囊、黄精膏）和食品类（黄精饮料、黄精酒、黄精酸奶等）。目前，在食品中加入黄精，还处在于起步过程，即只是对黄精进行简单加工，做成短线产品，没有主导市场的产品，主要是由于生产工艺低、创新能力较弱造成，这严重制约了黄精产业的多元化发展。

面条产业是食品行业最重要的产业之一，每年的市场销售数量仍保持提高。而随着人们消费习惯的改变，传统面条在当前的食品行业中远远不能满足人们的需要，发展新型面条已经成为面条行业的趋势，如研发出来的燕麦面条、杂豆挂面、南瓜面条等，投放市场受到了消费者的喜爱。

因此，在打造全民健康的大背景下，将黄精多糖与面条结合，系统考察黄精多糖对面条品质的影响，优化黄精面条加工工艺和改良方案，找出黄精多糖对鲜湿面、挂面食用品质和储存特性的影响规律，不仅可以满足人们对功能性食品的需求，丰富面条种类，还将促进黄精产业的发展，同时为黄精和黄精多糖在食品中的应用提供理论参考。

本研究采用超声波辅助提取法从黄精中提取黄精多糖，这种方法用时较短、使用试剂少，能够节约电资源，而且所用试剂为无水乙醇，不会对环境造成污染，可以用于大规模提取黄精多糖。黄精是最划算的食疗产品之一，开发黄精及其多糖的有关产品对黄精的需求量将大大提升，有利于提高农民收入、增加就业。研发的功能性食品，有利于特定人群进行食品疗养、减轻费用负担及黄精产业链的发展。

6.2.2 研究内容

（1）采用超声波辅助法，将黄精多糖从黄精中提取出来，设定不同水和黄精多糖的加入比例、超声功率、超声时间，采用单因素试验、正交试验优化，以提取率为指标，确定黄精多糖的最佳提取工艺。

（2）研究黄精多糖对不同细菌的抑菌效果，并对黄精多糖进行抗氧化性测定。

（3）在面条中加入不同比例的黄精多糖，进行感官评价，确定黄精多糖在面条中的最佳添加量，进行酸度、湿面筋含量和菌落总数的测定，与普通面条比较。

6.3 仪器与材料

试验仪器与设备见表 6.1，试验材料见表 6.2，试验试剂见表 6.3。

表 6.1 试验仪器与设备

仪器与设备	生产厂家
TDL-40B 低速大容量离心机	北京海天友诚科技有限公司
101-2A 型电热鼓风干燥箱	天津市泰斯特仪器有限公司
LDZM 立式压力蒸汽灭菌器	上海申安医疗器械厂
DH4000AB 型电热恒温干燥箱	天津市泰斯特仪器有限公司
RE-52AA 旋转蒸发器	上海亚荣生化仪器厂
SHB-Ⅲ循环水式多用真空泵	郑州长城科工贸有限公司
DZKW-电子恒温水浴锅	北京中兴伟业仪器有限公司
生化培养箱	上海跃进医疗器械有限公司
TGL-16C 高速台式离心机	北京海天友诚科技有限公司
SCIENTZ-ⅡD 超声波细胞粉碎机	宁波新芝生物科技有限公司
电子天平	赛多利斯科学仪器有限公司
高速万能粉碎机	北京中兴伟业仪器有限公司
紫外可见分光光度计	上海仪电分析仪器有限公司
和面机	山东汉举机械制造有限公司
切面机	郑州昊博机械设备有限公司

表 6.2　试验材料

材料	生产厂家
黄精	河南省南阳市宛城区王氏参茸行
小麦粉	河南想念食品有限公司
食盐	孝感广盐华源制盐有限公司
菌种	南阳理工学院生化实验室

表 6.3　试验试剂

试剂	级别	生产厂家
葡萄糖	分析纯	天津市科密欧化学试剂有限公司
苯酚	分析纯	西陇科学股份有限公司
浓硫酸	分析纯	中国平煤神马集团开封东大化工有限公司
三氯乙酸	分析纯	天津市风船化学试剂科技有限公司
磷酸二氢钠	分析纯	天津市长城化学试剂厂
磷酸氢二钠	分析纯	天津市德恩化学试剂有限公司
氯化钠	分析纯	天津市科密欧化学试剂有限公司
铁氢化钾	分析纯	天津市德恩化学试剂有限公司
三氯化铁	分析纯	天津市德恩化学试剂有限公司
抗坏血酸	分析纯	天津市科密欧化学试剂有限公司
1，1-二苯基-2-三硝基苯肼（DPPH）	96%	上海麦克林生化科技有限公司
水杨酸	分析纯	天津市德恩化学试剂有限公司
硫酸亚铁	分析纯	天津市科密欧化学试剂有限公司
30%过氧化氢	分析纯	烟台市双双化工有限公司
琼脂粉	生物试剂	北京奥博星生物技术有限责任公司
酵母浸粉	生物试剂	北京奥博星生物技术有限公司
蛋白胨	生物试剂	北京奥博星生物技术有限责任公司
碘化钾	分析纯	天津市科密欧化学试剂有限公司
无水乙醇	分析纯	天津市风船化学试剂科技有限公司
碘	分析纯	天津市科密欧化学试剂有限公司
丙酸钠	99%	上海麦克林生化科技有限公司

6.4　试验方法

6.4.1　黄精多糖的提取工艺研究

1. 黄精预处理

黄精→粉碎→40 ℃干燥→粉碎→过 100 目筛→黄精粉末。

2. 黄精多糖的提取

称取 2 g 黄精粉末，加入不同比例的蒸馏水，调整超声时间及功率，超声结束后，在 40 ℃的条件下水浴 10 min，取出放在离心机中，以 6 000 r/min 的速度离心 10 min，倒出上清液，在试管中加入 1 mL 溶液和 5 mL 无水乙醇，立即放置在 4 ℃冰箱中，醇沉过夜，取出在同样的条件下离心，取沉淀，弃上清液，沉淀加 5 mL 体积分数为 80% 的乙醇在冰箱冷藏 30 min，再次进行离心，取沉淀溶解，在 488 nm 处测吸光度值。

3. 黄精多糖的测定

将葡萄糖作为标准样品，配制 90 μg/mL 溶液。在不同的试管中加入 0 mL、0.2 mL、0.4 mL、0.6 mL、0.8 mL、1.0 mL 的葡萄糖溶液，溶液不足 1 mL 的，加入蒸馏水使其体积为 1 mL，分别加入 1 mL 体积分数为 5% 的苯酚溶液和 5 mL 浓硫酸，取浓硫酸时要注意安全，振荡混合均匀，在 100 ℃的水浴锅中水浴 15 min，拿出放在冰水中 3 min，在 488 nm 处测定吸光度值，绘制标准曲线。

样品溶液按照上述操作进行吸光值测定，以绘制的标准曲线计算黄精多糖浓度，黄精多糖的提取率按式（6.1）计算：

$$提取率 = \frac{黄精多糖浓度 \times 稀释倍数 \times 提取液体积}{称量黄精质量} \times 100\% \qquad (6.1)$$

4. 超声提取黄精多糖单因素试验设计

（1）液料比。

保持多糖超声提取时间 40 min、超声功率 180 W 不变，分析液料比在 10∶1、15∶1、20∶1、25∶1、30∶1 条件下的提取率。

（2）超声功率。

保持多糖超声提取时间 40 min、液料比 20∶1 不变，分析超声功率在 140 W、160 W、180 W、200 W、220 W 下的提取率。

（3）超声时间。

保持多糖超声提取功率 180 W、液料比 20∶1 不变，分析超声时间在 10 min、20 min、30 min、40 min、50 min 条件下的提取率。

5. 正交试验

由单因素试验的结果，选取 3 个最佳因素水平，设计 $L_9(3^3)$ 正交试验表，见表 6.4。

表 6.4　因素水平设计表

水平	液料比（A）	超声功率（B）/W	超声时间（C）/min
1	115∶1	135	30
2	20∶1	180	40
3	25∶1	225	50

6.4.2　黄精多糖性质的研究

1. 抑菌性的测定

对黄精多糖的抑菌性进行测定，经过比较，选用滤纸片法进行测定。本次试验选用的菌种有 3 种，分别是枯草芽孢杆菌、金黄色葡萄球菌和大肠杆菌。把滤纸剪成半径为 3 mm 的圆形纸片，将纸片、培养皿、接种环等需要用到的仪器放在灭菌锅中，调节温度为 115 ℃、时间为 15 min 进行灭菌，再进行干燥，放好备用。提前制备固体培养基，将灭菌后的培养基放置到 45 ℃左右，倒入培养皿中，约为 13 mL，把整个培养皿底部倒满即可，待培养基凝固后倒置培养，观察有无染菌，以免影响试验结果。移取 200 μL 菌液至提前备好的固体培养基中进行涂布，让其均匀分布。配制 3 mg/mL、6 mg/mL、9 mg/mL、12 mg/mL、15 mg/mL 黄精多糖溶液，以无菌水作为对照。将圆形纸片放入不同质量浓度的黄精多糖和无菌水中，10 min 后取出，微干放入固体培养基中，倒置。在 37 ℃的恒温箱中培养一天，测量抑菌圈的大小，作为抑菌结果。

2. 抗氧化性测定

配制黄精多糖溶液的质量浓度分别为 3 mg/mL、6 mg/mL、9 mg/mL、12 mg/mL、15 mg/mL，维生素 C 的质量浓度分别为 3 mg/mL、6 mg/mL、9 mg/mL、12 mg/mL、15 mg/mL。

（1）总还原能力。

取 2.5 mL 黄精多糖溶液，加入 pH 为 6.6 的磷酸盐缓冲溶液 2.5 mL，以及 2.5 mL 质量分数为 1%的 $K_3[Fe(CN)_6]$ 溶液，振荡均匀后，在 40 ℃的水浴锅中水浴 20 min，取出，加入质量分数为 10%的三氯乙酸 2 mL，放置 5 min，充分反应。取 5 mL，加入 2.5 mL 质量分数为 0.1%的 $FeCl_3$ 溶液和 4 mL 蒸馏水，放置 3 min，让其充分反应，以蒸馏水作为对照，调吸光度为 700 nm，测定的吸光度值为 A_1，用蒸馏水代替黄精多糖溶液，测得的吸光度值为 A_0，阳性对照为维生素 C。按式（6.2）计算抗氧化性：

$$H = A_1 - A_2 \qquad (6.2)$$

（2）DPPH·清除能力。

取 1 mL 黄精多糖溶液，加入蒸馏水和 0.1 mmol/LDPPH 溶液各 2 mL，振荡混匀后放置 15 min，调节吸光度参数为 517 nm，测得到吸光度值为 A_1。加入蒸馏水和 0.1 mmol/L 的 DPPH 溶液各 2.5 mL，混合均匀后，测得到吸光度值为 A_0。取 1 mL 黄精多糖溶液，加入 1 mL 蒸馏水，与 2 mL 无水乙醇混匀后测得的吸光度值为 A_2，以维生素 C 作为阳性对照，按式（6.3）计算 DPPH·清除能力：

$$R = 1 - \left(\frac{A_1 - A_2}{A_0} \right) \times 100\% \qquad (6.3)$$

（3）·OH 清除能力。

取黄精多糖溶液 1.0 mL，加入 1.0 mL 9 mmol/L $FeSO_4$、1.0 mL 9 mmol/L 的水杨酸和 0.5 mL 体积分数为 0.1%的 H_2O_2，充分摇匀,在 37 ℃水浴锅中反应 30 min。以蒸馏水作为对照，在 510 nm 波长下测定其吸光度值为 A_1，用蒸馏水替代黄精多糖溶液，测其吸光度值为 A_0，取黄精多糖溶液 1.0 mL，添加蒸馏水 2.5 mL，测其吸光度值为 A_2。维生素 C 作为阳性对照。按式（6.4）计算·OH 清除能力：

$$R = \frac{A_0 - A_1 + A_2}{A_0} \times 100\% \qquad (6.4)$$

6.4.3　黄精多糖对面条品质的影响研究

1. 面条制备

（1）配料。面粉和黄精多糖的总质量为 100 g（黄精多糖添加量为 0、1.5%、3%、4.5%、6%）+37 g 水+1.5 g 食盐。

（2）和面。将面粉、黄精多糖、溶有食盐的水混合搅拌，使用常温下的水和面，不会破坏面粉中的蛋白质结构，和好的面质量高、拉力好，要想使面条混合得更均匀，水要分多次加入。

（3）醒面。用湿布盖好面团，大约 40 min，让蛋白质充分吸水膨化，以增强面团的拉伸力。

（4）压面。将面团放在压面机上，整理面片不对齐的部分，反复多次压面，直到压出光滑的面片。

（5）切面。切面机有不同的规格，按照需要面条的大小调节切面机的规格，切出来面条后把质量不好、不整齐的面条取出，重新进行压面、切面。

（6）晾干。将面条放在温度为 35 ℃、湿度为 60% 的恒温恒湿箱内干燥 9 h。

（7）蒸煮面条。在锅中加入合适的水，待水沸腾后，放入面条，把面条煮熟后，进行感官评定。

2. 感官评定

感官评定指标参照《粮油检验小麦粉面条加工品质评价》（GB/T 35875—2018），并且结合黄精多糖的特性，进行适当修改。确定最佳黄精多糖添加量，进行酸度、湿面筋含量、菌落总数测定。感官评定评分标准见表 6.5。

表 6.5　感官评定评分标准

项目	满分	评分标准
坚实度	15 分	软硬适中（12～15 分） 较软或较硬（7～11 分） 很软或很硬（3～6 分）
弹性	20 分	弹性好（16～20 分） 弹性一般（11～15 分） 弹性差（5～10 分）
光滑性	20 分	口感光滑爽口（16～20 分） 较光滑（11～15 分） 不爽口（6～10 分）
表面状态	10 分	表面光滑透明（8～10 分） 表面较光滑（7 分） 表面粗糙，明显膨胀变形（4～6 分）
颜色	20 分	色泽均匀，浅黄光亮（16～20 分） 亮度稍暗（12～15 分） 灰暗（8～11 分）
风味	15 分	有淡淡的黄精多糖甘甜味（12～15 分） 没有异味（9～11 分） 有异味（5～8 分）

3. 酸度测定

称取 5 g 面条，加入 100 mL（V_3）蒸馏水，搅拌 2 min，超声 15 min，以 4 000 r/min 离心 10 min，倒出上清液，取 10 mL（V_4）加入烧杯中，用 0.01 mol/L 的氢氧化钠溶液滴定，以滴定后的读数减去滴定前的读数为 V_1；加入 10 mL 水，做空白试验，以滴定后的读数减去滴定前的读数为 V_2。湿面条在 4 ℃下冷藏，测定第 0 天、第 1 天、第 2 天、第 3 天、第 4 天的酸度，按式（6.5）计算：

$$X = (V_1 - V_2) \times \frac{V_3}{V_4} \times \frac{\rho}{0.1} \times \frac{10}{m}$$（6.5）

4. 菌落总数测定

参照《食品安全国家标准 食品微生物检验 菌落总数测定》（GB 4789.2—2016）对面条的菌落总数进行测定。湿面条在 4 ℃下冷藏，测定第 0 天、第 1 天、第 2 天、第 3 天、第 4 天的菌落总数。

5. 湿面筋含量测定

参照《小麦和小麦粉面筋含量 第 1 部分：手洗法测定湿面粉》（GB/T 5506.1—2008）对湿面筋含量进行测定。湿面条在 4 ℃下冷藏，测定第 0 天、第 1 天、第 2 天、第 3 天、第 4 天的湿面筋含量。

6.5　结果与分析

6.5.1　标准曲线的绘制

葡萄糖标准曲线如图 6.3 所示，线性回归方程为 $y = 0.071\,2x + 0.006\,6$，$R^2 = 0.997\,6$，说明标准曲线准确性较高。

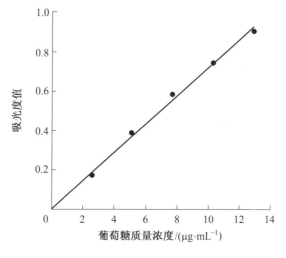

图 6.3　葡萄糖标准曲线

6.5.2 单因素试验

1. 液料比对黄精多糖提取率的影响

由图 6.4 可知，随着液料比的不断增长，黄精多糖的提取率呈现出先增大再减小的趋势。当水和黄精多糖的比例较小时，溶液稠密，黄精在水中溶解不充分，黄精多糖溶出不全面，导致提取率低。当水和黄精多糖的比例较大时，溶液过稀，超声的液体多，超声不充分，导致提取率降低。

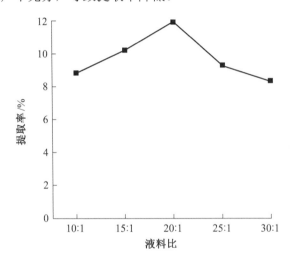

图 6.4　液料比对黄精多糖提取率的影响

2. 超声功率对黄精多糖提取率的影响

由图 6.5 可知，随着超声功率的不断加大，提取率呈现出先增大再减小的趋势。当超声功率小，产生的分裂能力较弱，溶剂难进入黄精的细胞中，多糖很难溶出到溶液中，导致提取率低。而超声功率在 90～180 W 内，随着功率的提高，产生的分裂能力逐渐增强，多糖充分溶出，提取率不断增大。超声功率在 180 W 以后，功率的增大可能会导致多糖的组织被破坏，在后面的提取步骤中效果不好，从而影响提取率。因此，超声的最佳功率为 180 W。

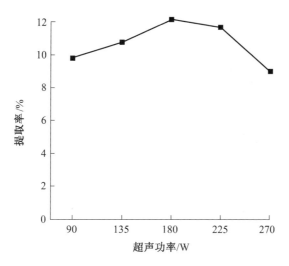

图 6.5 超声功率对黄精多糖提取率的影响

3. 超声时间对黄精多糖提取率的影响

由图 6.6 可知，随着超声时间的不断增大，黄精多糖的提取率呈现出先增大再减小的趋势。在 10～40 min 范围内，随着超声时间的延长，溶剂与黄精粉末的接触面积逐渐增大，多糖溶出得也越多，提取率较高。当超声时间超过 40 min 后，会破坏多糖的组织，溶出其他成分，影响多糖的纯度，导致提取率降低。所以，选择最佳提取时间为 40 min。

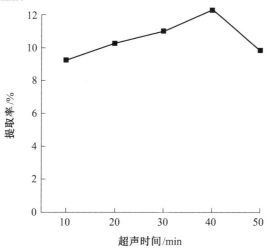

图 6.6 超声时间对黄精多糖提取率的影响

6.5.3 正交分析

由表 6.6、表 6.7 可知，以提取率为指标时，由于 P_A=0.034、P_B=0.025、P_C=0.018 都小于 0.05，所以存在显著差异，从 k 值可以看出，最优提取工艺为 $A_2B_2C_2$，即超声功率为 180 W、水和黄精多糖的比例为 20：1、超声时间为 40 min。在最佳工艺条件下进行提取，黄精多糖的平均提取率为 12.65%，重复性良好。

表 6.6 正交试验结果

序号	液料比（A）	超声功率（B）	超声时间（C）	提取率/%
1	1	1	1	10.11
2	1	2	2	12.18
3	1	3	3	9.72
4	2	1	2	12.49
5	2	2	3	12.31
6	2	3	1	10.52
7	3	1	3	10.82
8	3	2	1	11.14
9	3	3	2	11.53
K_1	32.01	33.42	31.77	——
K_2	35.31	35.64	36.21	——
K_3	33.48	31.77	32.28	——
k_1	10.67	11.14	10.59	——
k_2	11.77	11.88	12.07	——
k_3	11.16	10.59	10.95	——
R	1.1	1.29	1.48	——

表 6.7　方差分析

来源	自由度	平方和	均方	F 值	P 值
液料比（A）	2	1.832 82	0.916 41	28.75	0.034
超声功率（B）	2	2.500 69	1.250 34	39.22	0.025
超声时间（C）	2	3.557 09	1.778 54	55.79	0.018
误差	2	0.063 76	0.031 88	—	—
合计	8	7.954 36	—	—	—

6.5.4　黄精多糖的抑菌性

由表 6.8 可知，当黄精多糖质量浓度为 3 mg/mL 时，对 3 种菌都有抑菌效果，当黄精多糖质量浓度为 15 mg/mL 时，枯草芽孢杆菌的抑菌圈直径为 13.5 mm，金黄色葡萄球菌的抑菌圈直径为 12.1 mm，大肠杆菌的抑菌圈直径为 10.9 mm。

表 6.8　黄精多糖抑菌结果

黄精多糖质量浓度/（mg·mL^{-1}）	抑菌圈直径/mm		
	大肠杆菌	枯草芽孢杆菌	金黄色葡萄球菌
0	无	无	无
3	6.4	7.5	6.8
6	7.8	9.6	8.7
9	9.2	11.2	10.2
12	10.1	12.3	11.3
15	10.9	13.5	12.1

6.5.5　黄精多糖的抗氧化性

1. 总还原能力

由图 6.7 可知，随着黄精多糖质量浓度的提高，总还原能力增长加快，黄精多糖质量浓度在 15 mg/mL 时总还原能力为 1.213；维生素 C 质量浓度在 3 mg/mL 时，总还原能力为 2.959，之后维生素 C 质量浓度基本保持不变。

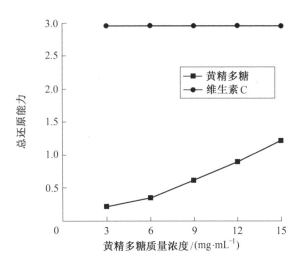

图 6.7　黄精多糖的总还原能力

2. DPPH·清除能力

由图 6.8 可知，随着黄精多糖质量浓度的提高，对 DPPH·的清除能力增强，当黄精多糖质量浓度为 15 mg/mL 时，DPPH·的清除率为 25.06%。维生素 C 质量浓度为 3 mg/mL 时，DPPH·的清除率为 95.20%，并且随着质量浓度的提高，DPPH·的清除率没有太大的变化。

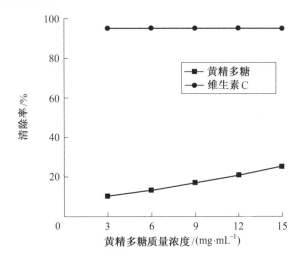

图 6.8　黄精多糖 DPPH·清除能力

3. ·OH 清除能力

由图 6.9 可知，黄精多糖的质量浓度越高，对·OH 的清除能力越强，在黄精多糖质量浓度为 15 mg/mL 时，清除率为 41.03%。维生素 C 在质量浓度为 3 mg/mL 时，对·OH 的清除率为 98.65%，表现出很强的清除能力。

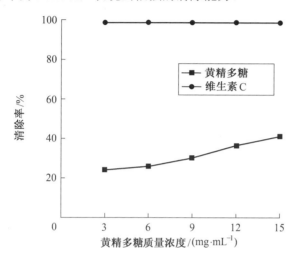

图 6.9　黄精多糖对·OH 的清除能力

6.5.6　黄精多糖对面条感官评定的影响

由表 6.9 可知，黄精多糖加入量不同，对面条的影响较为明显，当黄精多糖加入量为 3% 时，面条的综合得分最高，为 92.7 分。

表 6.9　感官评定结果

添加量/%	坚实度/分	弹性/分	光滑度/分	表面状态/分	色泽/分	食味/分	综合得分/分
0	12.7	19.3	17.8	8.5	17.4	13.0	88.7
1.5	13.2	18.8	18.1	9.2	17.9	13.7	90.3
3	13.8	18.1	18.4	9.5	18..7	14.2	92.7
4.5	12.9	17.5	17.7	9.1	18.2	13.5	88.9
6	12.5	16.8	17.3	8.8	17.6	13.1	86.1

6.5.7 黄精多糖对面条酸度的影响

由图6.10可知，两种面条在贮藏第1天内酸度增长速度快，这可能是面条中水分含量多，微生物生长繁殖，产生酸性物质。而在第1天后，增长速度逐渐减慢，可能是水分慢慢流失，以及微生物破坏蛋白质，分解的产物对酸有中和作用。总体来说，普通面条酸度的增长速度比黄精多糖面条快，这说明黄精多糖有一定的抑菌作用，导致微生物生长慢。根据标准规定，湿面条酸度应该≤4 mL/(10 g)，贮藏4天的湿面条没有超过该标准。

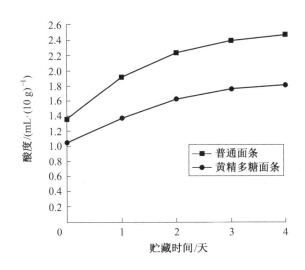

图6.10 贮藏过程中酸度的变化

6.5.8 黄精多糖对面条菌落总数的影响

由图6.11可知，黄精多糖面条和普通面条随着贮藏时间的增加，菌落总数逐渐增多，在前3天时，黄精多糖面条的菌落总数比普通面条少，这说明黄精多糖面条有一定的抑菌效果。但随着面条贮藏时间的增加，黄精多糖面条可能失去抑菌性，导致后面菌落总数相差不大。

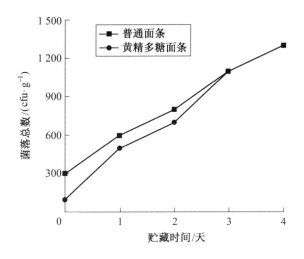

图 6.11 贮藏过程中菌落总数的变化

6.5.9 黄精多糖对面条中湿面筋质量分数的影响

由图 6.12 可知，两种面条中湿面筋质量分数都逐渐减小，这可能是面条在贮藏过程中微生物大量繁殖，损坏和分解蛋白质的结构，导致面筋蛋白的质量分数减小。可以发现，在第 2 天，普通面条的湿面筋质量分数下降速度比黄精多糖面条速度快，这可能是第 1 天黄精多糖在其中起着一定的抑菌效果。

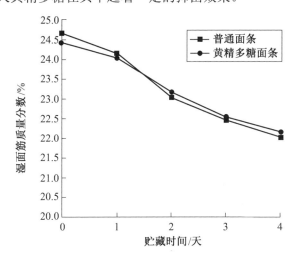

图 6.12 贮藏过程中菌落总数的变化

6.6 本章小结

本章采用超声波辅助法对黄精多糖进行提取，对黄精多糖进行活性研究。把黄精多糖加入面条中，经过感官评定，选择最佳添加量，与普通面条的酸度、菌落总数、湿面筋含量进行对比，主要结果如下。

经过单因素、正交试验优化，黄精多糖的最佳提取工艺为：液料比 20：1、超声功率 180 W、超声时间 40 min，在该条件下黄精多糖的提取率可达 12.65%，经过验证重复性良好。

对黄精多糖进行抑菌试验，当黄精多糖质量浓度大于 3 mg/mL 时，3 种菌都有抑制效果；由抗氧化试验得出，·OH 和 DPPH·的清除能力与总还原能力都低于维生素 C。当黄精多糖质量浓度为 15 mg/mL 时，DPPH·的清除率为 25.06%，·OH 的清除率为 41.03%，·OH 的清除率优于 DPPH·。

经过感官评定，黄精多糖在面条中的最佳添加量为 3%。测定面条的酸度结果表明，随着贮藏时间的增加，黄精多糖面条与普通面条的酸度都增加，但普通面条增加的速度较快。测定面条的菌落总数结果表明，随着贮藏时间的增加，黄精多糖面条与普通面条的菌落总数都增长，但黄精多糖面条在前 3 天的菌落总数比普通面条少。测定面条的湿面筋质量分数结果表明，随着贮藏时间的增加，黄精多糖面条与普通面条的湿面筋质量分数都减小。说明黄精多糖加入面条中有一定抑菌作用，但抑菌时间短，抑菌性不强。

在试验的过程中，发现许多的不足，但由于时间的局限性，还可以对以下内容进行研究。

（1）对更高纯度的黄精多糖进行活性分析。

（2）研究黄精多糖对小麦淀粉、面筋蛋白的理化性质、结构的影响，以便更好地加入到面条中。

（3）探讨黄精多糖对面条的质构特性、断条率等的影响。

（4）探讨黄精多糖对干面条品质的影响。

第7章　山茱萸面条的研发及品质研究

7.1　概　　述

山茱萸，又名山萸肉、蜀枣、药枣等，是我国一种常见的中药材（图 7.1）。它外观颜色是紫红色或者紫黑色，果肉约厚 1 mm，味道较酸涩，具有健胃、补益肝肾的功效，主要用于治疗头晕、耳鸣、腰膝酸痛、内热消渴等，首次记载在《神农本草经》。它的主要产地分布在河南、山西、湖南、甘肃和陕西等省，现在以河南、陕西省山茱萸产量比较大，质量较优。河南省南阳市西峡县的山茱萸产量及品质都排在前列，西峡山茱萸有"世界博览会优质产品""国家地理标志产品"等称号，西峡县是国家首批、河南首家的良好农业规范（GAP）认证中药材基地。

图 7.1　山茱萸植株和入药茱萸肉

研究发现，山茱萸的化学成分主要有五环三萜酸类、鞣质、环烯醚萜、有机酸、挥发油、黄酮和一些其他营养成分。环烯醚萜在山茱萸中含量较高，并且绝大多数与糖相连，最终形成环烯醚萜苷。Endo 从其中分离得到了 3 个环烯醚萜类化合物，山茱萸中的黄酮类化合物种类很少，含量也不高，Zhang 从山茱萸中分离鉴定出了

12 个化合物；另外有研究发现山茱萸含有山茱萸多糖、酸性多糖和非淀粉性中性糖。山茱萸中富有人体所需的维生素，如维生素 E、维生素 C；山茱萸中矿物质含量丰富，其中还包含一些微量元素，如硒、锶；山茱萸还含有 15 种氨基酸，且含量高于许多水果。

经研究发现，山茱萸具有调节人体免疫系统、降低血糖的作用，除此以外，还有抗氧化、抑菌等作用。山茱萸中的多糖是增强免疫系统的主要成分，可以增强人体的免疫作用；而苷类是抑制免疫系统的主要成分，可以有效抑制人体的免疫作用。除此以外，有相关试验表明山茱萸浸提物对几种常见的食品微生物有抑菌作用，尤其对金黄色葡萄球菌有明显的抑菌作用，对大肠杆菌及霉菌的抑菌作用一般。

山茱萸具备多种药用价值，如以山茱萸作为主药、以六味地黄汤为基础的各类中成药，在金匮肾气丸等药物中也发挥着重要的作用。在种植上，大多数山茱萸目前没有系统种植，处于半野生的状况，农户修剪没有系统化、规范化，所以采摘时出现很多阻碍。另外，山茱萸市场也很不稳定，其价格浮动较大，并且所需的人工成本较高，导致山茱萸果实浪费严重。山茱萸在食品中的应用处于初级阶段，其价值远没有被人们充分认识。近年山茱萸被认定为药食同源物质，大大提高了山茱萸在食品中的应用，山茱萸逐渐应用在果酒、果酱、保健饮品等食品生产的领域，但是有关山茱萸的食品工厂规模较小，还具有整体性差、产业链短、销售区域局限等缺点。

如今，人们对于延缓衰老、健康长寿的需求日益增加，不仅注重锻炼身体，健康饮食，并且注重食品的多样化。尤其是年轻人，日益重视通过日常饮食来达到强身健体的效果，所以保健食品得以快速发展。而山茱萸含有对人体有益的微量元素，还具有保健和营养成分，现在已经成为食品加工生产的热点。并且，人们逐渐开始重视山茱萸的栽培技术，种植方式逐渐成熟，避免了资源浪费，节约了劳动成本，也加快了山茱萸的食品加工产业化的进程。据调查，在食品加工方面，国外对于山茱萸的应用还较少，偶有山茱萸制作药酒、果酱的相关应用研究。我国已经出现的山茱萸加工保健食品有保健酒、保健果冻、果脯、果汁饮料等，另外还有药物口服液，例如安徽黄山的六味地黄口服液、补血口服液。

7.2　研究目的与内容

7.2.1　研究目的与意义

面条是我国人民食用最多的主食之一。目前，随着人们生活水平的提高，快速的生活节奏对食品提出了新的要求，同时人们对于食品的风味、口感等也有新的、较高的需求。现在大中城市的消费者已经越来越多地将目光投入到生鲜面条、半干面条中。山茱萸面条的研究，为保证山茱萸产业的健康发展、保证区域经济的协调发展、有力改善生态环境、提高农产品的附加值提供了一条新的思路，也为地区脱贫治富提供了更多的机会。

山茱萸果实中的主要营养成分多种多样，其中包括碳水化合物、维生素、微量元素以及多种有机酸等。山茱萸中富含多种有机酸，具有抗肿瘤、降血压、抗菌等多种药物作用。山茱萸中富含各种多糖，对人体有极大的益处，能对人体产生药理作用。山茱萸中还含有多种矿物质，经过研究分析表明钙、钾、镁的相对含量较高，可以补充人体必需的矿物质。同时，它还含有铁、锰、锌等微量元素。山茱萸中的维生素含量十分丰富，众所周知维生素在抗衰老方面起着重要作用，这一点深受年轻人喜爱。山茱萸加入食品中对人体健康有极大的有利作用。

山茱萸的生产区较其自然分布区要广得多，全国大约有 10 多个省份。我国目前山茱萸年产量在 8×10^5 kg，其中河南约 55×10^5 kg，名列前茅。南阳是河南山茱萸最大的生产基地。南阳的土地面积较广，有利于生产山茱萸，且劳动力多，价格低廉，具有面粉、面条产业公司，为山茱萸面条的研发提供了有利的保障。

研究山茱萸面条对社会和环境都有重要意义。开展研发山茱萸面条，有利于合理利用野生植物资源，避免资源浪费，可以促进山茱萸种植的规范化、合理化。同时可以带动贫困经济发展，研发的新型产品可以提高地区知名度，并且可以为贫困地区提供更多的工作岗位，使当地人民不再需要外出务工，为贫困地区留下了年轻力量，为帮助国家打赢脱贫攻坚贡献了一份力量。

7.2.2 研究内容

本章以山茱萸面条的研发及其特性研究为主要任务，主要包括山茱萸提取液制备及其降酸、除涩工艺处理，确定山茱萸最佳添加量以及考察山茱萸面条的贮藏品质。

1. 制备提取液

采用超声波辅助的方法提取山茱萸的活性成分，通过查找资料选取合适的时间和功率，可以在短时间内制备大量山茱萸提取液，为后面的试验做准备。

2. 降酸、除涩等工艺处理

在碳酸钾、碳酸钙、碳酸氢钾中选取合适的降酸剂；在明胶、壳聚糖、酪蛋白中选取合适的除涩剂。试验中通过酸度计来检测提取液酸度变化，通过单宁含量来判断涩度，并结合感官鉴评和国家标准有关规定，选择适量的添加剂进行降酸、除涩处理。

3. 选择最佳添加量

在降酸、除涩之后，将不同量的山茱萸浸提液添加到面粉中制作面条，以面条感官评分、蒸煮特性为指标，确定山茱萸的最佳添加量。分析山茱萸面条的感官品质、蒸煮特性等质量参数的变化规律，探究山茱萸对面条品质的影响因素。

4. 探究山茱萸面条的储存品质

通过评价山茱萸面条在储存过程中感官指标、酸度、湿面筋含量、菌落总数、抗氧化能力的变化，探究山茱萸的贮藏品质。

7.3 仪器与材料

试验仪器与设备见表 7.1，试验原料见表 7.2，试验试剂见表 7.3。

表 7.1　试验仪器与设备

仪器名称	生产厂家
FW-100 高能万能粉碎机	北京中兴伟业仪器有限公司
SCIENTZ-ⅡD 超声波细胞粉碎机	济宁科源超声波设备有限公司
RE-52AA 旋转蒸发器	上海亚荣生化仪器厂
TDL-40B 低速大容量离心机	北京海天友诚科技有限公司
LDZM 立式压力蒸汽灭菌器	上海申安医疗器械厂
101-2A 型电热鼓风干燥箱	天津市泰斯特仪器有限公司
SHB-Ⅲ循环水式多用真空泵	郑州长城科工贸有限公司
752N 紫外可见光分光光度计	北京普析通用仪器有限责任公司
CS-B7A 和面机	希派克设备有限公司
MTJ30 压延机	天津市津南区亦盛达机械厂
PHS-3E 型 pH 计	上海仪电分析仪器有限公司
DH4000AB 型电热恒温培养箱	天津市泰斯特仪器有限公司

表 7.2　试验原料

原料名称	生产厂家
小麦粉	河南想念食品股份有限公司
山茱萸	西峡县果泽丰商贸有限公司
食盐	江苏省盐业集团有限责任公司

表 7.3　试验试剂

试剂名称	级别	生产厂家
碳酸钾	食品级	河南万邦实业有限公司
碳酸钙	食品级	盛达生物科技有限公司
酒石酸钾	食品级	河南万邦实业有限公司
壳聚糖	食品级	南京熙美诺生物科技有限公司
明胶	食品级	河南万邦化工有限公司

续表 7.3

试剂名称	级别	生产厂家
酪蛋白	食品级	上海鑫泰实业有限公司
福林酚	分析纯	上海麦克林生化科技有限公司
单宁酸	分析纯	天津市致远化学试剂有限公司
牛血清白蛋白	分析纯	上海麦克林生化科技有限公司
氢氧化钠	分析纯	天津市德恩化学试剂有限公司
氯化钠	分析纯	天津市科密欧化学试剂有限公司
抗坏血酸	分析纯	天津市科密欧化学试剂有限公司
酚酞	分析纯	天津市科密欧化学试剂有限公司
蛋白质胨	生物级别	北京奥博星生物技术有限公司
琼脂粉	生物级别	北京奥博星生物技术有限公司
酵母浸粉	生物级别	北京奥博星生物技术有限公司
葡萄糖	分析纯	天津市科密欧化学试剂有限公司
碘化钾	分析纯	天津市津东天正精细化学试剂厂
碘	分析纯	济南裕诺化工有限公司

7.4 试验方法

7.4.1 小麦粉基本成分测定

1. 参照《食品安全国家标准 食品中水份的测定》（GB/T 5009.3—2016）用直接干燥法对小麦粉的水分含量进行测定。

2. 参照《食品安全国家标准 食品中脂肪的测定》（GB/T 5009.6—2016）使用索氏提取法测定小麦粉的脂肪含量。

3. 使用考马斯亮蓝法对小麦粉的蛋白质含量进行测定。

（1）绘制标准曲线。

蛋白质标准曲线如图 7.2 所示，直线方程为 $y=0.004\ 1x+0.003\ 6$，相关系数 $R^2=0.997\ 8$，标准曲线拟合度较好。

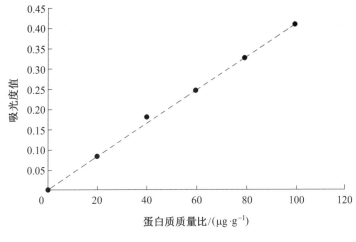

图 7.2　蛋白质标准曲线

（2）样品中蛋白质含量测定。

称取约 2 g 面粉，溶解抽滤后定容为 100 mL，再取 1 支试管加入 1 mL 样品液，加入 5 mL 染料试剂，比色。

7.4.2　制备提取液

采用超声波辅助提取的方法制备山茱萸提取液。取一定量去核干燥的山茱萸果肉，用粉碎机粉碎后装入封口袋密封保存，用蒸馏水和食用乙醇配制体积分数为 53% 的乙醇溶液，备用。取 20 g 山茱萸粉末和体积分数为 53% 的乙醇溶液按 1∶10（质量体积比）的比例混匀，置于超声仪中 50 ℃ 下，超声条件为 300 W，变幅杆为 10，超声处理 12 min。超声辅助提取后，将提取液置于低速大容量离心机中，采用 4 000 r/min 离心 10 min，离心后收取上清液并合并。取 200 mL 上清液置于旋转蒸发仪中浓缩，旋转蒸发时温度为 40 ℃，待浓缩至一定体积后取出溶液，定容至 80 mL，重复多次合并，即所得山茱萸提取液。山茱萸提取液制备后置于 4 ℃ 冰箱内储存，存放时间不超过 4 天。

7.4.3　选取合适的降酸剂及其用量

（1）降酸剂的选取。

准确量取提取液 20 mL，置于洁净干燥的 100 mL 烧杯中并编号。用万分之一电子天平称取三种降酸剂的用量，加入烧杯中，并用玻璃棒匀速搅拌 5 min，待降酸剂全部溶解于提取液即可。降酸剂添加量见表 7.4。取各处理液，用 pH 计测酸度。观察比对降酸效果以及降酸后提取液的酸味、涩味、香气等指标，确定用于提取液降酸的最佳降酸剂以及其用量。

表 7.4　降酸剂添加量　　　　　　　　g/20 mL

降酸剂	编号				
	1	2	3	4	5
碳酸钾	0	0.1	0.2	0.3	0.4
碳酸钙	0	0.1	0.2	0.3	0.4
酒石酸钾	0	0.1	0.2	0.3	0.4

（2）降酸效果感官评价。

采用打分法，请 8 位经过食品专业培训的学生品尝，对各降酸剂的每一添加量处理后的样品的酸度、苦涩感、香气进行打分，以得分为指标，综合判断降酸效果。感官评价标准见表 7.5。

表 7.5　降酸感官评价标准

指标	评分/分	评分标准（分）
酸味	5	口感不酸（5） 口感微酸（3） 口感较酸（1）
涩味	2	口感不涩（2） 口感微涩（1） 口感较涩（0）
山茱萸特有的香气	3	香气浓郁（3） 香气不浓郁（2） 无香气（0）

7.4.4　选取合适的除涩剂及其用量

山茱萸中使口感较涩的主要是单宁，本试验使用比色法测定单宁，通过比对单宁含量变化以及感官评价效果，选取合适的除涩剂及其用量。

1. 绘制单宁酸标准曲线

（1）试剂编号的确定。

取 9 支试管，试剂添加量见表 7.6。

表 7.6　试剂添加量

试剂	编号								
	1	2	3	4	5	6	7	8	9
10 mg/100 mL 单宁酸标准溶液/mL	0	0.1	0.2	0.3	0.4	0.5	0.7	0.9	1.0
10%福林酚试剂/mL	5 mL								
7.5 g/100 mL 碳酸钠溶液/mL	4 mL								
放置 30 min 后在 765 nm 测定吸光度值									

（2）标准曲线的绘制。

单宁酸标准曲线如图 7.3 所示，直线方程为 $y=0.008\,4x+0.024\,9$，相关系数 $R^2=0.997\,2$，标准曲线拟合度较好。

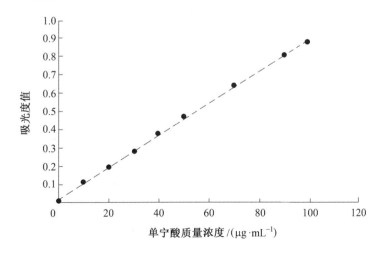

图 7.3　单宁酸标准曲线

2. 选择除涩剂

（1）除涩剂的选取。

准确量取提取液 20 mL，放置于洁净干燥的 100 mL 烧杯内并编号。用万分之一电子天平准确称取降酸剂，按表 7.7 加入烧杯中，用玻璃棒匀速搅拌 5 min，待降酸剂全部溶解于提取液即可。取各处理液 1 mL，加入 5 mL 的质量分数为 10% 的福林酚溶液、4 mL 的 7.5 g/100 mL 碳酸钠溶液，定容至 50 mL，根据标准液比色，计算单宁含量。

表 7.7　除涩剂添加量　　　　　　　　　　　　　　　　　g/20 mL

除涩剂	编号					
	1	2	3	4	5	6
壳聚糖	0	0.05	0.10	0.15	0.20	0.30
明胶	0	0.05	0.10	0.15	0.20	0.30
酪蛋白	0	0.05	0.10	0.15	0.20	0.30

（2）除涩效果感官评价。

采用打分法，请 8 位经过食品专业培训的学生品尝，对各除涩剂的每一添加量处理后的样品的涩味、酸味、香气进行打分，以得分为指标，综合判断除涩效果。感官评价标准见表 7.8。

表 7.8　感官评价标准

指标	评分/分	评分标准（分）
涩味	5	口感不涩（5） 口感微涩（3） 口感较涩（1）
酸味	2	口感不酸（2） 口感微酸（1） 口感较酸（0）
山茱萸特有的香气	3	香气浓郁（3） 香气不浓郁（2） 无香气（0）

7.4.5　选择山茱萸提取液的最佳添加量

将处理后的山茱萸浸提液取不同量添加到面粉中制作面条，以面条感官评分、蒸煮特性为指标，确定山茱萸的最佳添加量。

1. 制作山茱萸面条

技术路线：浸提液+面粉+水+食盐→和面→熟化→压延→切条→鲜湿面→干燥→挂面。

面条制备：从面粉到面条需要经过配粉、和面、面絮熟化、面片复合、连续压延、定长切条、脱水干燥等工艺。

（1）配料。浸提液（0 mL、5 mL、10 mL、15 mL、20 mL、25 mL）+100 g 面粉+水（32 mL、27 mL、22 mL、17 mL、12 mL、7 mL）+1.4 g 食盐。

（2）和面。称取 100 g 小麦粉置于和面机中，加入山茱萸提取液（排序 1、2、3、4、5、6）和水，加入食盐 1.4 g 启动和面机。

（3）熟化。调制后的面絮在 30 ℃恒温箱中恒温 30 min。

（4）压延、切条。连续压延。面絮在辊间距为 4 mm 时压延 4 次，面片复合后压延 3 次，随后调整辊间距 2 mm 时压延 3 次，最后调整辊间距 1 mm 时压面 3 次。切条后面条宽度 1 mm、长度 20 cm。

（5）鲜湿面。自封袋密封，放入冰箱 4 ℃冷藏。

（6）干燥。温度为 40 ℃，相对湿度 65%。

2. 感官评价

将试验所得的山茱萸面条煮至最佳蒸煮时间捞出，并使用流水冲洗 30 s 降温，随后将其置于一次性纸盘中，随机编号，选出 8 位食品专业的经过培训的学生对面条的感官品质进行评价。感官评价指标参照《粮油检验 小麦粉面条加工品质评价》（GB/T 35875—2018）面条质量评价方法。感官评价标准见表 7.9。

表 7.9　感官评价标准

指标	评分/分	评分标准（分）
坚实度	10	软硬适中（8～10）
		稍软或稍硬（7）
		很软或很硬（4～6）
弹性	20	弹性好（15～20）
		弹性一般（10～15）
		弹性差（5～10）
光滑性	10	口感光滑爽口（8～10）
		较光滑（7）
		不爽口（4～6）
酸味	15	口感不酸（12～15）
		口感微酸（10）
		口感较酸（5～7）
涩味	15	不涩（12～15）
		微涩（10）
		较涩（5～7）
表面状态	10	表面光滑透明，结构细密（7～10）
		表面较光滑，透明感不明显（4～6）
		表面粗糙，明显膨胀变形（1～3）
色泽	20	色泽均匀光亮（17～20）
		亮度一般或稍暗（13～16）
		灰暗（9～12）
总分	100	—

3. 测定蒸煮特性

（1）最佳蒸煮时间。

将 20 根面条放入沸水中煮制，同时用秒表计时，从 1 min 开始，每隔 30 s 捞出一根面条平放于玻璃板上，用另一块平滑的玻璃板均匀按压面条，观察面条中间白芯的变化，直至看不到白芯为止，确定挂面的最佳蒸煮时间。

（2）干物质吸水率。

将面条煮制最佳蒸煮时间后捞出，面条放置滤纸上吸取表面水分并静置 5 min，再次称重，按下式计算干物质吸水率：

$$吸水率 = \frac{煮后面条质量 - 挂面质量}{挂面质量} \times 100\% \qquad (7.1)$$

（3）断条率测定。

随机抽取挂面 20 根放入沸水中煮制，用秒表开始计时，达到上述所测最佳蒸煮时间后，数取完整的面条根数，重复试验 3 次，取平均值。按下式计算熟断条率 S：

$$S = \frac{断条数}{20} \times 100\% \qquad (7.2)$$

（4）蒸煮损失率。

在预先恒重的 500 mL 烧杯中加入 200 mL 水，水煮沸后放入 8 g 面条，煮至最佳蒸煮时间将面条取出，将烧杯烘干并恒重。按下式计算面条蒸煮损失率：

$$蒸煮损失率 = \frac{面汤干重}{挂面干重} \times 100\% \qquad (7.3)$$

7.4.6 探究山茱萸面条的贮藏品质

通过对比普通面条和山茱萸面条在储存过程中感官指标、水分、酸度、湿面筋含量、菌落总数、抗氧化能力的变化，探究山茱萸面条的贮藏特性。探究评价第 1 天、3 天、5 天、7 天的面条。

1. 湿面筋含量测定

参照《小麦和小麦粉面筋含量》（GB/T 5506.1—2008）中湿面筋测定法（水洗法）的方法进行测定。用氯化钠洗涤，直至面筋中挤出的水遇碘液无蓝色反应为止。

2. 菌落总数测定

（1）山茱萸提取液的抑菌试验。

采用滤纸片法探究山茱萸提取液的抑菌效果。取 4 种菌种，分别为金黄色葡萄菌、大肠杆菌、酵母菌、黑曲霉菌。将滤纸剪成直径 5 mm 的圆形纸片，灭菌后干燥，将滤纸片浸泡于山茱萸提取液中 4 h，取出干燥，备用。在培养皿中倒入培养基，待培养基凝固后，用移液器移取 100 μL 菌液到培养皿中，使其均匀分布。做平行试验。盖上盖子，将培养皿翻转。含黑曲霉菌培养基置于 28 ℃培养箱培养 2 天，其他菌置于 32 ℃培养箱培养 1 天。

（2）面条的菌落总数测定。

参照《食品安全国家标准 食品微生物学检验 菌落总数确定》（GB 4789.2—2016）测定菌落总数。样品液稀释 100 倍。

3. 抗氧化能力测定

取浸提液加入 pH 为 6.6 的磷酸盐缓冲溶液 2.5 mL，以及 2.5 mL 质量分数为 1% 的 $K_3[Fe(CN)_6]$ 溶液，在 40 ℃的水浴锅中水浴 30 min，之后加入质量分数为 10% 的三氯乙酸 2.5 mL。取上述溶液 5 mL，加入 2.5 mL 质量分数为 0.1% 的 $FeCl_3$ 溶液和 4 mL 蒸馏水，放置 3 min。用蒸馏水作为标准液，在 700 nm 处比色，测其吸光度值为 A_i，吸光度 A_0 为蒸馏水替代浸提液测得，1 mg/mL 的维生素 C 溶液作为阳性对照。总抗氧化能力按式（7.4）计算：

$$总抗氧化能力 = A_i - A_0 \tag{7.4}$$

7.5　结果与分析

7.5.1　小麦粉基本成分测定结果

小麦粉基本成分测定结果见表 7.10，小麦粉的水分、脂肪与蛋白质质量分数符合国家标准。

表 7.10　小麦粉基本成分测定结果

指标	质量分数/%
水分	13.8
脂肪	2.17
蛋白质	0.96

7.5.2　降酸剂的选取

将三种降酸剂加入山茱萸提取液中，测得的 pH 如图 7.4 所示。随着降酸剂的增加，提取液的 pH 随之增大，且加入酒石酸钾 pH 增加缓慢，加入碳酸钾和碳酸钙的 pH 增加较快。所以由图可得，碳酸钾及碳酸钙的降酸效果较好，酒石酸钾的降酸效果较差，且酒石酸钾成本较高。在试验过程中发现碳酸钙降酸处理后易生成沉淀，结合表 7.11 的感官评价可得，添加碳酸钙对口感影响较大，碳酸钾影响较小，所以选取碳酸钾作为降酸剂，且最佳添加量为 0.2 g/20 mL。

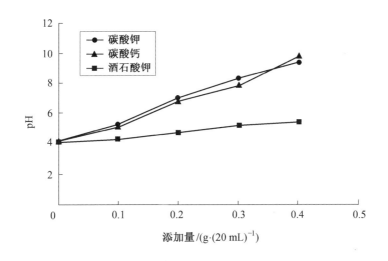

图 7.4　降酸剂的筛选

表 7.11　降酸剂的感官评价　　　　　　　　　　　　分

降酸剂	编号（添加量）				
	1(0)	2(0.1 g·(20 mL))$^{-1}$	3(0.2 g·(20 mL))$^{-1}$	4(0.3 g·(20 mL))$^{-1}$	5(0.4 g·(20 mL))$^{-1}$
碳酸钾	4.2	5.0	8.4	6.8	3.8
碳酸钙	4.2	4.8	7.3	5.4	3.2
酒石酸钾	4.2	4.5	5.2	6.5	5.6

7.5.3 除涩剂的选取

由图 7.5 可见，随着除涩剂的增加，单宁质量比减少。其中壳聚糖对单宁质量比影响较大，明胶和壳聚糖对单宁质量比影响较小。从整体来看，单宁质量比变化都较小，不能仅靠单宁质量比来判断涩味。结合感官评价，由表 7.12 可以得到壳聚糖添加量为 0.15 g/20 mL 时口感较好。所以选择壳聚糖作为除涩剂，最佳添加量为 0.15 g/20 mL。

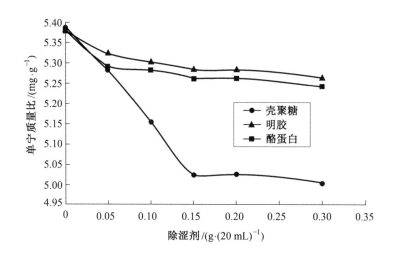

图 7.5　除涩剂的筛选

表 7.12　除涩剂的感官评价　　　　　　　　　　　　　　　　　　分

除涩剂	编号（添加量）					
	1(0)	2(0.05 g·(20 mL))⁻¹	3(0.1 g·(20 mL))⁻¹	4(0.15 g·(20 mL))⁻¹	5(0.2 g·(20 mL))⁻¹	6(0.3 g·(20 mL))⁻¹
壳聚糖	3.9	6.5	7.5	8.6	8.0	7.8
明胶	3.9	4.5	5.4	6.5	6.7	6.6
酪蛋白	3.9	5.3	6.2	7.3	7.4	7.0

7.5.4　确定山茱萸提取液的最佳添加量

1. 感官评价结果

如图 7.6 所示，普通面条的感官评分为 96.48 分，随着山茱萸添加量的增加，感官评分逐渐减小，面条的口感品质下降；在添加量为 15 mL 时，面条感官评分为 94.12 分，但添加量为 20 mL 时，感官评分为 89.56 分，之后评分都在 90 分以下，面条感官品质下降较快，以在感官品质影响不大的条件下尽量选择较多的添加量为原则，选择添加量为 15 mL。

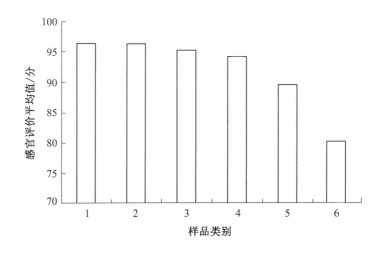

图 7.6　感官评价结果

2. 蒸煮特性结果

如图 7.7 所示，面条最佳蒸煮时间随着山茱萸的添加上下浮动，且变化不大，说明山茱萸的增加对最佳蒸煮时间影响较小。湿面条最佳蒸煮时间在 4～5 min 内浮动，干面条最佳蒸煮时间在 7 min 左右浮动。

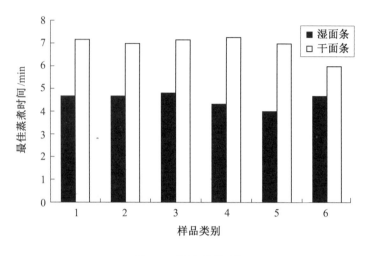

图 7.7　最佳蒸煮时间

如图 7.8 所示，干面条的干物质吸水率始终高于湿面条，因为湿面条含水量较高。以干面条为例，当山茱萸添加量为 0 mL 时，干物质吸水率为 105.9%，随着山茱萸提取液的增加，干物质吸水率逐渐增大，当山茱萸添加量为 25 mL 时，干物质吸水率为 143.2%。所以山茱萸提取液的添加对干物质吸水率影响较大。原因是山茱萸富含多糖和矿物质，而糖和矿物质都具有吸水性，所以会导致面粉吸水量减少，所以面条的干物质吸水率会增加。

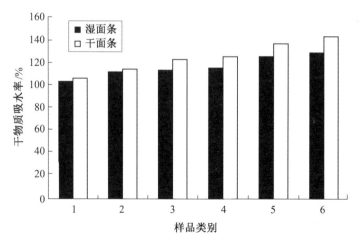

图 7.8　干物质吸水率

如图 7.9 所示，随着山茱萸提取液的增加，干面条与湿面条的断条率都增大，在山茱萸提取液添加较少时断条率变化较小。由上述得知，随着山茱萸提取液的增加，面粉含水量越来越少，在面粉制作面条的过程中会导致面筋含量形成较少，导致面条较松散，所以面条在煮制时断条率增大。

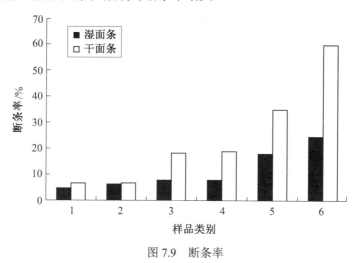

图 7.9　断条率

如图 7.10 所示，干面条的蒸煮损失率始终大于湿面条，且随着山茱萸提取液的增加，面条的蒸煮损失率增大，山茱萸提取液增加越多，蒸煮损失率增长越快。结合上述的山茱萸面条较普通面条更松散，在煮制时会损失更多，并且断条率越来越高，在断条的过程中也会带走一些物质，所以蒸煮损失率越来越高。

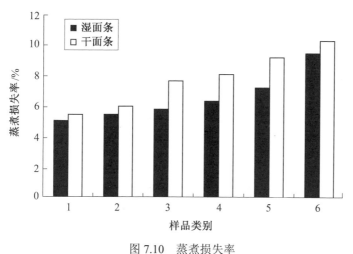

图 7.10　蒸煮损失率

7.5.5 山茱萸面条感官评价结果

普通面条的感官评分在第 1 天时高于山茱萸面条，由图 7.11 可以看出，在第 2 天时出现交叉点，从第 3 天以后，山茱萸面条的感官品质开始优于普通面条。从整体看，随着时间延长，普通面条和山茱萸面条的感官品质都下降，但普通面条的感官品质下降速率较快，山茱萸面条在第 1～5 天之间感官品质变化较小，在第 5～7 天感官品质变化较大。说明山茱萸的添加减缓了面条感官品质的下降。

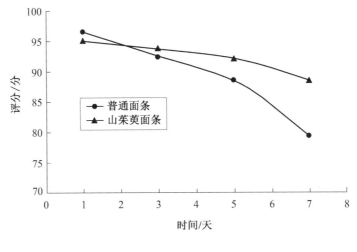

图 7.11　面条感官评价

7.5.6 山茱萸面条水分测定结果

随着储存天数增加，普通面条和山茱萸面条水分减少。但山茱萸面条水分减少速率较缓慢，原因是山茱萸富含的多糖具有亲水性，可以减少水分损失。面条水分测定如图 7.12 所示。

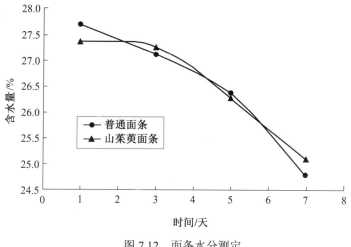

图 7.12　面条水分测定

7.5.7　山茱萸面条酸度测定结果

普通面条的酸度一直高于山茱萸面条，且随着贮藏期的延长，酸度值增加。最开始普通面条的酸度值较高，因为山茱萸面条加入了降酸剂，储存前几天酸度值增长较后几天缓慢，且普通面条增长速率高于山茱萸面条。因为山茱萸面条具有抑菌作用，可抑制微生物生长繁殖，所以菌落总数较少；而普通面条微生物较多，其生长繁殖产生代谢废物偏酸性，会导致面条酸度增长。面条酸度测定如图 7.13 所示。

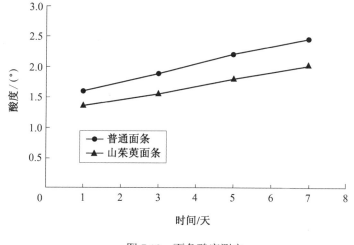

图 7.13　面条酸度测定

7.5.8　山茱萸面条湿面筋质量分数测定结果

普通面条第 1 天的湿面筋质量分数为 24.99%，山茱萸面条第 1 天的湿面筋质量分数为 24.58%，随着储存天数的增加，湿面筋质量分数降低，普通面条降低速率大于山茱萸面条。最初山茱萸面条所含湿面筋较少，因为山茱萸面条相较于普通面条含水量较少，导致面筋生成率低；之后湿面筋质量分数降低也因为水分含量减少，并且随着储存天数的增加，微生物数量增多，微生物生长繁殖会破坏蛋白质结构，使湿面筋生成量减少。山茱萸面条的湿面筋质量分数降低速率低于普通面条，因为山茱萸富含的多糖具有亲水性，水含量减少缓慢，湿面筋损失较少，并且山茱萸面条对于微生物繁殖有抑制作用，可以防止蛋白质被破坏。湿面筋质量分数测定如图 7.14 所示。

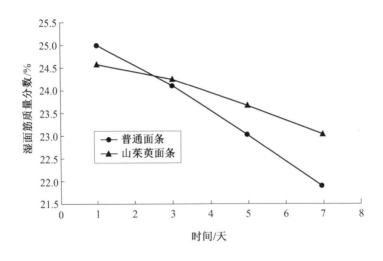

图 7.14　湿面筋质量分数测定

7.5.9　山茱萸面条菌落总数测定结果

1. 抑菌效果

由表 7.13 可知，山茱萸提取液有明显的抑菌作用，其中含金黄色葡萄球菌的培养基抑菌圈直径为 23 mm，含大肠杆菌的培养基抑菌圈直径为 15 mm，说明山茱萸提取液对金黄色葡萄球菌抑菌作用最大，其次是大肠杆菌，对酵母菌亦有抑菌作用，但抑菌作用较小，含黑曲霉菌的培养基没有出现抑菌圈，说明山茱萸提取液对黑曲霉菌没有抑菌作用。

表 7.13　抑菌效果

菌种	抑菌圈直径/ mm
金黄色葡萄球菌	23
大肠杆菌	15
酵母菌	10
黑曲霉菌	0

2. 菌落总数测定结果

由图 7.15 可知，随着储存时间的延长，面条的菌落总数增加。但山茱萸面条较普通面条增长速度明显减缓。在第 1 天普通面条菌落总数为 300 cfu/mL，而山茱萸面条为 100 cfu/mL；在第 7 天，普通面条菌落总数为 3 000 cfu/mL，而山茱萸面条为 1 500 cfu/mL，山茱萸面条的贮藏特性明显优于普通面条。原因是山茱萸提取液有明显的抑菌作用。

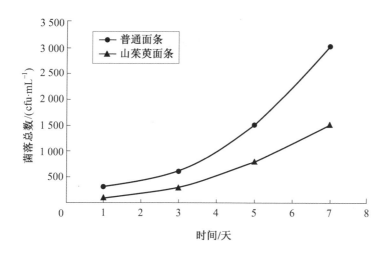

图 7.15　面条菌落总数的测定

7.5.10 抗氧化能力测定结果

以维生素 C 为参照物，由图 7.16 可知，两种面条的抗氧化值都较小，但山茱萸面条的抗氧化值稍大于普通面条，山茱萸面条相对普通面条有更强的抗氧化能力。但因为山茱萸提取液添加较少，山茱萸面条的抗氧化能力不高。

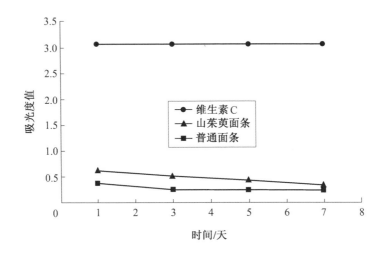

图 7.16　面条抗氧化能力的测定

7.6　本章小结

通过试验，选取了合适的降酸剂、除涩剂及其用量，降酸除涩后将山茱萸提取液加入面粉中制作面条，并确定了山茱萸提取液的最佳添加量，最终对山茱萸面条的贮藏特性进行探究，结论如下：

（1）选取碳酸钾作为降酸剂，最优添加量为 0.2 g/20 mL。碳酸钾相较于其他降酸剂，降酸效果较好且价格低廉，易于溶解，加入提取液中对口感影响较小，不会对溶液本身的香气产生影响，但加入过量会有涩感和刺喉感。通过对比降酸效果，并且结合感官评价最终选取 0.2 g/20 mL 作为最优的添加量。

（2）选取壳聚糖作为除涩剂，最优添加量为 0.15 g/20 mL。壳聚糖相较于明胶、酪蛋白更容易溶解，通过试验表明三种除涩剂对单宁含量影响都较小，结合感官评价发现，明胶并不能减少涩味，酪蛋白除涩效果也较差，壳聚糖相较两者除涩效果较好。壳聚糖增加过多也会对口感产生影响，且增加过多并不能除去更多的涩味。最终选取 0.15 g/20 mL 作为最优添加量。

（3）山茱萸提取液的最佳添加量为 15 mL/100 g。结合感官评价和山茱萸面条的蒸煮特性，每 100 g 面粉中添加 15 mL 山茱萸提取液之后的感官品质与蒸煮特性都较差，所以最终选取 15 mL/100 g 为最佳添加量。

（4）山茱萸面条的贮藏特性优于普通面条。随着贮藏期的延长，山茱萸面条相较于普通面条而言，其感官品质受影响较小；山茱萸面条相对于普通面条还具有一定的抑菌作用和抗氧化能力，抑菌作用较强，抗氧化能力较弱。

第8章　功能面条的研发

8.1　概　　述

目前，我国各地都在强力打造传统食品。比如河南省在 2018 年下发的《关于大力发展粮食产业经济加快建设粮食产业经济强省的实施意见》指出，将在 2025 年初步建成现代粮食产业体系，并全力打造"河南好面""河南好油"两大品牌。2020年 4 月，又发布了《关于促进中医药传承创新发展的实施意见》等。

整体来看，以药食同源物质为特色开发的食品存在产品功能定位不明晰，缺乏市场主导产品，生产工艺、技术水平较低，创新能力较弱等问题，这严重制约了我国药食同源物质的多元化发展。具体到挂面的开发，目前存在的主要问题如下。

1. 挂面整体品质有待提高

由于药食同源物质成分复杂，含有的淀粉等组分还会破坏小麦面筋蛋白的网络结构，导致面团加工属性变差，挂面口感差、易浑汤、复水时间长且不均匀、无弹性、质地酥脆易折断、抗弯强度差等。

2. 缺乏功效评价

多数研究都是将具有保健功能的药食同源物质或活性提取物加入面粉制备保健功能挂面，没有考虑到这些活性成分在和面、压延、干燥等挂面加工过程中，是否与面粉组分、添加的盐类、食用碱等发生反应，活性成分是否因分散到面条中浓度被稀释而失去保健效果也不得而知，缺乏对最终产品实际功效的评价。

3. 新产品研发能力不足

虽然河南省发展了一批规模化挂面加工企业，但其产品仍以传统、低档产品为主，中、高档产品比例占总销售量的约 10%。目前市场上的新型挂面主要是杂粮面、花色挂面，最缺乏基于药食同源物质配伍的功能面，添加药食同源物质的功能挂面比例还不足 1%，类别也仅限于山药、大枣等大宗药食同源物质，添加量主要由挂面质构和食用品质决定，缺少诸如黄精、葛根、山茱萸、茯苓等在传统医学思想指导下的配伍，产品功能微弱且单一、附加值低、经济效益差，迫切需要加强传统医学配伍原则指导下的新产品研发科技团队的建立和资金投入支持，以提高产品附加值，使产品结构多元化、系列化，形成具有自主知识产权的自有品牌，提高企业的经济效益。

4. 产品不够增位化

河南省挂面企业在添加各种天然食品原料生产具有良好风味的保健功能型挂面产品方面缺乏技术创新，由于科研投入不足，此类挂面加工工艺、原理、品质形成理论不清，导致了此类挂面制品现代化生产进展缓慢，严重限制了我国食品工业的发展和国内、国际知名品牌的形成，增加非传统挂面理论研究投入，阐明其机理，加速功能挂面制品现代化生产步伐，对促进我国方便面制品工业乃至食品行业的发展均具有极其重要的意义。

8.2　研究目的与内容

8.2.1　研究目的与意义

研究目的如下：

（1）确定具有增强免疫力功效的挂面配方，开发出一种挂面新产品。

（2）通过关键技术研究，明显改善挂面的无弹性、易浑汤、易酥条、复水时间长且不均匀等质量问题，使其整体评分提高 50% 以上。

（3）明确挂面对小鼠细胞免疫功能和体液免疫功能的实际功效。

正常的机体免疫系统可有效防止病原体入侵，维持生命体的正常运转和生理平衡。但是随着社会、科技的快速发展，沉重的生活、工作压力导致人们自身机体免疫力显著下降。由于很难针对性治疗，所以食用功能性食品来提升自身的免疫力就成为大部分人的选择。我国批准的保健食品 27 种功能中排在首位的就是增强免疫力，目前市场上比较缺乏以传统主食和药食同源物质为载体的提高免疫力的食品，因此，开发一款具有提高免疫力功效的主食化食品意义重大。

8.2.2 研究内容

1. 基础配方的确定

针对河南省丰富的药食同源物质和挂面产品品种少、产品附加值低等现状，对现有药食同源物质进行挖掘，基于挂面良好的食用品质和增强免疫力的功效筛选出适合挂面加工的5～7种植物，依据我国传统医学"相须、相使、相畏、相杀、相恶、相反"的原则对药食同源物质配伍，通过研究面粉特性、面团特性，确定药食同源物质/面粉的最佳比例及加水量，得到挂面基础配方。

2. 挂面品质的优化

药食同源物质含有淀粉、粗纤维、多糖、皂苷、黄酮、维生素等成分，影响面团的加工属性，往往导致挂面口感差、易浑汤、复水时间长且不均匀、无弹性、易酥条等品质问题，需对挂面品质进行改良和优化。

3. 功效评价

以动物学试验为基础，考察小鼠的脾脏/体重比值和胸腺/体重比值、细胞免疫功能（包括小鼠脾淋巴细胞转化试验和迟发型变态反应试验）、体液免疫功能（抗体生成细胞检测和血清溶血素测定试验）、单核-巨噬细胞功能和NK细胞活性的变化规律，探究挂面的实际功效。

具体研究路线如图8.1所示。

8.3　仪器与材料

主要试验材料与试剂见表8.1，主要仪器和设备见表8.2。

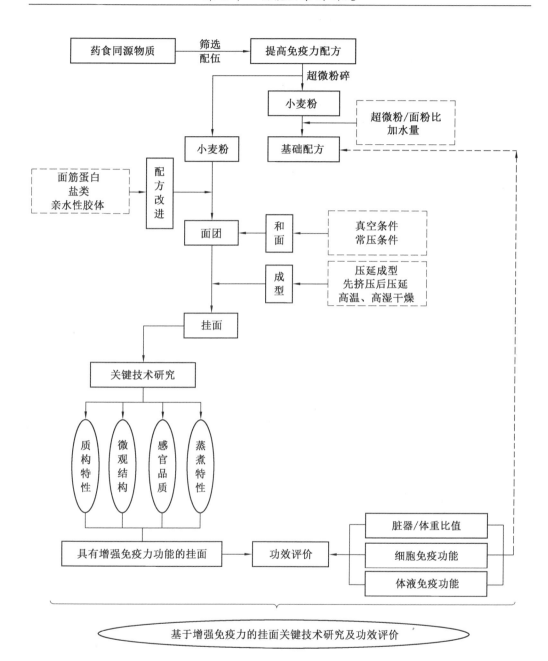

图 8.1 技术路线

表 8.1 主要试验材料与试剂

序号	名称	生产厂商
1	小麦特一粉	想念食品股份有限公司
2	山药	河南张仲景大药房股份有限公司
3	白扁豆	河南张仲景大药房股份有限公司
4	西洋参	河南张仲景大药房股份有限公司
5	茯苓	河南张仲景大药房股份有限公司
6	黄精	河南张仲景大药房股份有限公司
7	谷朊粉	河南瑞仁生物工程有限公司
8	石油醚	淄博磐信医药化工有限公司
9	浓硫酸	天津市科密欧化学试剂有限公司
10	蔗糖脂肪酸酯	河南糖柜食品有限公司
11	转谷氨酰胺酶（TG）	河南糖柜食品有限公司
12	SPF 级雄性昆明小鼠	江西诺禾致源生物有限公司
13	小鼠饲料	江西诺禾致源生物有限公司
14	二硝基氟苯（DNFB）	天津市科密欧化学试剂有限公司
15	2%（体积分数）绵羊红细胞（SRBC）悬液	江西诺禾致源生物有限公司
16	印度墨汁	海哈灵生物科技有限公司
17	Hank's 液	美国 Sigma 公司
18	鸡红细胞	江西诺禾致源生物有限公司
19	Giemsa 染液	美国 Sigma 公司
20	其他试剂均为分析纯	

表 8.2　主要仪器和设备

序号	试验仪器	型号	生产厂商
1	电热恒温干燥箱	DHG9036A	杭州菲跃仪器有限公司
2	紫外-可见分光光度计	752N	上海仪电分析仪器有限公司
3	面筋离心指数测定仪	MJ-111A	浙江托普云农科技股份有限公司
4	圆形验粉筛	JJSY30×8	浙江托普云农科技股份有限公司
5	恒温水浴锅	HH-2	上海力辰仪器科技有限公司
6	分光测色仪	WFS-3B	上海仪电分析仪器有限公司
7	气流超微粉碎机	RT-25	北京锟捷玉诚机械设备有限公司
8	低温真空冷冻干燥机	LGJ-10	北京松源华兴科技发展有限公司
9	粉质仪	Farinograph E	德国布拉本德公司
10	拉伸仪	Extensongraph E	德国布拉本德公司
11	快速黏度分析仪	RVA-4	北京微讯超技仪器技术有限公司
12	差示扫描量热仪	Q20	美国 TA 仪器公司
13	流变仪	DHR-1	美国 TA 仪器公司
14	和面机	SSD-30	广东乐创厨具公司
15	试验面条机	JMTD168/140	北京东孚久恒仪器技术有限公司
16	质构仪	TA-XT2i	英国 Stable Micro System 公司
17	场发射扫描电子显微镜	JSM-7900F	日本电子株式会社
18	核磁共振成像分析仪	mq20	苏州纽迈电子科技有限公司
19	烘干除湿一体机	1P	广州真麦机械设备有限公司
20	CO_2 培养箱	CB160	美国宾德生物集团
21	全自动酶标仪	ELX800	美国博泰克公司
22	纯水制备仪	Pacific	美国赛默飞世尔科技有限公司

8.4　试验方法

8.4.1　原材料基本成分的测定

（1）水分含量的测定：参照美国谷物化学家协会标准（AACC 44—15.02）所述方法测定。

（2）蛋白质含量的测定：参照美国谷物化学家协会标准（AACC 46—13.01）所述方法测定。

（3）脂肪含量的测定：参照美国分析化学家协会标准（AOAC 922.06）所述方法测定。

（4）淀粉含量的测定：参照美国分析化学家协会标准（AACC 76—13.01）所述方法测定。

（5）灰分含量的测定：参照美国分析化学家协会标准（AACC 08—01.01）所述方法测定。

（6）多糖含量的测定：参照苯酚-硫酸法进行测定。

（7）总糖含量的测定：采用蒽酮比色法进行测定。

（8）粗纤维含量的测定：参考《植物类食品中粗纤维的测定》（GB/T 5009.10—2003）所述方法。

8.4.2　药食同源物质的筛选及预处理

以我国卫健委公布的药食同源物质为筛选对象，遵循"相须、相使、相畏、相杀、相恶、相反"的配伍原则，最终筛选出适合挂面加工的五种药食同源物质为黄精、白扁豆、山药、茯苓和西洋参（图 8.2），将上述药食同源物质除杂、清洗、烘干、切片后超微粉碎，并按 2∶2∶2∶2∶1 的质量比进行配伍。

（a）黄精　　　　　　　　　　　（b）白扁豆

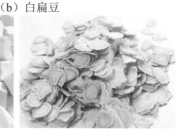

（c）山药　　　　　　　（d）茯苓　　　　　　　（e）西洋参

图 8.2　五种药食同源物质

8.4.3 混合粉的制备

取配伍后的药食同源物质超微粉与小麦特一粉装入自封袋进行混合，药食同源物质超微粉与特一粉的比例（记为 D∶W）见表 8.3，保留适量空气后密封，不断摇晃袋内面粉混合至均匀，然后置于恒温箱复水一段时间，待水分含量为 14%±0.2% 时停止复水，然后将样品放于密封袋中备用。

表8.3 混合粉的比例构成

粉样	0	1	2	3	4
D∶W	0∶10	1∶9	2∶8	3∶7	4∶6

8.4.4 混合粉色泽的测定

采用分光测色法对样品色泽进行测定。取适量各比例混合均匀的粉样，用镜片压平粉样表面，随机取三处置于色差仪镜头下，进行混合粉色差分析，记录 L^*、a^* 和 b^* 值。

8.4.5 混合粉糊化特性的测定

称取 3.5 g（14%湿基）的面粉，加入 25 mL 蒸馏水，测试时间为 13 min。升温程序采用标准程序 1（Std 1），即起始温度 50 ℃，糊化阶段温度从 50 ℃升至 95 ℃，耗时 4 min 32 s，然后 95 ℃下保持 3 min 30 s，随后在 3 min 48 s 时间内降温至 50 ℃，最后 50 ℃下保持 2 min。得到起始糊化温度、峰值黏度、崩解值、最终黏度、低谷黏度、回生值以及峰值时间等参数值。

8.4.6 混合粉粉质、拉伸特性的测定

参照《粮油检验 小麦粉面团流变学特性测试 粉质仪法》（GB/T 14614—2019），采用 Brabender 粉质仪，按照小麦粉粉质特性分析法对混合粉粉质参数进行测定。

参照《粮油检验 小麦粉面团流变学特性测试 拉伸仪法》（GB/T 14615—2019），采用 Brabender 拉伸仪，按照小麦粉拉伸特性分析法对混合粉拉伸参数进行测定。

8.4.7　混合粉面团动态流变学特性的测定

采用振荡模式下的频率扫描评价面团的流变学特性，具体步骤为：通过和面工艺制成的面团置于 25 mm 圆形平板上，设置平行板间距为 1 050 μm，刮掉平板周围多余的面团，在 25 ℃下对样品进行小振幅振荡测试，频率范围调整为 0.1～100.0 rad/s，应变振幅设为 0.02%，此值在所测样品的线性黏弹性区域范围内。得到 G' 及 G'' 随频率的变化曲线。

8.4.8　混合粉热特性的测定

准确称取 3.0 mg 的混合粉样品到铝盘中，用微量进样器加入 6 mL 的去离子水，密封铝盘，在室温下平衡 2 h。先用金属铟校正仪器，测试时以空铝盒做空白，扫描温度范围设为 30～120 ℃，升温速率为 10 ℃/min，氮气流速调整为 40 mL/min。根据热力学曲线图谱记录的热力学参数如下：起始糊化温度（T_0）、峰值糊化温度（T_p）、终止糊化温度（T_c）和糊化热焓值（ΔH），糊化温度范围 R 为 T_c 与 T_0 之差。

8.4.9　面条的制备

面条的制备工艺如图 8.3 所示。

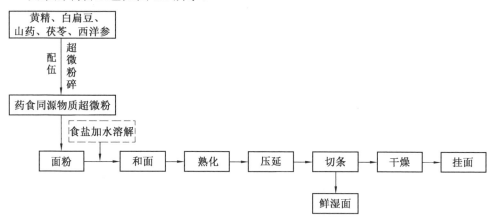

图 8.3　面条的制备工艺

1. 鲜湿面条

取 100 g 面粉和 1.5 g 食盐，加入蒸馏水后启动和面机开始和面得到面絮，加水量为吸水率（样品吸水率由粉质仪确定）的一半，将面絮用四层湿纱布封盆口 30 ℃ 恒温箱中恒温熟化 30 min，然后用试验面条机压面，辊间距为 2.5 mm 压面一次，三折合片后压面一次，两折合片后压面一次。随后调整辊间距为 1.5 mm，压面 3 次，调整辊间距为 1 mm，并压面 3 次，第 3 次时直接用 2 mm 宽的面刀切条。

2. 挂面

将湿面条挂在圆木棍上，放入烘干除湿一体机内（温度 40 ℃、相对湿度 70%）干燥，干燥条件设置见表 8.4，干燥完成后在室温条件下复酥 18 h 后切条，装入自封袋中备用。

表 8.4　挂面的干燥条件设置

阶段	温度/℃	湿度/%	时间/min
预干燥	30	85	45
主干燥	45	75	135
完成干燥	30	55	60

8.4.10　面条色泽的测定

为方便操作，可选择未切条但工艺一致、厚度一样的面片代替面条进行色泽测试。在面片中色泽均匀、无明显杂质的部位取样，对色泽均匀性的测定则是随机取面片的 10 个不同部位测定色泽，以 10 次测定值的标准差 SD 表示其色泽均匀性，分别记为 SD_{L*}、SD_{a*}、SD_{b*}，数值越大，色泽均匀性越差。

8.4.11　挂面蒸煮品质的测定

1. 最佳蒸煮时间

将 20 根挂面放入 400 mL 沸水中煮制，同时用秒表计时，保持水始终处于微沸状态。从 1 min 开始，每隔 10 s 捞出一根面条平放于玻璃板上，马上用另一块透明、平整的玻璃板均匀按压面条，观察面条中间白芯的变化，直至看不到白芯为止，确定挂面的最佳蒸煮时间。

2. 熟断条率测定

用电磁炉加热 500 mL 水至沸腾，保持水的微沸状态。随机抽取挂面 20 根，放入沸水中，用秒表开始计时。达到所测最佳蒸煮时间后，用筷子将面条轻轻挑出，计数完整的面条根数，重复试验 3 次，取平均值。按下式计算熟断条率 S：

$$S = \frac{段条数}{20} \times 100\% \tag{8.1}$$

3. 蒸煮损失率

在预先恒重的 500 mL 烧杯中加入 250 mL 水，水煮沸后放入 15 g 面条，将面条煮至最佳蒸煮时间时将面条取出，面汤继续加热，加热过程中不断用筷子搅拌面汤，并确保加热过程中无液体溢出，当面汤中的大部分水分蒸发之后，将烧杯移入 102 ℃ 干燥箱中烘干并恒重。按下式计算面条蒸煮损失率：

$$蒸煮损失率 = \frac{面汤干重}{挂面干重} \times 100\% \tag{8.2}$$

4. 干物质吸水率

以最佳蒸煮时间煮制后将面条捞出，面条放置滤纸上吸取表面水分并静置 5 min，再次称重，按下式计算干物质吸水率：

$$吸水率 = \frac{煮后面条质量 - 挂面质量}{挂面质量} \times 100\% \tag{8.3}$$

5. 耐煮性

参照施悦的研究方法评价挂面的耐煮特性。

8.4.12 挂面质构的测定

取 10 g 挂面放入 400 mL 沸水中煮至最佳蒸煮时间，马上捞出并用冷水冲洗后测试。用英国 Stable Micro Systems 公司的 TA. XT. plus 型质构仪测试其质构（Texture Profile Analysis，TPA）特性。采用平头长方形探头（Pasta Firmness/Stickiness Rig Code HDP/PFS），应力：70%，TPA 根据两次按压的力-时间曲线面积计算。测试前速度：2.0 mm/s；测试速度：0.8 mm/s；测试后速度：0.8 mm/s；触发类型：自动模式-5 g；每次随机放 2 cm 长的 3 根面条，至少做 5 组。两次压缩之间的时间间隔为 1 s。触发类型为 3 g，其余条件同上。TPA 试验的特征曲线如图 8.4 所示，TPA 试验参数和定义见表 8.5。

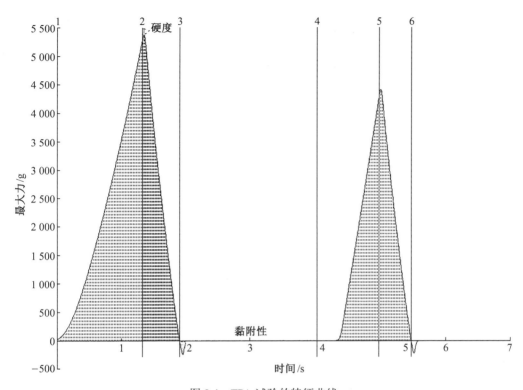

图 8.4　TPA 试验的特征曲线

表 8.5　TPA 试验参数和定义

参数	定义
硬度	压缩面条厚度达 70%所需要的力，图 8.4 中第一个峰值对应的力，g
弹性	垂线 4、5 之间的时间与垂线 1、2 之间的时间之比
黏附性	垂线 3、4 之间的曲线与横坐标所包围的面积
胶着性	硬度与黏结性的乘积
黏结性	垂线 4、6 之间的曲线与垂线 1、3 之间的曲线分别与横坐标围成的面积的比值
咀嚼性	胶着性与弹性的乘积
回复性	垂线 2、3 之间的曲线与垂线 1、2 之间的曲线分别与横坐标围成的面积的比值

8.4.13 挂面拉伸、剪切特性的测定

选择 Code A/SPR 探头测定面条的拉伸。取一根没有明显裂纹的面条，两端分别缠绕固定（至少缠绕两圈）在探头的上下滚轴上，缠好的面条松紧度适宜。测试前速度：2 mm/s；测试速度：2 mm/s；测试后速度：30.0 mm/s；触发类型：自动模式-5 g；距离：100 mm。质构仪拉伸试验参数和定义见表 8.6，拉伸试验的质地特征曲线如图 8.5 所示。

表 8.6　质构仪拉伸试验参数和定义

参数	定义
拉断力	即阻力，面条被拉断瞬间产生的最大阻力，g
抗伸距离	即距离，面条被拉断时的延伸距离，mm

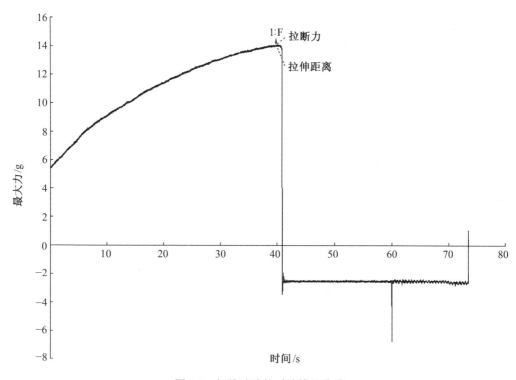

图 8.5　拉伸试验的质地特征曲线

取水煮后的面条 5 根并排放在测试平台上，面条之间保留一定的距离，用 Code A/LKB-F 型探头测试。测试前速度：1 mm/s；测试速度：0.8 mm/s；测试后速度：10.0 mm/s；应力：90%；触发类型：自动模式-5 g；试验至少做 5 组，每组三根面条。得到的质地特征曲线如图 8.6 所示，曲线峰值表示最大剪切力，对应面条的硬度。图中曲线包围的面积表示探头在穿刺面条过程中所做的功，此值越大，面条韧性就越大。质构仪剪切试验参数和定义见表 8.7。

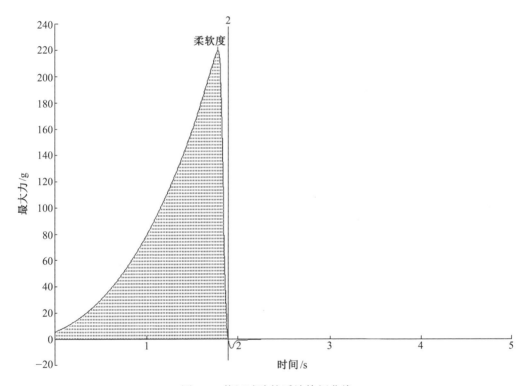

图 8.6 剪切试验的质地特征曲线

表 8.7 质构仪剪切试验参数和定义

参数	定义
最大剪切力	即应力，剪切面条的厚度达 90%所需的力，g
剪切力做功	即剪切力做的功，垂线 1、2 之间曲线与横坐标围成的面积，g/s

8.4.14 挂面微观结构的观察

面条经过自然干燥和冷冻干燥后，掰断成 2~3 cm，横截面尽可能平整，取面条的表面和横截面分别扫描即可。

8.4.15 挂面的感官评定

以煮制后的 0 号挂面为对照，对照组感官评定总分为 80 分，采用标度感官评价法，感官评价小组由 5 位经过专业培训和测试的感官评价员组成。感官评价指标参照《粮油检验小麦粉面条加工品质评价》（GB/T 35875—2018）面条质量评价方法设定并略有修改。感官评价评分标准见表 8.8。

表 8.8　感官评价评分标准

项目	分值/分	评分标准
色泽	10	面条色泽均匀、自然、诱人，表面有光泽（8~10 分）；面条色泽均匀、自然（5~7 分）；面条色泽不均匀、有杂质（1~4 分）
表观状态	10	面条表面均匀光滑，结构紧实（8.5~10 分）；面条表面光滑度和均匀性一般（6~8.4 分）；面条表面粗糙，严重变形（1~5 分）
适口性	20	用牙咬断面条力度适中（17~20 分）；面条略硬或略软（12~16 分）；面条太硬或太软（1~11 分）
韧性	20	面条富有弹性，有嚼劲（17~20 分）；面条较有弹性，较有嚼劲（12~16 分）；面条弹性差、嚼劲差（1~11 分）
黏性	20	面条咀嚼时爽口、不黏牙（17~20 分）；较爽口、稍黏牙（12~16 分）；不爽口、严重黏牙（1~11 分）
光滑性	5	面条光滑（4.2~5 分）；光滑度一般（3~4.1 分）；不光滑（1~2.9 分）
食味	15	兼具麦香味和中药清香味，口感佳，易接受 12~15 分；兼具麦香味和中药清香味，口感一般 9~11 分；没有中药清香味或中药味太浓，口感欠佳 1~8 分
总分	100	

8.4.16　挂面改良的单因素试验

1. 谷朊粉添加量的单因素设计

将谷朊粉加入混合粉制备面条并进行品质测定和感官鉴评，添加量为谷朊粉占总混合粉质量的百分比，设定为 1%、2%、3%、4%、5%，挂面分别记为 1、2、3、4 和 5 号。

2. 黄原胶添加量的单因素设计

将黄原胶加入混合粉制备面条并进行品质测定和感官鉴评，添加量为黄原胶占总混合粉质量的百分比，设定为 0.3%、0.6%、0.9%、1.2%、1.5%，挂面分别记为 1、2、3、4 和 5 号。

3. 蔗糖脂肪酸酯添加量的单因素设计

将蔗糖脂肪酸酯加入混合粉制备面条并进行品质测定和感官鉴评，添加量为蔗糖脂肪酸酯占总混合粉质量的百分比，设定为 0.1%、0.2%、0.3%、0.4%、0.5%，挂面分别记为 1、2、3、4 和 5 号。

4. 转谷氨酰胺酶添加量的单因素设计

将转谷氨酰胺酶加入混合粉制备面条并进行品质测定和感官鉴评，添加量为转谷氨酰胺酶占总混合粉质量的百分比，设定为 0.01%、0.02%、0.03%、0.04%、0.05%，挂面分别记为 1、2、3、4 和 5 号。

8.4.17　挂面改良的正交试验

根据单因素试验结果，筛选出谷朊粉、黄原胶、蔗糖脂肪酸酯、转谷氨酰胺酶 4 种改良剂的较优添加量。对其进行 4 因素 3 水平正交试验设计，确定其最佳配比，正交表试验设计见表 8.9。

表 8.9　L$_9$（3^4）正交表试验设计

挂面编号	谷朊粉	黄原胶	蔗糖脂肪酸酯	转谷氨酰胺酶
1	1	1	1	1
2	1	2	2	2
3	1	3	3	3
4	2	1	2	3
5	2	2	3	1
6	2	3	1	2
7	3	1	3	2
8	3	2	1	3
9	3	3	2	1

8.4.18　和面方式的选择

对挂面配方进行改良后，可得到最佳改良剂组合，在此条件下制备挂面，和面时分别采用普通和面和真空和面两种方式，研究不同和面方式对挂面品质的影响，普通和面条件为：和面机中速搅拌 5 min；真空和面条件为：真空度 0.07 MPa，搅拌 5 min。

8.4.19　成型方式的选择

分别采用压延成型和先挤压后压延两种方式成型，研究不同成型方式对挂面品质的影响，压延成型条件见 2.1.1 节所述，先挤压后压延的条件为：面絮熟化 30 min 后挤压，螺杆转速为 80 r/min，挤压温度为 60 ℃，挤压完成后用刀横向划开得到上下两片面片再压延，调整辊间距为 1.5 mm，压面 3 次，调整辊间距为 1 mm，并压面 3 次，第 3 次时直接用 2 mm 宽的面刀切条。

8.4.20　主干燥条件的选择

将挂面主干燥温度设置为 40 ℃、60 ℃、80 ℃，主干燥阶段的相对湿度设置为 65%、75%、85%，研究不同干燥条件对挂面抗扭断强度和抗弯强度的影响。

1. 抗扭断强度的测定

取厚度相同的挂面，截取 15 cm 长，竖直放于自制测试平台上，将挂面两端固定于平台相应位置，转动挂面的一端直至挂面被扭断。测试模式为 Tension，测试速度为 3.00 mm/s，测试距离为 70.00 mm，触发力为 5.0 g。

2. 抗弯强度的测定

取厚度相同的挂面，截成长度垂直放于物性测定仪专用平台上，用探头将挂面以的速度下压，直至挂面被折断。测试模式为 Compression，测试速度为 1.00 mm/s，测试距离为 25.00 mm，触发力为 5.0 g。

8.4.21 试验动物的饲养与分组

SPF 级雄性昆明小鼠 240 只，体重 18～22 g，饲养条件：动物房温度 18～24 ℃，相对湿度 40%～70%，期间自然采光，自由摄食普通饲料、饮水，于江西诺禾致源生物有限公司动物试验中心进行试验。

适应环境一周后，随机将小鼠分为 6 个大组，每大组 40 只。第 1 组进行脏器/体重比值测定试验；第 2 组进行迟发型变态反应试验；第 3 组进行淋巴细胞转化试验和 NK 细胞活性测定试验；第 4 组进行体液免疫试验（包括抗体生成细胞试验和血清溶血素的测定）；第 5 组进行小鼠碳廓清试验；第 6 组进行小鼠腹腔巨噬细胞吞噬鸡红细胞试验。每个大组又随机分为阴性对照组和低、中、高剂量组，每小组 10 只小鼠。

8.4.22 剂量与给予方式

试验期间小鼠自由进食普通饲料并于每天上午按时经口灌胃 1 次，阴性对照组灌胃等体积灭菌水，低、中、高剂量组按体重灌胃量分别为 2 g/kg、4 g/kg、6 g/kg 的具有增强免疫力的挂面超微粉悬液，每次按 0.2 mL/10 g 的体积给予相应剂量组动物灌胃。连续灌胃 30 天后依据《保健食品检验和评价技术规范》（2003 年版）中有关"增强免疫力功能评价方法"的要求进行各项免疫指标的测定。

8.4.23 脏器/体重比值的测定

试验开始时称量小鼠体重，结束时再次称量小鼠的体重并采取颈椎脱臼法将小鼠处死，取出胸腺和脾脏，称重后计算胸腺/体重比值和脾脏/体重比值。

8.4.24 细胞免疫功能的评价

1. 小鼠迟发型变态反应（Delayed Type Hypersensitivity，DTH）

采用耳肿胀法判定小鼠的迟发型变态反应情况。储存备用。首先对小鼠腹部进行剃须刀脱毛处理，面积大小约 3 cm×3 cm，随后用事先配制好的二硝基氟苯（DNFB）丙酮麻油溶液均匀涂抹使其致敏，5 天后将 DNFB 均匀涂抹于小鼠右耳两面进行攻击，24 h 时处死小鼠，剪下左、右耳，用打孔器取直径为 8 mm 的耳片，称重后计算左、右耳的质量差，记为 DTH 值。

2. Con A 诱导的小鼠淋巴细胞转化试验（MTT 法）

（1）制备小鼠脾细胞悬液。

颈椎脱臼处死小鼠后在无菌条件下取出脾脏，置于含适量无菌 Hank's 液的平皿中，小心研磨脾脏得到细胞悬液，过 200 目筛后用 Hank's 液洗涤并离心（1 000 r/min、10 min），再次洗涤离心后取沉淀物于 1 mL 的完全培养液中，台酚兰染色计数活细胞数（>95%），调整细胞数为 3×10^6 个/mL。

（2）细胞的培养。

将上述细胞悬液分 2 孔加入 24 孔培养板中，每孔 1 mL，一孔作为对照，另一孔加入 75 μL Con A 液（相当于 7.5 μL/mL），置于 5%（体积分数）CO_2、37 ℃的 CO_2 培养箱中培养 72 h。培养结束前 4 h，每孔轻轻吸去上清液 0.7 mL，加入 0.7 mL 不含小牛血清的 RPMll640 培养液，同时以 50 μL/孔的量加入 5 mg/mL 的噻唑蓝（MTT），继续培养 4 h。

（3）光密度值的测定。

培养结束后，每孔加入 I mL 酸性异丙醇并混匀，待紫色结晶完全溶解后分装到 96 孔培养板中，在 570 nm 波长下用酶标仪测定光密度值。

淋巴细胞的增殖能力=加 Con A 孔的光密度值-不加 Con A 孔的光密度值。

8.4.25 体液免疫功能的评价

1. 抗体生成细胞的检测

依据 Jeme 改良玻片法检测抗体生成细胞。于试验结束前 5 天，对小鼠腹腔注射

0.2 mL 的质量分数为 2%的 SRBC 悬液，试验结束时颈椎脱臼处死小鼠后在无菌条件下取出脾脏，置于含适量无菌 Hank's 液的平皿中，小心研磨脾脏得到细胞悬液，过 200 目筛后用 Hank's 液洗涤并离心（1 000 r/min、10 min），再次洗涤离心后将细胞悬液置于 5 mL RPMll640 培养液中，台酚兰染色计数活细胞数（>95%），调整细胞数为 5×10^6 个/mL。用双蒸水配制质量分数为 1%的琼脂糖水溶液并水浴保温，与等量 pH 7.4 双倍浓度 Hank's 液混合后分装入小试管，每管 0.5 mL，向管内加 50 μL 用 SA 缓冲液配制的质量分数为 10%的 SRBC 和 20 μL 脾细胞悬液，迅速混匀后，倾倒于琼脂糖薄层的玻片上，待琼脂凝固后，将玻片水平扣放在片架上，放入 CO_2 培养箱中培养 1.5 h 后用 SA 液稀释的补体加入到玻片架凹槽内，继续温育 1.5 h，计数溶血空斑数。抗体生成细胞数用空斑数/10^6 脾细胞表示。

2. 血清溶血素测定（血凝法）

于试验结束前 5 天，小鼠腹腔注射 0.2 mL 的 2% SRBC 细胞悬液进行免疫，5 天后，摘除小鼠眼球，取血于离心管内，放置 1 h 后在 2 000 r/min 条件下离心 10 min，分离收集血清。然后用生理盐水将血清做倍比稀释，每份稀释 12 孔，将不同稀释度的血清置于微量血凝板中，每孔 100 μL，并加入 100 μL 0.5%的 SRBC 细胞悬液，混匀后装入湿盒 37 ℃孵育 3 h，观察各孔血球凝集程度，并计算抗体积数，通常抗体积数越大，表示血清抗体水平越高。

$$抗体水平=（S_1+2S_2+3S_3+\cdots+nS_n） \tag{8.4}$$

式中，1、2、3……n 为对倍稀释指数；S 为凝集程度的级别。

8.4.26　单核-巨噬细胞功能的评价

1. 小鼠碳廓清试验

用 5 倍生理盐水稀释印度墨汁并将其按每 10 g 体重注射 0.1 mL 的量尾静脉注射小鼠，分别于注射后 2 min 和 10 min 时从右眼内眦静脉丛取血 20 μL，加入 2 mL 质量分数为 0.1%的 Na_2CO_3 溶液中，同时以 0.1% Na_2CO_3 溶液做空白对照，用分光光度计在 600 nm 处测定光密度值（OD）。取血后将小鼠处死，取其肝、脾并用滤纸吸干表面血污、称重，计算吞噬指数 α，α 表示小鼠碳廓清的能力。

$$\alpha = \frac{体重}{肝重 + 脾重} \times \sqrt[3]{K} \qquad (8.5)$$

$$K = \frac{\lg OD_1 - \lg OD_2}{t_2 - t_1} \qquad (8.6)$$

式中，K 为吞噬率；OD_1 为 2 min 时测定的光密度值；OD_2 为 10 min 时测定的光密度值；t_2 为 10 min；t_1 为 2 min。

2. 小鼠腹腔巨噬细胞吞噬鸡红细胞试验（半体内法）

用生理盐水洗涤鸡红细胞并在 1 500 r/min 条件下离心 10 min，重复 3 次，得到质量分数为 20%的鸡红细胞悬液，并以 1 mL/只的量给予小鼠腹腔注射，30 min 后颈椎脱臼处死小鼠。向小鼠腹腔注入生理盐水 2 mL，转动鼠板 1 min，吸取腹腔洗液 1 mL，滴于洁净载玻片上，置于 37 ℃湿盒内培养 30 min 后取出用生理盐水漂洗，晾干后以 $V_{甲醇}:V_{丙酮}$ 为 1∶1 固定，用质量分数为 4%的 Giemsa PBS 染色 3 min，再用蒸馏水漂洗后晾干、镜检，计算小鼠腹腔巨噬细胞的吞噬指数。

$$吞噬指数 = \frac{被吞噬的鸡红细胞总数}{计数的吞噬细胞数} \qquad (8.7)$$

8.4.27 NK 细胞活性的测定

依据 LDH 法测定小鼠 NK 细胞活性。无菌取脾并制备细胞数为 2×10^7 个/mL 的脾细胞悬液，取传代后 24 h 生长良好的靶细胞，调整细胞数为 4×10^5 个/mL。取靶细胞和效应细胞各 100 μL（效靶比 50∶1），加入 U 形 96 孔培养板中。靶细胞自然释放孔加靶细胞和培养液各 100 μL，靶细胞最大释放孔加靶细胞和质量分数为 1% 的 NP40 各 100 μL。设 3 个平行孔，置于体积分数为 5%的 CO_2、37 ℃的 CO_2 培养箱中培养 4 h。随后将 96 孔培养板以 1 500 r/min 的速度离心 5 min，每孔吸取上清液 100 μL 置于平底 96 孔养板中，加入 LDH 基质液 100 μL，反应 8 min，每孔加入 30 μL 的 1 mol/L 的 HCl，用酶标仪于 490 nm 处测定 OD 值，并计算 NK 细胞活性。

$$NK细胞活性 = \frac{反应孔OD - 自然释放孔OD}{最大释放孔OD - 自然释放孔OD} \times 100\% \qquad (8.8)$$

8.4.28　结果的判定

在细胞免疫功能、体液免疫功能、单核-巨噬细胞功能、NK 细胞活性四个方面任两个结果阳性或任一个试验的两个剂量组结果阳性，即可判定自制挂面具有增强免疫力的功效。

8.5　结果与分析

8.5.1　原材料的基本成分

经测定，本书所用的小麦特一粉指标符合挂面生产的要求（表 8.10），几种药食同源物质的主要成分见表 8.11，符合《中国药典》的要求。配伍后的黄精、白扁豆、山药、茯苓和西洋参超微混合粉的主要成分见表 8.12。

表 8.10　小麦特一粉基本成分的测定结果　　　　　　　　　%

基本成分	平均值（质量分数）
水分	14.19 ± 0.10
粗蛋白	9.95 ± 0.01
粗脂肪	0.74 ± 0.01
总淀粉	74.50 ± 1.23
灰分	0.46 ± 0

表 8.11　几种药食同源物质的主要成分（质量分数）　　　　%

名称	水分	粗蛋白	粗多糖	总淀粉
黄精	11.22 ± 0.31	2.11 ± 0	12.56 ± 0.22	8.92 ± 0.01
白扁豆	9.30 ± 0.56	0.03 ± 0	5.66 ± 0.01	57.38 ± 1.29
山药	9.28 ± 0.13	4.56 ± 0.02	5.21 ± 0.01	56.32 ± 0.33
茯苓	10.02 ± 0.11	2.33 ± 0.01	76.11 ± 2.13	4.06 ± 0.01
西洋参	10.21 ± 0.55	11.2 ± 0.20	10.02 ± 0.21	0.39 ± 0

表 8.12　药食同源物质混合粉的主要成分　　　　　　　　　　%

成分	水分	粗蛋白	粗多糖	总淀粉	粗纤维	灰分
质量分数	9.78±0.25	3.06±0.10	25.27±0.72	26.78±1.02	40.24±1.42	3.29±0.01

8.5.2　混合粉的色泽变化

混合粉的色泽变化结果如图 8.7～8.9 所示。与空白组 0 号样品相比，随着药食同源物质添加比例的加大，混合粉的 L^* 值呈下降趋势，b^* 值呈升高趋势，而 a^* 值无明显的变化规律。L^* 值越高，面粉的白度也就越高，药食同源物质如黄精、白扁豆和西洋参呈棕色或黄色，且这些物质富含粗纤维和多糖，因此加入面粉中会提高混合粉的大颗粒物质含量，加重光的分散性，进而降低面粉的白度值，同时导致混合粉的 b^* 值升高，混合粉的色泽偏黄。

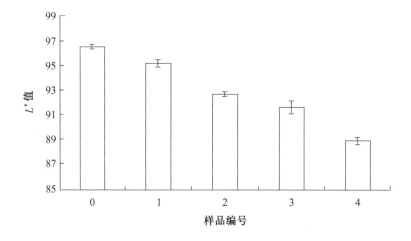

图 8.7　混合粉 L^* 值的变化

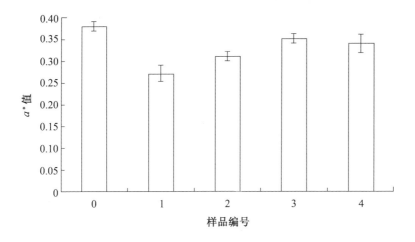

图 8.8　混合粉 a*值的变化

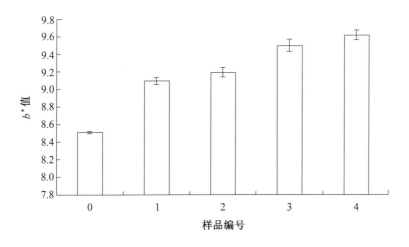

图 8.9　混合粉 b*值的变化

8.5.3　混合粉糊化特性的变化

混合粉糊化特性的变化见表 8.13。在糊化过程中随着药食同源物质添加量的增加，峰值黏度、低谷黏度、最终黏度和崩解值均呈上升趋势。潘治利等研究认为，峰值黏度与淀粉糊化时吸水膨胀的程度呈正相关，由前面的分析结果可知，药食同源混合粉的多糖含量很高，吸水性很大，尤其是黄精多糖，黏性也很大，可增加混合粉的黏度。崩解值可表示物质淀粉凝胶的耐剪切程度或稳定性，其值越大，加热过程中的耐剪切性越差，体系的稳定性也越差。因此，药食同源混合粉的加入不利于面团加工过程中凝胶的稳定性。这可能是药食同源物质含有的大量多糖可与水形成高黏度的凝胶体系，它们附着在淀粉颗粒上导致剪切力变大，不利于剪切。回生值表示淀粉重结晶的程度，随着药食同源混合粉添加量的增加而降低，当添加比例超过 20%时，各样品间无显著性差异，这表明药食同源混合粉添加量的增加可改善面粉制品的抗老化性能。这可能是因为药食同源混合粉含有丰富的多糖、淀粉等强吸水性物质，限制了小麦粉可利用的水分，阻碍了小麦淀粉的吸水膨胀，使小麦粉糊化不充分，导致混合粉的回生值降低。混合粉起始糊化温度无显著变化规律。

表 8.13　混合粉糊化特性的变化

编号	峰值黏度 /(mPa·s)	低谷黏度 /(mPa·s)	崩解值 /(mPa·s)	最终黏度 /(mPa·s)	回生值 /(mPa·s)	起始糊化温度 /℃
0	$2\ 313.7\pm61.3^d$	$1\ 245.3\pm39.6^d$	$1\ 068.3\pm80.2^c$	$2\ 947.3\pm51.8^d$	$1\ 702.0\pm66.6^a$	67.7 ± 0^a
1	$2\ 370.0\pm57.7^d$	$1\ 287.3\pm34.6^d$	$1\ 082.7\pm29.8^{bc}$	$2\ 962.0\pm24.6^d$	$1\ 674.7\pm14.1^a$	66.7 ± 2.7^a
2	$2\ 518.7\pm27.2^c$	$1\ 391.7\pm40.7^c$	$1\ 127.0\pm34.6^{bc}$	$3\ 041.0\pm36.8^c$	$1\ 649.3\pm20.2^a$	67.0 ± 2.1^a
3	$2\ 654.0\pm36.7^b$	$1\ 541.7\pm46.9^b$	$1\ 112.3\pm17.2^{bc}$	$3\ 141.3\pm29.3^b$	$1\ 599.7\pm71.0^{ab}$	67.5 ± 2.4^a
4	$2\ 868.7\pm25.1^a$	$1\ 700.0\pm54.0^a$	$1\ 168.7\pm38.7^a$	$3\ 240.7\pm53.9^a$	$1\ 540.7\pm46.8^b$	70.2 ± 0.1^a

注：表中同一列中不同字母代表数据间在 $P<0.05$ 水平上具有显著性差异。

8.5.4　混合粉粉质、拉伸特性的变化

粉质仪中面粉加水和面绘制的粉质曲线可体现面团的耐揉性和黏弹性，混合粉粉质仪测定的试验结果见表 8.14，药食同源物质的加入降低了面团的吸水率。通常，

体系中淀粉、蛋白质的组成以及破损淀粉含量对面团吸水率影响较大，因此，这可能是药食同源物质的多糖、膳食纤维等物质包围在淀粉颗粒周围，阻碍了水分子与淀粉颗粒的接触，抑制其吸水作用，同时药食同源物质具有良好的亲水性，也会与小麦蛋白质和淀粉竞争水分子，从而导致面团吸水率下降。

表 8.14　混合粉粉质特性的变化

编号	吸水率/%	形成时间/min	稳定时间/min	弱化度（ICC）/FU	粉质质量指数
0	59.7±0.1^c	3.4±0^e	8.3±0.1^a	76.5±2.1^d	99.0±1.4^a
1	59.4±0.2^c	4.2±0.1^d	5.1±0^d	87.0±2.8^c	84.5±2.1^b
2	60.1±0^c	4.5±0.1^c	5.7±0^c	88.5±0.7^{bc}	76.0±2.8^c
3	61.7±0.5^b	5.4±0.1^b	6.4±0.1^b	94.0±2.8^b	76.0±2.8^c
4	67.5±0.1^a	6.5±0.1^a	4.5±0.1^e	109.0±2.8^a	57.0±4.2^d

注：表中同一列中不同字母代表数据间在 $P<0.05$ 水平上具有显著性差异。

通常，面筋蛋白含量与面团的形成时间正相关。由于药食同源物质的添加使面团成分更为复杂，当其添加量少于 20% 时，形成时间略有加快，这可能是药食同源物质的可溶性纤维在一定程度上疏松了面筋蛋白，从而使面团快速吸水伸展；当药食同源物质添加比例继续增大至 40% 时，面团的形成时间变慢，由对照组的 4.5 min 延长至 6.5 min，增加了 44.4%。面团的稳定时间与对照组相比呈显著下降趋势，这说明添加药食同源物质不利于面团的稳定性，当添加量为 30% 时，稳定时间下降幅度较小。弱化度表征面团在搅拌过程中的破坏速率，弱化度越大表示面筋的强度越弱。根据表中所示，弱化度值呈显著增大趋势，尤其是 40% 的添加比例下，弱化度大幅度提高。这说明药食同源物质的添加会削弱面筋强度，不利于面筋蛋白网络结构的形成。同时，粉质质量指数也随着药食同源物质添加的增加而下降，当添加量小于 30% 时下降幅度相对较小，当添加量增加至 40% 时下降较明显，下降幅度高达 47.7%。

表 8.15 为混合粉拉伸特性的变化，可以看出，对照组的拉伸曲线面积、最大拉伸阻力、延伸度均显著高于添加药食同源物质的样品（$P<0.05$）。对于样品 1~4 而言，拉伸曲线面积在 45 min 时呈先下降后上升的趋势，而在 90 min 和 135 min 时则呈持续下降趋势，样品 2~4 之间无显著性差异。拉伸曲线面积代表面团从开始拉伸

到拉断为止所需要的总能量，与面团强度呈正相关关系。因此，药食同源物质的添加对面团的强度是不利的。

表 8.15　混合粉拉伸特性的变化

编号	拉伸曲线面积（能量）/cm²			最大拉伸阻力/EU			延伸度/mm		
	45 min	90 min	135 min	45 min	90 min	135 min	45 min	90 min	135 min
0	115.5±4.9ᵃ	118.5±2.1ᵃ	105.0±1.4ᵃ	674.0±5.7ᵃ	743.0±1.4ᵃ	757.5±3.5ᵃ	139.0±1.4ᵃ	130.0±0ᵃ	121.0±1.4ᵃ
1	79.0±1.4ᵇ	91.0±2.8ᵇ	84.5±10.6ᵇ	645.5±3.5ᵇ	650.5±0.7ᵈ	749.0±1.4ᵇ	117.0±1.4ᵇ	100.5±0.7ᵇ	91.0±1.4ᵇ
2	66.5±0.7ᶜ	73.0±1.4ᶜ	65.5±0.7ᶜ	609.5±2.1ᶜ	674.0±5.6ᶜ	738.5±3.5ᶜ	105.0±1.4ᶜ	85.5±0.7ᶜ	82.0±0ᶜ
3	79.0±1.4ᵇ	74.5±2.1ᶜ	64.0±5.6ᶜ	510.0±14.1ᵈ	706.0±2.8ᵇ	742.0±1.4ᶜ	93.0±0ᵈ	80.5±0.7ᵈ	72.5±0.7ᵈ
4	77.0±1.4ᵇ	75.0±0ᶜ	56.0±0ᶜ	454.0±5.5ᵉ	640.0±4.2ᵉ	662.0±2.8ᵈ	88.0±1.4ᵉ	81.0±1.4ᵈ	68.0±0ᵉ

注：表中同一列中不同字母代表数据间在 $P<0.05$ 水平上具有显著性差异。

最大拉伸阻力在 45 min 时随着药食同源物质添加量的增加呈下降趋势，在 90 min 和 135 min 时样品 3 处的最大拉伸阻力有小幅升高。最大拉伸阻力与面团发酵过程的持气性相关，当最大拉伸阻力过低时，面团发酵中产生的二氧化碳气体易冲破气泡壁，形成大的气泡或由面团表面逸出。同时，它还表征面团的强度和筋力，最大拉伸阻力越大表示面团越硬。结果显示，合适的药食同源物质添加比例（30%）有利于保持发酵过程酵母生成的二氧化碳气体，赋予面团良好的结构和纹理，有利于生产出松软可口的产品。

面团发酵 45 min 和 135 min 后，延伸度均呈下降趋势，90 min 时延伸度呈先下降后上升，随后又下降的趋势。面团的延伸度表征了面团的延展性和可塑性，药食同源物质含有丰富的淀粉、纤维等物质，它的加入抑制了面团的延展性，这可能是体系中麦醇溶蛋白相对含量降低所致。

8.5.5　混合粉面团动态流变学特性的分析

图 8.10 和图 8.11 为添加不同比例的药食同源物质时面团的弹性模量 G' 及黏性模量 G'' 随角频率变化的图谱。对所有样品而言，在整个角频率扫描范围之内，G' 均大于 G''，即面团体系呈现更多的固体特征，表现出典型的弱凝胶动态流变学趋势，其数值随角频率的升高而变大。当角频率在 0.1～10 rad/s 范围内，G' 和 G'' 随角频率的

变大而增长，但增速平缓且有一定波动；当角频率在 10～100 rad/s 范围内，G' 和 G'' 的增速较大，这意味着，面团的稳定性在低角频率扫描下低，在高频率扫描下高。

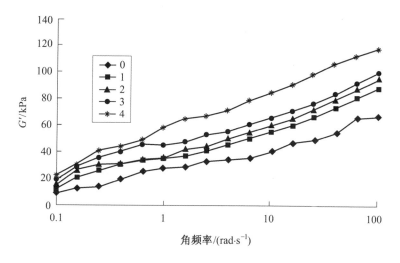

图 8.10　混合粉面团弹性模量 G' 的变化

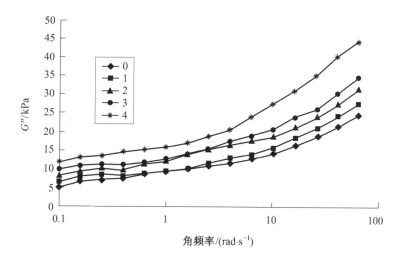

图 8.11　混合粉面团黏性模量 G'' 的变化

小麦粉中加入药食同源物质，面团的 G' 和 G'' 随着药食同源物质添加量的增加逐步升高，加入的药食同源物质成分复杂，含有丰富的淀粉、黏性多糖及膳食纤维，这些物质与面筋蛋白的竞争性吸水作用会引起面团黏弹性基质的润滑作用降低，同时多糖本身的黏性也会加大面团的黏性，膳食纤维还可能会充当面团黏弹性基质的填充物，从而使面团黏弹性模量增加。

8.5.6 混合粉热特性的分析

混合粉热特性的变化见表 8.16，随着药食同源物质添加量的增加，混合粉的 T_0、T_c、T_p 均逐渐增加，糊化焓值越来越小，糊化温度范围呈现越来越小的变化趋势。面粉的热特性主要反映了淀粉的糊化过程，因此淀粉的热特性在体系中起主导作用，糊化温度则是淀粉颗粒受热从晶体状转化为凝胶状时的温度，它与淀粉原料的种类、淀粉颗粒大小等有关。诸多研究证实，水是良好的增塑剂，会影响淀粉分子的迁移和分子链间的聚合速率，对淀粉的糊化、老化特性影响较大。药食同源物质的水分含量较低，其中的多糖、淀粉、膳食纤维等物质吸水性较强，与面粉竞争水分子，导致可利用的水减少，从而抑制面粉的糊化。另外，药食同源物质本身所含的淀粉也影响混合粉体系中淀粉的种类和结构，所以混合粉的热特性变化较大。

表 8.16　混合粉热特性的变化

编号	T_0/℃	T_c/℃	R/℃	T_p/℃	ΔH/(J·g^{-1})
0	57.5±0.2^d	70.3±0.2^d	12.8±0.4^{bc}	62.2±0.2^d	6.5±0.3^a
1	58.0±0.3^c	71.3±0.8^c	13.3±0.5^{ab}	63.2±0.3^c	5.8±0.4^{ab}
2	58.3±0.1^c	71.8±0.1^{bc}	13.5±0.2^a	63.6±0.2^c	5.6±0.2^{bc}
3	59.9±0.2^b	72.5±0.2^b	12.6±0.1^c	64.5±0.4^b	5.1±0.2^{bc}
4	62.9±0.1^a	74.2±0.3^a	11.3±0.4^d	66.1±0.4^a	4.9±0.6^c

注：表中同一列中不同字母代表数据间在 $P<0.05$ 水平上具有显著性差异。

8.5.7 挂面蒸煮品质的变化分析

挂面的蒸煮品质变化如图 8.12、图 8.13 所示。挂面的最佳蒸煮时间随着药食同源物质的加入而延长，这是因为药食同源物质中的多糖黏性很大，不易吸水，它们会附着在挂面的表面及内部结构，阻碍外部水分的进入，致使蒸煮时间变长。蒸煮损失率和熟段条率呈上升趋势，尤其当药食同源物质添加量超过 30%后，两个指标变化显著。挂面在蒸煮过程中，其表面附着不牢固的淀粉颗粒脱落，持续高温蒸煮达到一定程度时，蛋白质变性暴露疏水基，面筋网络结构变得松散，其淀粉颗粒溶出。加入的药食同源物质成分复杂，加入量过大，含有的纤维素和灰分等物质会稀释面筋网络的强度，破坏面筋组织结构，使淀粉颗粒溶出得更多，从而增加了挂面的蒸煮损失和段条率，面汤也越来越浑浊。

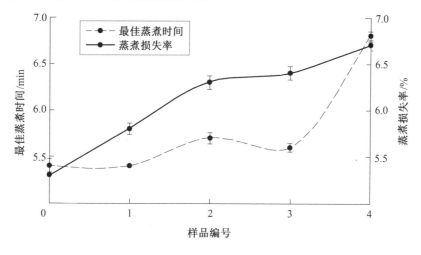

图 8.12　挂面最佳蒸煮时间和蒸煮损失率的变化

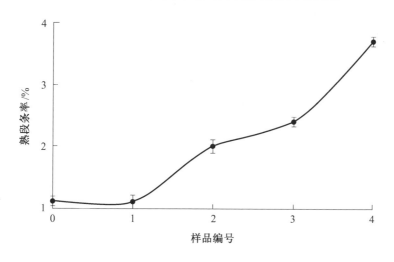

图 8.13　挂面熟段条率的变化

干物质吸水率是面条蒸煮过程中吸收的水分。水分吸收不足会导致面条质地变得坚硬、粗糙，但吸水过量又会导致面条软糯、黏稠。当不添加其他物质时，主要依靠淀粉吸水糊化和麦谷蛋白、醇溶蛋白的吸水膨胀。而药食同源物质超微粉含有大量多糖、纤维素和淀粉，在和面和干燥后，多糖与淀粉、蛋白质相互黏合，使挂面内部质构更紧实，当加入低比例药食同源物质后，吸水率呈下降趋势，而随着添加比例的增加，挂面吸水率开始变大。这可能是当加入低比例药食同源物质后，多糖的作用占主导，而随着添加比例超过 20%，纤维素和较高含量的淀粉开始大量吸水，这一吸水作用使挂面内部结构膨胀，外部水分更易进入，复水能力变强，故挂面吸水率随着其添加量的增加呈上升趋势。与对照组挂面的耐煮性相比，当药食同源物质添加比例小于 30%时耐煮性较好或与对照组无显著差异，当添加比例超过 30%时，挂面的耐煮性显著下降，这一变化与干物质吸水率的结果基本吻合。挂面吸水率的变化如图 8.14 所示。挂面耐煮性的变化如图 8.15 所示。

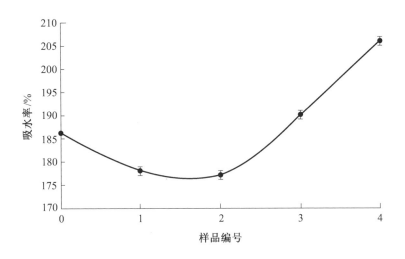

图 8.14　挂面吸水率的变化

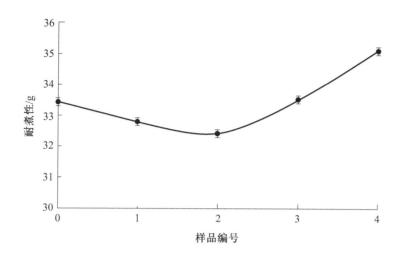

图 8.15　挂面耐煮性的变化

8.5.8　面条色泽的评价

由图 8.16～8.18 可知，对鲜湿面条而言，对照组的 L^* 值最高，a^* 值和 b^* 值最低，这可能是面条样品 2～4 添加了药食同源物质，这些物质富含多糖、酚类等物质，改变了面团的水分活度，从而改变体系多酚氧化酶活性和褐变速率。除此之外，添加的药食同源物质越多，淀粉的相对含量越低，多糖与面筋蛋白、淀粉会形成大聚物，阻碍淀粉颗粒对光的反射，致使光的反射率下降，亮度变小。

对鲜湿面条 4 ℃ 条件下冷藏，研究其色泽在冷藏过程中的变化。结果可知，对鲜湿面条样品 2～4 而言，随着药食同源物质添加比例的增大，面条的 L^* 值降低，a^* 值和 b^* 值升高。L^* 值随冷藏时间的延长呈下降趋势，尤其在前 2 h 范围内下降速率最大。a^* 值和 b^* 值随冷藏时间的增长均呈上升趋势。这说明随着湿面条冷藏时间的延长，颜色会变暗并向红、黄色发展。这主要是湿面条发生了褐变反应，加入的药食同源物质本身成分复杂，除含有大量的淀粉、多糖、纤维素之外，还含有皂苷、多酚类、灰分等物质，这些物质在含水量为 35% 左右的体系中会发生复杂的物理化学变化，如山药、黄精等均会发生褐变，影响鲜湿面条的色泽。

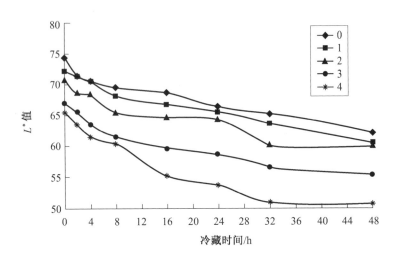

图 8.16 鲜湿面条冷藏过程中 $L*$ 值的变化

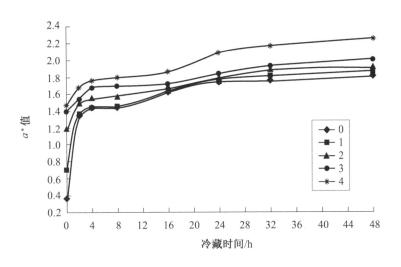

图 8.17 鲜湿面条冷藏过程中 $a*$ 值的变化

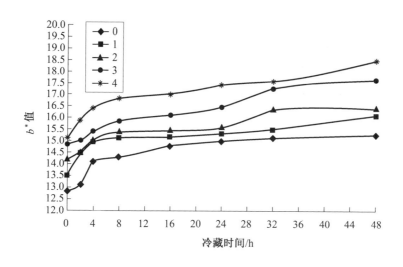

图 8.18　鲜湿面条冷藏过程中 b^* 值的变化

　　生面条色泽均匀性的变化见表 8.17。各样品的色泽 L^* 值、a^* 值和 b^* 值的均匀性变化幅度较小，这说明添加的药食同源物质经超微粉碎后在制面体系中完全可以均匀混合。

表 8.17　生面条色泽均匀性的变化

编号	SD_{L^*}	SD_{a^*}	SD_{b^*}
0	0.20±0.01[a]	0.02±0.01[d]	0.20±0.01[a]
1	0.16±0.01[b]	0.12±0.01[a]	0.06±0.01[e]
2	0.14±0.02[c]	0.10±0.01[b]	0.15±0.01[b]
3	0.16±0.02[b]	0.08±0.01[c]	0.13±0.01[c]
4	0.15±0.01[bc]	0.10±0.02[b]	0.12±0.01[d]

注：表中同一列中不同字母代表数据间在 $P<0.05$ 水平上具有显著性差异。

　　图 8.19～8.21 为干燥后的挂面在其最佳蒸煮时间下水煮后的色泽变化结果。根据研究结果可知，鲜湿面条的 L^* 值、a^* 值、b^* 值的变化范围分别为 50.60～74.27、−2.25～0.36 和 12.79～18.47。与之相比，干燥后的挂面煮熟后 L^*、a^*、b^* 值变化幅度变小，三个指标的变化范围分别为 62.39～68.96、−5.73～−4.88、7.60～10.22，鲜湿面条与挂面的这一色泽区别可能是挂面水煮后气体受热溢出，小麦、白扁豆、山

药等的淀粉颗粒吸水膨胀，发生糊化作用，淀粉粒的构象发生变化，无序化程度增加，透光率改变所致。随着药食同源物质添加量的增加，挂面煮熟后的 L^* 值下降，面条亮度变暗，对照组的 a^* 值显著高于添加药食同源物质的挂面，b^* 值显著低于添加药食同源物质的挂面，而对挂面样品 2～4 而言，a^*、b^* 值变化不显著。当添加药食同源物质后，挂面煮后的红度降低，面条的色泽向绿、黄色的方向转变。

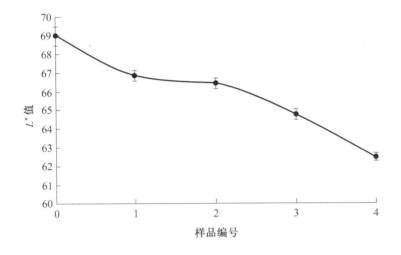

图 8.19　挂面水煮后 L*值的变化

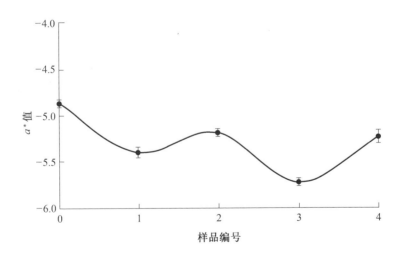

图 8.20　挂面水煮后 a*值的变化

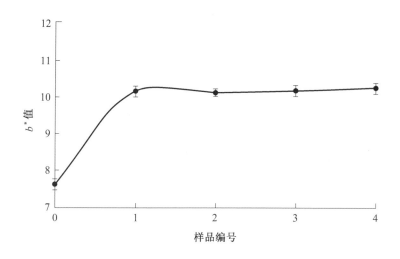

图 8.21 挂面水煮后 b^* 值的变化

8.5.9 挂面质构特性的分析

表 8.18 为挂面在最佳蒸煮时间下煮后的质构变化情况，由表可知，对照组挂面的硬度、弹性、咀嚼性显著低于混合粉，回复性显著高于混合粉，而黏结性无显著差异（$P>0.05$）。混合粉各组样品中，随着混合粉中药食同源物质含量的增加，硬度、弹性和咀嚼性在 30%的比例时达到最大，而后降低（$P<0.05$），回复性呈显著下降的趋势，黏结性无明显的变化规律。一般来讲，面筋网络越强、越致密，面条硬度就越高，且其中的淀粉颗粒在面条蒸煮时能有效截留大量水分进入面条内部。当药食同源物质添加量控制在 30%以内时，质构整体品质有轻微下降，这可能是体系中的多糖、淀粉等物质的作用占主导位置，随着添加比例的增大，大分子的纤维素等物质对面筋网络的破坏作用更凸显，质构品质也迅速下降。

表 8.18　挂面质构特性的变化

编号	硬度/g	弹性	黏结性	咀嚼性/g	回复性
0	$4\,547.8 \pm 47.3^{d}$	0.86 ± 0.02^{c}	0.76 ± 0.03^{a}	$2\,987.7 \pm 84.8^{c}$	0.58 ± 0.03^{a}
1	$5\,451.8 \pm 171.4^{c}$	0.89 ± 0.01^{ab}	0.73 ± 0.01^{b}	$3\,357.0 \pm 109.9^{b}$	0.54 ± 0.02^{b}
2	$5\,678.7 \pm 80.2^{b}$	0.87 ± 0.02^{bc}	0.71 ± 0.01^{b}	$3\,656.5 \pm 43.6^{a}$	0.52 ± 0.02^{b}
3	$5\,900.5 \pm 82.5^{a}$	0.90 ± 0.00^{a}	0.75 ± 0.02^{ab}	$3\,801.4 \pm 82.2^{a}$	0.48 ± 0.01^{c}
4	$5\,677.6 \pm 138.1^{b}$	0.87 ± 0.02^{bc}	0.75 ± 0.03^{ab}	$3\,677.1 \pm 36.4^{a}$	0.41 ± 0.01^{d}

注：表中同一列中不同字母代表数据间在 $P<0.05$ 水平上具有显著性差异。

8.5.10　挂面的拉伸、剪切特性的测定

图 8.22 为挂面煮熟后的拉断力和拉伸距离的变化情况，对照组的拉伸距离为 59.2 mm，显著高于其他面条样品（$P<0.05$）。综合分析面条样品 1~4 可知，拉断力和拉伸距离均随着面粉中药食同源物质添加量的增加而下降且差异显著（$P<0.05$），添加 30% 的药食同源物质时的拉断力与对照组区别不大，挂面样品 1 和 2 的拉断力显著高于其他样品，挂面更筋道。Lambrecht 等认为，S—S 以及氢键主导熟面条的拉伸特性，外源添加的药食同源物质中的多糖可与面筋蛋白在面条内部形成大分子的蛋白聚合体，熟面条变得更有弹性，拉断它所需的力就越大。拉伸距离越大面条延展性越好，试验结果表明，药食同源物质的加入会导致面筋网络结构变得疏松，并最终使面条质构变差。

图 8.23 为挂面煮后的最大剪切力和做功情况。对照组的这两个指标均显著高于混合粉所制挂面（$P<0.05$）。比较分析混合粉所制挂面发现，随面粉中药食同源物质添加量的增加，面条的最大剪切力及剪切力做功逐渐下降（$P<0.05$），这是因为面粉中纤维素、淀粉、灰分等物质的引入导致挂面内部结构松散，进而抵抗外部剪切作用的能力也就越弱。

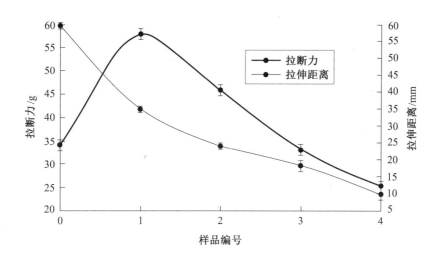

图 8.22　挂面拉伸特性的变化

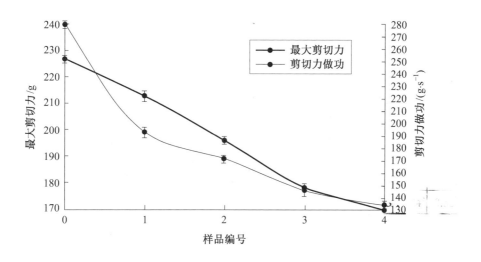

图 8.23　挂面剪切特性的变化

8.5.11　挂面的微观结构

挂面表面和横断面的微观结构如图 8.24、图 8.25 所示，挂面的表面均匀分布着面筋蛋白和淀粉，各样品的微观结构无明显的差别。横断面的扫描电镜图显示，挂面是一个淀粉颗粒嵌入面筋网络的连续基质，横断面由大量不均匀的形态不定的面筋蛋白覆盖。对照组的面筋网络更有连续性，裸露的淀粉颗粒相对较少，淀粉颗粒紧密镶嵌其中。随着挂面中药食同源物质添加量增加，挂面结构发生变化，内部开始出现大的孔洞，横截面出现更多的蜂窝状，当添加量达到 40% 时，淀粉颗粒更多地暴露出来，并有一些拉丝样物质出现。

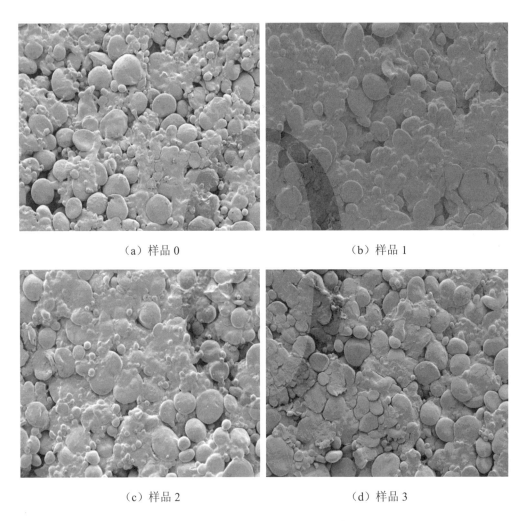

（a）样品 0　　　　　　　　　　　　（b）样品 1

（c）样品 2　　　　　　　　　　　　（d）样品 3

图 8.24　挂面的表面电镜图（500 倍）

（e）样品 4

续图 8.24

（a）样品 0　　　　　　　　　　　　（b）样品 1

（c）样品 2　　　　　　　　　　　　（d）样品 3

图 8.25　挂面的横截面电镜图（200 倍）

（e）样品 4

续图 8.25

8.5.12　挂面的感官评价结果

感官评价是借助人的感觉器官对食品的色、香、味及表观状态进行主观评价的方法，可以从一定程度上反映市场倾向。由表 8.19 可知，药食同源物质添加量低于30%时感官评分较高，均高于对照组。当添加量为 40% 时，挂面的色泽、食味、适口性、光滑性、韧性等指标显著降低，感官评分显著下降。

表 8.19　挂面的感官评分

编号	色泽	表观状态	适口性	韧性	黏性	光滑性	食味	总分/分
0	—	—	—	—	—	—	—	80
1	9.9±0.1ᵃ	9.5±0.7ᵃ	18.5±0.7ᵃ	17.5±0.7ᵃ	16.9±0.2ᵃ	4.9±0.1ᵃ	7.9±0.1ᵇ	85.1±0.1ᵇ
2	9.2±0.1ᵇ	8.1±0.1ᵇ	17.1±0.1ᵇ	18.1±0.1ᵃ	16.6±0.6ᵇ	4.5±0.1ᵃᵇ	13.8±0.3ᵃ	87.4±0.4ᵃ
3	9.0±0.1ᵇ	8.4±0.1ᵇ	17.4±0.6ᵃᵇ	17.6±0.3ᵃ	16.9±0.1ᵇ	4.3±0.4ᵃᵇ	13.9±0.2ᵃ	87.7±0.1ᵃ
4	8.2±0ᶜ	8.2±0.1ᵇ	14.3±0.4ᶜ	13.2±1.2ᵇ	14.8±0.4ᵇ	3.8±0.3ᶜ	8.5±0.7ᵇ	70.9±0.9ᶜ

注：表中同一列中不同字母代表数据间在 $P<0.05$ 水平上具有显著性差异。

8.5.13　谷朊粉添加量对挂面品质的影响

谷朊粉也称面筋蛋白，主要包括麦醇蛋白和麦谷蛋白，吸水结合可以形成良好的面筋网络，赋予面团一定的延展性和弹性。由表 8.20 可知，随着谷朊粉添加量的增加，挂面的最佳蒸煮时间延长，蒸煮损失率、熟段条率下降，当添加量达到 4%，吸水率最小，挂面的硬度和弹性增加，黏结性、咀嚼性和回复性在添加量为 4% 时达到最大。汪磊等通过研究谷朊粉对烩面的影响发现，当谷朊粉的添加量为 2%～3% 时，烩面面团的抗拉伸性、弹性和耐揉性显著提高，制得的烩面保水性较优，蒸煮损失较小，感官评价也有所提高，本试验与其结论一致。由图 8.26 可知，随着谷朊粉添加量的增加，面条的感官评价得分呈现出增大的趋势，但是谷朊粉添加量太多会影响面团的延展性，使得其加工性能变差，面条品质也随之下降。当谷朊粉的添加量超过 4% 时，面条的感官得分增速变缓，与质构特性的结论一致，此时面条感官得分为 90.1 分。

表 8.20　谷朊粉添加量对挂面蒸煮和质构特性的影响

谷朊粉添加量/%	蒸煮特性				质构特性				
	最佳蒸煮时间/min	蒸煮损失率/%	熟断条率/%	吸水率/%	硬度/g	弹性	黏结性	咀嚼性/g	回复性
1	5.6[d]	5.6[a]	2.3[a]	165[a]	5 840.9[e]	0.86[b]	0.7[d]	3 823.5[e]	0.51[c]
2	6[c]	5.5[ab]	1.5[b]	146[b]	5 898.3[d]	0.88[b]	0.76[c]	3 900.5[d]	0.55[c]
3	6.4[b]	5.2[b]	0[c]	122[c]	5 922.4[c]	0.92[a]	0.79[b]	3 953.3[b]	0.63[b]
4	6.7[b]	4.5[c]	0[c]	115[d]	6 009.8[b]	0.93[a]	0.83[a]	3 958.6[a]	0.68[a]
5	7.2[a]	4[d]	0[c]	127[e]	6 102.3[a]	0.95[a]	0.83[a]	3 922.6[c]	0.62[b]

注：表中同一列中不同字母代表数据间在 $P<0.05$ 水平上具有显著性差异。

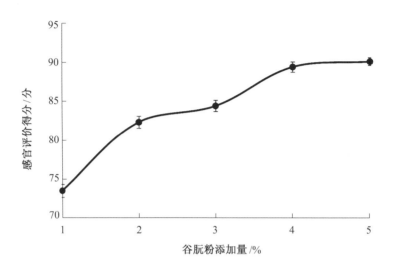

图 8.26　谷朊粉添加量对挂面感官评分的影响

8.5.14　黄原胶添加量对挂面品质的影响

由表 8.21 可知，随着黄原胶添加量的增加，挂面的最佳蒸煮时间延长，蒸煮损失率、熟段条率下降，当添加量达到 1.2%时吸水率最小，挂面的硬度、弹性、黏结性、咀嚼性在添加量为 0.9%时达到最大，回复性在添加量为 1.2%时达到最大。这是因为黄原胶是常用的食品胶体，结构含有较多的亲水基团，这些基团能与淀粉、蛋白质、水和脂质等分子发生反应，形成较大分子量的复合成分，进而使蛋白质形成最佳的网络结构，改变流变特性，而且能够促使面筋，淀粉颗粒及散碎的面筋较好地黏合，形成规则的三维立体空间网状的结构，使面团韧性、弹性及筋力增强。其分子具有非常显著的黏弹性，可用于模拟小麦麸质的性质，使面制品形成弹性质地，有研究证明其与面条的拉伸特性也呈正相关。

由图 8.27 可知，随着黄原胶添加量的增加，面条的感官得分呈现出先增大后减小的趋势，当黄原胶的添加量为 0.9%时，面条的感官得分最高，与质构特性的结论一致，此时面条感官得分为 89.9 分。

表 8.21　黄原胶添加量对挂面蒸煮和质构特性的影响

黄原胶添加量/%	蒸煮特性				质构特性				
	最佳蒸煮时间/min	蒸煮损失率/%	熟断条率/%	吸水率/%	硬度/g	弹性	黏结性	咀嚼性/g	回复性
0.3	5.5^c	5.4^a	2.3^a	167^a	5 871.3^d	0.85^d	0.72^d	3 770.4^e	0.5^d
0.6	5.5^c	5.3^{ab}	1.3^b	159^b	5 982.9^b	0.89^c	0.76^c	3 809.1^c	0.52^c
0.9	5.8^c	5^b	0.8^c	155^c	6 170.6^a	0.95^a	0.83^a	3 886.1^a	0.56^b
1.2	6.5^b	4.5^c	0.2^d	135^e	5 909.1^c	0.91^b	0.8^b	3 811.7^b	0.61^a
1.5	7.5^a	4.4^c	0.1^d	138^d	5 808.4^e	0.9^c	0.76^c	3 780.9^d	0.57^b

注：表中同一列中不同字母代表数据间在 $P<0.05$ 水平上具有显著性差异。

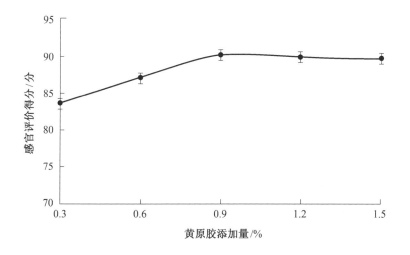

图 8.27　黄原胶添加量对挂面感官评分的影响

8.5.15　蔗糖脂肪酸酯添加量对挂面质构特性的影响

由表 8.22 可知，随着蔗糖脂肪酸酯添加量的增加，挂面的最佳蒸煮时间延长，蒸煮损失率在添加量为 0.4% 时最小，熟段条率和吸水率显著下降。这是因为乳化剂蔗糖脂肪酸酯与糊化后的淀粉复合，可以阻止淀粉分子之间的缔合，防止淀粉老化，与面筋蛋白质发生络合作用，强化面筋结构，增强面的韧性和抗拉力，不仅可以增强面条筋道感，还能够有效降低面条表面的黏着性，从而减少煮面糊汤。挂面的硬度和回复性增加，弹性和黏结性在添加量为 0.4% 时达到最大，咀嚼性在添加量为 0.3% 时达到最大。钱晶晶等也证实，蔗糖脂肪酸酯可以明显增大冷冻面条的拉伸距离，有效提高冷冻面条的延展性。

表 8.22　蔗糖脂肪酸酯添加量对挂面蒸煮和质构特性的影响

蔗糖脂肪酸酯添加量/%	蒸煮特性				质构特性				
	最佳蒸煮时间/min	蒸煮损失率/%	熟断条率/%	吸水率/%	硬度/g	弹性	黏结性	咀嚼性/g	回复性
0.1	5.5^c	5.2^{ab}	1.9^a	165^a	5 767.1^e	0.85^c	0.7^c	3 692.4^e	0.44^d
0.2	5.3^d	5.1^b	0.8^b	152^b	5 799.6^d	0.86^c	0.71^c	3 749.1^d	0.45^d
0.3	6^b	4.7^c	0.6^c	150^b	5 841.3^c	0.89^b	0.74^b	3 853.6^a	0.5^c
0.4	6.7^a	4.4^d	0	138^c	5 886.3^b	0.9^a	0.78^a	3 792.2^b	0.53^b
0.5	6.7^a	5.3^a	0	123^d	5 900.4^a	0.85^c	0.75^b	3 750.4^c	0.57^a

注：表中同一列中不同字母代表数据间在 $P<0.05$ 水平上具有显著性差异。

由图 8.28 可知，随着蔗糖脂肪酸酯添加量的增加，面条的感官得分呈现出先增大后减小的趋势，当蔗糖脂肪酸酯的添加量为 0.3% 时，面条的感官得分最高，与质构特性的结论一致，此时面条感官得分为 92.5 分。

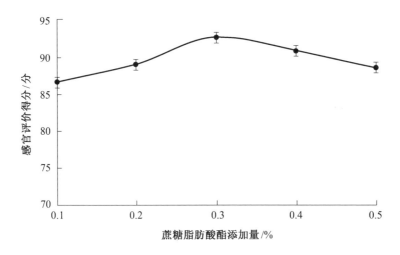

图 8.28　蔗糖脂肪酸酯添加量对挂面感官评分的影响

8.5.16　转谷氨酰胺酶添加量对挂面品质的影响

由表 8.23 可知，当添加转谷氨酰胺酶时，挂面的蒸煮时间变化无显著规律，当添加量小于 0.07% 时，挂面的蒸煮损失率、熟段条率和吸水率随着添加量的增加而显著下降，而后随着转谷氨酰胺酶添加量的增加，挂面的蒸煮损失率和吸水率略有上升。转谷氨酰胺酶是一种催化酰基转移反应的转移酶，可使蛋白质形成分子间和分子内的 ε-（γ-谷氨酰基）赖氨酸共价键，从而改变食品的质构和特性。在面团酶法改性过程中，合适酶的添加量至关重要，添加量过低可能无法起到面筋蛋白的促交联作用，但是添加量过高也会对面团品质产生负面影响。推测其原因可能为在面团中添加高剂量的转谷氨酰胺酶，会促使肽链上的氨基酸残基之间相互交联，从而减少了肽链上的亲水基团，降低了面团的吸水量，最终导致面团弹性和黏聚性降低，蒸煮后的面条更易吸水和损失干物质。

表 8.23　转谷氨酰胺酶添加量对挂面蒸煮和质构特性的影响

转谷氨酰胺酶添加量/%	蒸煮特性				质构特性				
	最佳蒸煮时间/min	蒸煮损失率/%	熟断条率/%	吸水率/%	硬度/g	弹性	黏结性	咀嚼性/g	回复性
0.01	5.5[c]	5.3[a]	2.4[a]	160[a]	5 879.7[d]	0.87[c]	0.73[d]	3 780.6[d]	0.48[d]
0.04	5[d]	4.7[b]	1.3[b]	149[b]	5 870.1[e]	0.88[c]	0.75[c]	3 799.3[c]	0.5[c]
0.07	5.4[c]	4.2[c]	0	125[c]	5 920.3[a]	0.91[a]	0.78[b]	3 843.1[a]	0.53[b]
0.1	6[b]	3.5[d]	0	113[e]	5 889.6[c]	0.9[b]	0.8[a]	3 801.2[b]	0.58[a]
0.13	6.5[a]	3.6[d]	0	119[d]	5 902.7[b]	0.87[c]	0.77[b]	3 760.4[e]	0.52[bc]

注：表中同一列中不同字母代表数据间在 $P<0.05$ 水平上具有显著性差异。

全质构分析在测试过程中会对样品进行 2 次压缩，都包含下压和收回，模拟人口腔咀嚼食物的过程，进而得到产品的各种质构特性参数。孔晓雪等在研究发酵麦麸面团加工品质时发现，转谷氨酰胺酶对面团中醇溶蛋白与谷蛋白的促交联作用可更好地促进麦麸面团品质的改良。本试验结果表明，添加转谷氨酰胺酶能显著提高挂面的弹性、黏结性、咀嚼度和回复性，但是对硬度影响不显著。在质构试验中，硬度、咀嚼度与面条的筋道程度呈高度正相关。弹性和咀嚼度在添加 0.07% 转谷氨酰胺酶时达到最大；黏结性和回复性在添加 0.1% 的转谷氨酰胺酶时达到最大。

由图 8.29 可以看出，感官评分随着转谷氨酰胺酶添加量的增加逐渐提高，当添加量超过 0.1%时，感官评价得分增加缓慢。转谷氨酰胺酶主要通过催化谷氨酰胺残基和赖氨酸残基之间的交联反应增强面筋网络结构，它的酶促改性效果与混合粉中蛋白质的谷氨酸和赖氨酸含量有关。Collar 等试验发现，在面包制作过程中添加转谷氨酰胺酶可以显著提高面包的感官和质构特性，其效果甚至优于转谷氨酰胺酶和 α-淀粉酶复合使用。

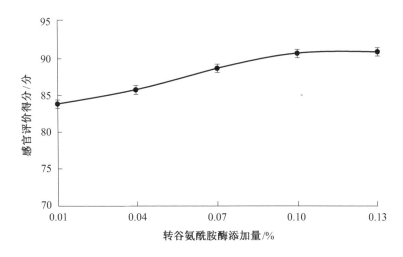

图 8.29　转谷氨酰胺酶添加量对挂面感官评分的影响

8.5.17　改良剂正交试验结果分析

根据单因素试验结果，正交试验的因素水平见表 8.24。

表 8.24　正交试验的因素水平

水平	因素			
	小麦面筋蛋白（A）/%	黄原胶（B）/%	蔗糖脂肪酸酯（C）/%	转谷氨酰胺酶（D）/%
1	3	0.9	0.3	0.07
2	4	1.2	0.4	0.10
3	5	1.5	0.5	0.13

正交试验结果与感官评价结果见表 8.25。由表可知，4 种食品添加剂对面条影响的显著性为谷朊粉＞黄原胶＞转谷氨酰胺酶＞蔗糖脂肪酸酯，感官评价结果的最佳组合为 $A_2B_2C_1D_1$，即谷朊粉添加量为 4%，黄原胶添加量为 1.2%，蔗糖脂肪酸酯添加量为 0.3%，转谷氨酰胺酶添加量为 0.07% 时，在此条件下进行验证试验，挂面的感官评分为 92.4 分，口感较好。图 8.30 为改良前后的挂面微观结构，图 8.30（a）为 200 倍下改良前挂面的表面结构，图 8.30（b）为 200 倍下改良后挂面的表面结构，图 8.30（c）为 500 倍下改良前挂面的横断面结构，图 8.30（d）为 500 倍下改良后挂面的横断面结构，比较分析后发现，改良前挂面的表面不均匀，不平整，有较大裂痕，内部结构较松散，有多个较大孔洞，改良后挂面的表面变得平整、光滑，内部结构的孔洞变小，面筋网络更致密。

表 8.25　正交试验结果与感官评价结果

方案编号	谷朊粉	黄原胶	蔗糖脂肪酸酯	转谷氨酰胺酶	感官得分/分
1	1	1	1	1	91
2	1	2	2	2	90.5
3	1	3	3	3	88.9
4	2	1	2	3	90.6
5	2	2	3	1	91.2
6	2	3	1	2	89.5
7	3	1	3	2	87.4
8	3	2	1	3	90.0
9	3	3	2	1	88.4
K_1	270.4	269	270.5	270.6	
K_2	271.3	271.7	269.5	267.4	
K_3	265.8	266.8	267.5	269.5	
k_1	90.1	89.7	90.2	90.2	
k_2	90.4	90.6	89.8	89.1	
k_3	88.6	88.9	89.2	89.8	
R	1.8	1.6	1	1.1	

（a）改良前（×200）　　　　　　　　（b）改良后（×200）

（c）改良前（×500）　　　　　　　　（d）改良后（×500）

图 8.30　改良前后挂面的微观结构

8.5.18　和面方式对挂面品质的影响

不同和面方式的挂面煮后蒸煮、质构和感官特性测试结果见表 8.26。可以看出，和面方式对挂面蒸煮损失率、熟段条率、硬度、咀嚼性影响显著，对挂面弹性和感官评分影响不显著。这可能是由于在真空状态下和面，隔绝外界空气，一方面可促使水分更充分、更均匀地渗透入小麦粉组分内部，蛋白质和淀粉吸水更充分、更均匀，提高了面团中蛋白质的聚合度；另一方面，可使面团内部气孔分布减少，从而形成更为致密的面团结构，提升挂面品质，因此，真空和面效果优于普通和面。

表 8.26　和面方式对挂面品质的影响

和面方式	蒸煮损失率/%	熟段条率/%	硬度/g	弹性	咀嚼性/g	感官得分/分
普通和面	4.5[a]	0.7[a]	5 821.6[b]	0.88[a]	3 801.3[b]	91.0[a]
真空和面	3.4[b]	0[b]	5 989.2[a]	0.88[a]	3 924.5[a]	91.3[a]

注：表中同一列中不同字母代表数据间在 $P<0.05$ 水平上具有显著性差异。

8.5.19　成型方式对挂面品质的影响

不同成型方式的挂面煮后蒸煮、质构和感官特性测试结果见表 8.27。可以看出，成型方式对挂面的蒸煮品质、质构和感官影响不大，仅硬度指标差异显著，挤压是集混合、破碎、蒸煮、成型等操作为一体的方式，挤压过程中在 60 ℃ 的温度下面絮中的蛋白质可能会发生部分变性，淀粉也会糊化，因此，采用先挤压后压延的方式制备挂面并不能显著提高挂面品质。

表 8.27　成型方式对挂面品质的影响

成型方式	蒸煮损失率/%	熟段条率/%	硬度/g	弹性	咀嚼性/g	感官得分/分
连续压延	4.4[a]	0.5[a]	5 819.5[b]	0.87[a]	3 822.1[a]	90.7[a]
先挤压后压延	4.5[a]	0.4[a]	5 960.3[a]	0.88[a]	3 825.6[a]	91.0[a]

注：表中同一列中不同字母代表数据间在 $P<0.05$ 水平上具有显著性差异。

8.5.20　主干燥条件对挂面品质的影响

不同主干燥温度下的挂面抗扭断强度和抗弯强度结果见表 8.28。随着干燥温度的升高，抗扭断强度和抗弯强度均得到不同程度的改善，当温度为 60 ℃ 和 80 ℃ 时，两指标差异不显著，因此，确定最佳主干燥温度为 60 ℃。

表 8.28　不同干燥温度下挂面品质变化

温度/℃	抗扭断强度/g	抗弯强度/g
40	185.4[b]	20.8[b]
60	193.1[a]	27.1[a]
80	192.5[a]	27.1[a]

注：表中同一列中不同字母代表数据间在 $P<0.05$ 水平上具有显著性差异。

不同干燥湿度下的挂面抗扭断强度和抗弯强度结果见表 8.29。随着相对湿度升高，抗扭断强度和抗弯强度在湿度为 75%时达到最大，因此，确定最佳主干燥相对湿度为 75%。

表 8.29　不同干燥湿度下挂面品质变化

相对湿度/%	抗扭断强度/g	抗弯强度/g
65	180.1[b]	21.3[b]
75	195.4[a]	27.4[a]
85	175.3[b]	26.5[a]

注：表中同一列中不同字母代表数据间在 $P<0.05$ 水平上具有显著性差异。

8.5.21　挂面对小鼠体重的影响

受试挂面对小鼠体重的影响见表 8.30。试验前小鼠体重在 18.80～20.11 g 范围内，体重比较平均，各组无显著性差异。小鼠经过试验后的体重增重量在各剂量组之间及与阴性对照组在 $P<0.05$ 水平上均差异显著，说明受试挂面有助于小鼠的体重增长。

表 8.30　小鼠体重的变化

组别	小鼠数/只	试验前体重/g	试验后体重/g	增重/g
阴性对照组	10	20.11±0.12	34.22±1.31	14.11±0.24[d]
低剂量组	10	19.42±0.13	36.83±1.13	17.42±0.47[c]
中剂量组	10	18.80±0.15	37.51±1.25	18.72±0.33[b]
高剂量组	10	19.31±0.20	38.26±1.51	18.95±0.46[a]

注：表中同一列中不同字母代表数据间在 $P<0.05$ 水平上具有显著性差异。

8.5.22　挂面对小鼠脏器/体重比值的影响

胸腺与脾脏是动物体内最重要的免疫器官，可为免疫细胞分化、成熟、定居增殖和产生免疫应答反应提供场所。二者与体重之比可反映免疫器官发育、免疫细胞功能及机体非特异性免疫能力。由表 8.31 可见，小鼠连续灌胃 30 天后，各受试组小鼠的胸腺/体重比值和脾脏/体重比值均高于阴性对照组，但根据剂量组之间的显著性结果，只有高剂量组呈显著差异（$P<0.05$），表明受试挂面对小鼠的免疫器官质量在高剂量下有明显影响，对免疫器官有刺激作用。

表 8.31　小鼠的免疫器官脏器/体重比值的变化

组别	小鼠数/只	胸腺/体重	脾脏/体重
阴性对照组	10	0.32 ± 0.01^b	0.42 ± 0.02^b
低剂量组	10	0.33 ± 0.01^b	0.43 ± 0.02^b
中剂量组	10	0.34 ± 0.02^b	0.44 ± 0.01^b
高剂量组	10	0.36 ± 0.01^a	0.47 ± 0^a

注：表中同一列中不同字母代表数据间在 $P<0.05$ 水平上具有显著性差异。

8.5.23　挂面对小鼠细胞免疫功能的影响

由表 8.32 的结果可知，各剂量组小鼠的左右耳质量差均与阴性对照组呈显著性差异（$P<0.05$），这说明受试挂面可促进小鼠的迟发型变态反应。同时，中、高剂量组小鼠的淋巴细胞增殖能力（即 OD 值）与阴性对照组比较有显著性差异（$P<0.05$），说明受试挂面可促进小鼠淋巴细胞增殖、转化能力。因此，中、高剂量挂面对小鼠的细胞免疫功能有强化作用。

表 8.32　小鼠脾淋巴细胞转化及迟发型变态反应的变化

组别	小鼠数/只	左右耳质量差/mg	淋巴细胞增殖能力
阴性对照组	10	13.42 ± 0.43^d	0.16 ± 0.01^c
低剂量组	10	13.75 ± 0.56^c	0.16 ± 0^c
中剂量组	10	14.60 ± 0.65^b	0.18 ± 0.01^b
高剂量组	10	15.90 ± 0.35^a	0.20 ± 0.01^a

注：表中同一列中不同字母代表数据间在 $P<0.05$ 水平上具有显著性差异。

8.5.24　挂面对小鼠体液免疫功能的影响

表 8.33 为小鼠体液免疫功能的试验结果，连续灌胃 30 天后，中、高剂量受试组小鼠的抗体生成细胞数和高剂量组小鼠抗体积数显著高于对照组和低剂量组，这说明高剂量组受试挂面对小鼠体液免疫有促进作用。

表 8.33　小鼠抗体生成细胞及溶血素的变化

组别	小鼠数/只	溶血空斑数/（$\times 10^6$ 脾细胞数）	抗体积数
阴性对照组	10	172.95±12.23[b]	133.25±17.32[b]
低剂量组	10	170.65±11.27[b]	133.80±16.92[b]
中剂量组	10	189.00±15.38[a]	135.20±14.29[ab]
高剂量组	10	189.10±13.89[a]	137.15±21.24[a]

注：表中同一列中不同字母代表数据间在 $P<0.05$ 水平上具有显著性差异。

8.5.25　挂面对小鼠单核-巨噬细胞功能的影响

表 8.34 为小鼠单核-巨噬细胞功能的变化，结果表明，与阴性对照组相比，小鼠单核-巨噬细胞碳廓清吞噬指数及腹腔巨噬细胞吞噬鸡红细胞指数虽有升高趋势，但在 $P<0.05$ 水平上无显著性差异，各受试组之间也无显著差异，即该受试挂面对小鼠单核-巨噬细胞功能无明显的促进作用。

表 8.34　小鼠单核-巨噬细胞碳廓清及腹腔巨噬细胞吞噬鸡红细胞试验结果

组别	小鼠数/只	碳廓清吞噬指数	巨噬细胞吞噬指数
阴性对照组	10	5.48±0.02[a]	0.53±0[a]
低剂量组	10	5.54±0.01[a]	0.54±0.01[a]
中剂量组	10	5.56±0.02[a]	0.56±0.01[a]
高剂量组	10	5.60±0[a]	0.57±0[a]

注：表中同一列中不同字母代表数据间在 $P<0.05$ 水平上具有显著性差异。

8.5.26　挂面对小鼠 NK 细胞活性的影响

从表 8.35 结果可知，各剂量组的 NK 细胞活性虽比阴性对照组略高，但无显著性差异，低、中、高剂量组的结果变化也无规律可言，因此，该挂面对小鼠的 NK 细胞活性无明显的促进作用。

表 8.35　小鼠 NK 细胞活性的变化

组别	小鼠数/只	NK 细胞活性/%
阴性对照组	10	22.38 ± 0.78^b
低剂量组	10	23.37 ± 0.58^a
中剂量组	10	22.50 ± 0.39^b
高剂量组	10	23.52 ± 0.77^a

注：表中同一列中不同字母代表数据间在 $P<0.05$ 水平上具有显著性差异。

8.6　本章小结

（1）药食同源基础配方对面粉性质的影响结果。

随着药食同源物质添加比例的加大，混合粉的 $L*$ 值呈下降趋势，$b*$ 值呈升高趋势；混合粉在糊化过程中峰值黏度、低谷黏度、最终黏度和崩解值均呈上升趋势，回生值降低，当添加比例超过 20% 时，各样品间无显著性差异，起始糊化温度无显著变化规律；药食同源物质的加入降低了面团的吸水率和粉质质量指数，提高了面团的形成时间，面团的稳定时间呈显著下降趋势，弱化度值呈显著增大趋势；拉伸曲线面积在 45 min 时呈先下降后上升的趋势，而在 90 min 和 135 min 时则呈持续下降趋势，样品 2~4 之间无显著性差异，最大拉伸阻力在 45 min 时随着药食同源物质添加量的增加呈下降趋势，面团发酵 45 min 和 135 min 后，延伸度均呈下降趋势，90 min 时延伸度呈先下降后上升，随后又下降趋势；混合粉面团体系呈现出典型的弱凝胶动态流变学趋势，其数值随频率的升高而变大，面团的稳定性在低频率扫描下低，高频率扫描下高，随着药食同源物质添加量的增加，混合粉的 T_0、T_c、T_p 均逐渐增加，糊化熔值越来越小，糊化温度范围越来越小。

（2）药食同源基础配方对面条品质的影响结果。

随着药食同源物质添加量的增加，挂面的最佳蒸煮时间延长，蒸煮损失率和熟段条率呈上升趋势，尤其当药食同源物质添加量超过 30% 后，两个指标变化显著；面条的 L^* 值越低，a^* 值和 b^* 值越高，L^* 值随冷藏时间的延长呈下降趋势，a^* 值和 b^* 值随冷藏时间的增长均呈上升趋势，各样品的色泽 L^* 值、a^* 值和 b^* 值的均匀性变化幅度较小，熟挂面对照组的 a^* 值显著高于添加药食同源物质的挂面，b^* 值显著低于添加药食同源物质的挂面；挂面硬度、弹性和咀嚼性在 30% 的比例时达到最大，而后降低，回复性呈显著下降趋势，黏结性无明显变化规律；拉断力、拉伸距离、最大剪切力及剪切力做功显著下降，当添加 30% 的药食同源物质时的拉断力与对照组区别不大；各样品的表面微观结构无明显差别，但挂面内部出现大的孔洞，横截面出现更多的蜂窝状，当添加量达到 40% 时，淀粉颗粒更多地暴露出来，并有一些拉丝样物质出现；药食同源物质添加量低于 30% 时，感官评分较高，均高于对照组。

（3）挂面的品质改良结果。

4 种食品添加剂对面条影响的显著性为谷朊粉＞黄原胶＞转谷氨酰胺酶＞蔗糖脂肪酸酯，感官评价结果的最佳组合为 $A_2B_2C_1D_1$，即谷朊粉添加量为 4%，黄原胶添加量为 1.2%，蔗糖脂肪酸酯添加量为 0.3%，转谷氨酰胺酶添加量为 0.07%，在此条件下进行验证试验，挂面的感官评分为 92.4 分，挂面的表面变得平整、光滑，内部结构的孔洞变小，面筋网络更致密。真空和面方式可显著提高挂面蒸煮损失率、熟段条率、硬度、咀嚼性等指标，先挤压后压延的成型方式对挂面品质提升效果不显著。主干燥条件对挂面的抗扭断强度和抗弯强度有较大影响，当温度为 60 ℃、相对湿度为 75% 时，两指标数值最高。因此，最佳主干燥温度和相对湿度分别为 60 ℃和 75%。

（4）挂面的功效评价结果。

受试挂面有助于小鼠的体重、胸腺/体重比值和脾脏/体重比值的增加，可促进小鼠的细胞免疫和体液免疫功能，而对小鼠单核-巨噬细胞碳廓清吞噬指数、腹腔巨噬细胞吞噬鸡红细胞指数和 NK 细胞活性无显著促进作用。综合判定，该挂面对于提高机体免疫力有一定的促进作用。

第 9 章 展 望

我国中医食疗理论已有上千年的历史，在人们追求健康生活的潮流冲击下，作为食疗理论的发源地，更应该充分发挥传统药食同源思想的优势，加大力度开发高质量的药食同源类营养功能型面条，开辟更广阔的市场。

目前，对国内营养保健型面条的研制主要集中在护色、口感、外观、保存等问题上，而对其功效成分的检测研究较少。具有一定保健功能的食物作为辅料应用到挂面中，其主营养素、微量元素、功能营养素等成分可能会发生一定的变化，若不对制备后的面条进行功效成分检测，则很难判断面条中是否含有该功效成分及功效成分含量是否能起到保健作用。某些辅料中的功效成分易溶于水，我国面条吃法大都为捞吃，煮挂面时有效成分易溶于汤中而不被人们食用，导致保健功能降低或消失。检测制备后及煮后的面条中某种功效成分的有无及多少，是判断该面条是否具有某种保健功能的基础。因此，本课题组在今后的营养功能型面条研制过程中，会加强对制备后及煮后面条的功效成分检测。

对营养保健型面条的评价主要集中在感官指标、卫生指标、理化指标等方面，对其营养评价、功能评价及适宜人群等方面的研究非常有限。分析其主要原因为：目前报道的大部分营养保健型面条的保健功能还停留在理论推导阶段，即根据所添加的辅料具有某种保健功能来推测所制备的面条具有某种营养保健功能。但在营养保健型面条的生产加工及烹饪过程中，辅料中的功效成分可能会与面粉或者其他添加物质发生反应，从而降低或者失去原有的保健功能。因此，仅仅通过辅料具有的保健功能来推测制备出的面条具有某种保健功能，是没有依据的。尽管本书第 8 章对功能面条做了一些动物学评价，但是数据仍然不够详实丰富，在以后的营养保健面条研究开发中，应加强对营养保健型面条功能学评价试验的研究。

此外，营养保健型面条的研制过程中应严格按照相关规定进行规范化生产，合理地制定价格，高标准、严要求地生产高质量的营养保健型面条。

参 考 文 献

[1] TATTERSALL I. Human origins: out of Africa[J]. Pans, 2009, 106(38): 16018-16021.

[2] CORDAIN L, MILLER J B, EATON S B, et al. Plant-animal subsistence ratios and macronutrient energy estimations in worldwide hunter-gatherer diets[J]. Amer J Clin Nutr, 2000, 71(3): 682-692.

[3] 刘莉, 陈星灿. 中国考古学旧石器时代晚期到早期青铜时代[M]. 北京: 生活·读书·新知三联书店, 2017.

[4] 夏曾佑. 中国学术中国古代史[M]. 南昌: 江西教育出版社, 2018.

[5] 王者悦. 中国药膳大辞典[M]. 北京: 中医古籍出版社, 2017.

[6] 王冰. 黄帝内经·素问[M]. 南宁: 广西科学技术出版社, 2016.

[7] 李廷芝. 中国烹饪辞典[M]. 太原: 山西科学技术出版社, 2019.

[8] 黄璐琦, 陈敏. 药食两用物质诠释[M]. 北京: 人民卫生出版社, 2021.

[9] 周然, 柴智, 樊慧杰, 等. 药酒的历史沿革及现代发展与应用[J]. 中医杂志, 2017, 58(23): 1989-1993.

[10] 刘双双, 刘青, 何春年, 等. 桑寄生茶的应用历史与现代研究进展[J]. 中国现代中药, 2019, 21(2): 147-153.

[11] 刘青, 李月, 杨润梅, 等. 金花茶组植物资源现状与现代研究进展[J]. 中国现代中药, 2021, 23(4): 727-733.

[12] 许利嘉, 刘海波, 马培, 等. 沉香叶茶饮的研究进展[J]. 中国现代中药, 2021, 23(9): 1525-1533.

[13] 胡思, 王超, 孙贵香, 等. 大健康产业背景下药食两用资源开发的现状与对策研究[J]. 湖南中医药大学学报, 2021, 41(5): 815-820.

[14] 肖伟, 于凡, 许利嘉, 等. 海上丝绸之路上的重要资源: 辣木叶茶[J]. 中国现代

中药, 2019, 21(7): 851-854.

[15] 李颖, 李鹏英, 周修腾, 等. 玛咖研究及应用进展[J]. 中国中药杂志, 2018, 43(23): 4599-4607.

[16] 艾娇, 梁帅, 李艳秋, 等. 世界参类药材比较研究[J]. 中国民族医药杂志, 2021, 27(4): 55-59.

[17] 唐雪阳, 谢果珍, 周融融, 等. 药食两用的发展与应用概况[J].中国现代中药, 2020, 22(9): 1428.

[18] 高涛, 唐华丽, 孙桂菊, 等. 保健食品产业中存在的问题及对策分析[J].食品与发酵工业, 2021, 47(2): 311.

[19] 马晓璐. 健康中国行动(2019—2030 年)[J]. 标准生活, 2019(8):8.

[20] 徐琳, 魏孔炯, 姜交龙, 等. 黄芪枸杞复合饮料的研发[J].饮料工业, 2020, 23(5): 37.

[21] 代云桃, 靳如娜, 孙蓉, 等. 中药保健食品的质量控制现状和研究策略[J].中国中药杂志, 2019, 44(5): 880.

[22] 王超, 迟少云, 杨钊, 等. 阿胶类保健食品中阿胶成分和牛皮源成分检测及质量评价[J].食品与发酵工业, 2019, 45(1): 224.

[23] 房军, 陈慧, 元延芳, 等.保健食品乱象分析及对策研究[J].中国食物与营养, 2019, 25(6): 5.

[24] 国家药典委员会.中华人民共和国药典.四部[M].北京: 中国医药科技出版社, 2020.

[25] 代文婷, 王远, 邢丽杰, 等. 蟠桃-葡萄-黑枸杞复合饮料的配方优化[J].食品与发酵工业, 2021, 47(1): 172.

[26] 霍梦琪, 彭莎, 任越, 等. 基于系统中药学的中药功效标志物发现与应用[J].中国中药杂志, 2020, 45(14): 3245-3250.

[27] 边亚倩, 李晶, 彭莎, 等. 基于系统中药学的黄芪补气潜在功效标志物的发掘[J].中国中药杂志, 2020, 45(14): 3266-3274.

[28] 彭莎, 霍晓乾, 霍梦琪, 等. 基于系统中药学的金银花清热解毒功效标志物研究[J].中国中药杂志, 2020, 45(14): 3275-3281.

[29] 卢雨晴, 张程.中国古代对于"药食两用"的认识[J]. 科教文汇(中旬刊), 2019

(5): 190-192.

[30] 忽思慧. 饮膳正要[M]. 北京: 中国中医药出版社, 2019.

[31] 田明, 陈慧. 保健食品注册与备案管理办法亮点解读[J]. 中国食物与营养, 2019, 25(4): 39-42.

[32] 王萍, 刘晴晴. 欧盟保健食品综合治理考察与经验借鉴[J]. 中国卫生法制, 2020, 28(2): 62-66.

[33] 萨翼. 从抗氧化保健食品看食品在功能产品中的应用[J]. 食品与机械, 2020, 36(10): 1-5.

[34] 贾福怀, 王彩霞, 袁媛, 等. 姜黄保健食品开发现状分析[J]. 农产品加工, 2020(13): 69-72.

[35] 冯朵, 王靖, 季晓娇, 等. 青稞功效成分和保健功能研究进展[J]. 食品科技, 2020, 45(9): 57-61.

[36] CONNOLLY M L, LOVEGROVE J A, TUOHY K M.Konjac glucomannan hydrolysate beneficially modulates bacterial composition and activity within the faecal microbiota[J].Journal of Functional Foods, 2010, 2(3): 219-224.

[37] 周中凯, 赵亚丽, 杨星月. 魔芋低聚糖对高脂饮食小鼠脂代谢的影响[J]. 食品科学, 2019, 40(1): 149-154.

[38] 孟佳珩, 侯建鹏. 运动营养食品及其功能性成分研究进展[J]. 食品安全质量检测学报, 2019, 10(15): 5001-5006.

[39] 金安琪, 池秀莲, 李明福, 等. 基于中药质量特征和 HACCP 体系的中药可追溯系统的应用[J]. 中国中药杂志, 2020, 45(21): 5304-5308.

[40] 赵红年, 赵芳, 林汲, 等. 葛根高粱复合酿造山西老陈醋的工艺优化[J]. 中国调味品, 2020, 45(6): 134-138.

[41] 李桂荣, 尚金燕, 历娜, 等. 双参颗粒功能性食品质量标准的研究与制定[J]. 人参研究, 2020, 32(5): 10-12.

[42] 鄢雷娜, 吴鑫, 段和祥, 等. 高效液相色谱法同时测定抗疲劳功能食品中 4 种功效成分的研究[J]. 食品安全质量检测学报, 2020, 11(1): 170-174.

[43] 于志斌. 2019 年中药类商品进出口形势分析中国现代中药[J]. 2020,22(3):419-423.

[44] WINTER G, HARTR A, CHARLESWORTH R P G, el al.Gul microbiom and

depression: what we know and what we rired to know[J]. Rev Neurasei, 2018, 29(6):629-643.

[45] CHANG C J, LIN C S, LU C C, et al. Ganoderma lucidum reduces obesity in mice by modulating the composition of the gut microbiota[J]. Nature Communications, 2015, 6(1): 7489.

[46] CHEN G, XIE M, WAN P, et al. Fuzhuan brick tea polysaccharides attenuate metabolic syndrome in high-fat diet induced mice in association with modulation in the gut[J]. J Agrie Food Chem, 2018, 66 (11):2783-2795.

[47] CHANG C J, LU C C, LIN C S, et al. Antrodiacinnamomea reduces obesily and modulates the gut microbiota in high-fat diet-fed mice[J]. Int J Obes(Lond), 2018, 42(2):231-243.

[48] TAN Y, KIM J, CHENG J, el al. Green lea pulyphenolsame liorale non-alcoholie fally liver disease through upregulaling AMPK arlivalion in high fat fel Zucker fally rals[J]. World J Gaslroenterol, 2017, 23(21): 3805-3814.

[49] SHEN L, JI H F. Bidiredional inleraclions between dielary eurcumin and gul microbiota[J]. Cril Rev Food Svi Nulr,2019,59(18):2896-2902.

[50] 张中朋, 汪建芬. 我国中药贸易现状及思考[J]. 中国现代中药, 2017, 19(2): 278-282.

[51] 王进博, 陈广耀, 孙蓉, 等. 对中药组方保健食品的几点思考[J]. 中国中药杂志, 2019,44(5): 865-869.

[52] 唐雪阳, 谢果珍, 周融融, 等. 药食两用的发展与应用概况[J]. 中国现代中药, 2020, 22(9): 1428-1433.

[53] 孟玺, 季强, 杨金萍. 从食治文献管窥唐宋食治发展特点[J]. 中国中医基础医学杂志, 2021, 27(7): 1072-1074.

[54] 萨翼, 陈广耀, 王进博, 等. 已批准增强免疫力功能的中药类保健食品现状及监管建议[J]. 中国中药杂志, 2019, 44(5): 885-890.

[55] 郭俊花, 张增帅, 马欣, 等. 11 种食药同源植物提取物对果蔬常见腐败菌的抑菌活性研究[J]. 天然产物研究与开发, 2019, 31(12): 2025-2031.

[56] WANG D D, HUANG C G, ZHAO Y, et al. Comparative studies on polysaccharides,

triterpenoids, and essential oil from fermented mycelia and cultivated sclerotium of a medicinal and edible mushroom, Poria cocos[J]. Molecules, 2020, 25(6) : 1269.

[57] 胡春芳, 肇楠, 冯改静. 基于专利文献的药食两用学科发展态势分析[J]. 河北农业科学, 2020, 24(5) : 93-96.

[58] 国家卫健委: 当归等 6 种物质纳入既是食品又是中药材的物质目录管理[J]. 中国食品, 2020 (2) : 46-47.

[59] PÉRINO-ISSARTIER S, GINIES C, CRAVOTTO G, et al. A comparison of essential oils obtained from lavandin via different extractionprocesses: ultrasound, microwave, turbohydrodistillation, steam andhydrodistillation[J]. Journal of Chromatography A, 2013, 1 305:41-47.

[60] 李姗姗, 钟献坤, 杨黎, 等. 三种植物精油对樱桃番茄保鲜效果的影响[J]. 北方园艺, 2020(23) : 108-114.

[61] MOHAMMADI A, HASHEMI M, HOSSEINII S M. Chitosan nanoparticles loaded with cinnamomum zeylanicum essential oil enhancethe shelf life of cucumber during cold storage[J]. Postharvest Biology and Technology, 2015, 110: 203-213.

[62] ECHEVERRÍA I, LÓPEZ-CABALLERO M E, GÓMEZ-GUILLÉN MC, et al. Active nanocomposite films based on soy proteins-montmo-rillonite-clove essential oil for the preservation of refrigerated bluefintuna (*Thunnus thynnus*) fillets[J]. International Journal of Food Microbiology, 2018, 266: 142-149.

[63] PAVLIC B, TESLIC N, ZENGIN G, et al. Antioxidant and enzyme-inhibitory activity of peppermint extracts and essential oils obtainedby conventional and emerging extraction techniques[J]. Food Chemistry, 2021, 338:127724.

[64] SHARMA A, SHARMA N K, SRIVASTAVA A, et al. Clove and lemongrass oil based non-ionic nanoemulsion for suppressing the growth of plant pathogenic *Fusarium oxysporum* f. sp. lycopersici[J]. Industrial Crops and Products, 2018, 123: 353-362.

[65] 赵亚珠, 郝晓秀, 孟婕, 等. 百里香精油抗菌包装纸箱对草莓保鲜效果的影响[J]. 食品与发酵工业, 2020, 46(11) : 258-263.

[66] GHADERI-GHAHFAROKHI M, BARZEGAR M, SAHARI M A, et al.

Nanoencapsulation approach to improve antimicrobial and antioxidant activity of thyme essential oil in beef Burgers during refrigerated storage[J]. Food and Bioprocess Technology, 2016, 9(7) : 1187-1201.

[67] GAWDE A, CANTRELL C L, ZHELJAZKOV V D, et al. Steam distillation extraction kinetics regression models to predict essential oilyield, composition and bioactivity of chamomile oil[J]. Industrial Crops and Products, 2014, 58: 61-67.

[68] YAHYA A, YUNUS R M. Influence of sample preparation and extraction time on chemical composition of steam distillation derivedpatchouli oil[J]. Procedia Engineering, 2013, 53: 1-6.

[69] LILI A C H, JOSE R E V, ARTURO T, et al. CO$_2$-supercritical extraction, hydrodistillation and steam distillation of essential oil of rosemary (*Rosmarinus officinalis*)[J].Journal of Food Engineering, 2017, 200: 81-86.

[70] CHEN G H, SUN F R, WANG S G, et al. Enhanced extraction ofessential oil from Cinnamomum cassia bark by ultrasound assistedhydrodistillation[J]. Chinese Journal of Chemical Engineering, 2020, 36: 38-46.

[71] ZHAO C C, YANG X Y, TIAN H, et al. An improved method to obtain essential oil, flavonols and proanthocyanidins from fresh *Cinna-momum japonicum Sieb.* leaves using solvent-free microwave-assisted distillation followed by homogenate extraction[J]. ArabianJournal of Chemistry, 2020, 13(1) : 2041-2052.

[72] SINGH CHOUHAN K B, TANDEY R, SEN K K, et al. Criticalanalysis of microwave hydrodiffusion and gravity as a green tool forextraction of essential oils: time to replace traditional distillation[J]. Trends in Food Science & Technology, 2019, 92: 12-21.

[73] CARDOSO L G, PEREIRA SANTOS J C, CAMILLOTO G P, et al.Development of active films poly (butylene adipate co-tereph-thalate) -PBAT incorporated with oregano essential oil and application in fish fillet preservation[J]. Industrial Crops and Products, 2017, 108: 388-397.

[74] ADELAKUN O E, OYELADE O J, OLANIPEKUN B F. Use of essential oils in food preservation[J]. Essential Oils in Food Preservation, Flavor and Safety,

2016:71-84.

[75] KALIAMURTHI S, SELVARAJ G, HOU L F, et al. Synergism of essential oils with lipid based nanocarriers: emerging trends in preservation of grains and related food products[J]. Grain & Oil Scienceand Technology, 2019(1) : 21-26.

[76] ALVAREZ M V, PONCE A G, MOREIRA M D R. Antimicrobial efficiency of chitosan coating enriched with bioactive compounds toimprove the safety of fresh cut broccoli[J]. LWT-Food Science and Technology, 2013, 50(1) : 78-87.

[77] PERDONES Á, ESCRICHE I, CHIRALT A, et al. Effect of chitosan-lemon essential oil coatings on volatile profile of strawberriesduring storage[J]. Food Chemistry, 2016, 197(Pt A) : 979-986.

[78] NAEEM A, ABBAS T, ALI T M, et al. Effect of guar gum coatingsm containing essential oils on shelf life and nutritional quality of green-unripe mangoes during low temperature storage[J]. International Journal of Biological Macromolecules, 2018, 113: 403-410.

[79] 姚成龙. 红秋葵果胶-小茴香精油可食性膜的制备及对鲜切菠萝抑菌效果影响 [D]. 长春: 吉林农业大学, 2019.

[80] 萨仁高娃. 百里香精油与海藻酸盐复合涂膜防控鲜切水果食源性病原微生物作用机制的研究[D]. 大连: 大连理工大学, 2020.

[81] 徐昊洋, 阮长晴. 基于壳聚糖的绿色抗菌复合涂膜材料及其在水果保鲜应用上的研究进展[J]. 食品与发酵工业, 2020, 46(14) : 295-302.

[82] 石泽栋, 蒋雅萍, 孙英杰, 等. 牛至精油微胶囊的制备、表征及在杏贮藏期的抑菌效果[J]. 食品科学, 2021, 42(11):186-194.

[83] MCMANAMON O, KAUPPER T, SCOLLARD J, et al. Nisin application delays growth of Listeria monocytogenes on freshcut iceberglettuce in modified atmosphere packaging, while the bacterial community structure changes within one week of storage[J]. Postharvest Biology and Technology, 2019, 147: 185-195.

[84] 肖伟, 张彩君, 陈珂. 电解水短时处理对采后蔬菜维生素 C 含量等保鲜指标的影响[J]. 长江蔬菜, 2020(16) : 25-26.

[85] TAHIR H E, ZOU X B, MAHUNU G K, et al. Recent developmentsin gum edible

coating applications for fruits and vegetables preservation: a review[J]. Carbohydrate Polymers, 2019, 224: 115-141.

[86] NAIR M S, TOMAR M, PUNIA S, et al. Enhancing the functionalityof chitosanand alginate-based active edible coatings/films for thepreservation of fruits and vegetables: a review[J]. International Journal of Biological Macromolecules, 2020, 164: 304-320.

[87] 宋文龙, 李洋洋, 邰海燕, 等. 生姜精油微胶囊薄膜包装对秋葵保鲜效果的影响[J]. 食品与发酵工业, 2020, 46 (8) : 142-148.

[88] REHMAN A, JAFARI S M, AADIL R M, et al. Development of active food packaging via incorporation of biopolymeric nanocarrierscontaining essential oils[J]. Trends in Food Science & Technology, 2020, 101: 106-121.

[89] ALIZADEH BEHBAHANI B, FALAH F, VASIEE A, et al. Controlof microbial growth and lipid oxidation in beef using a Lepidiumperfoliatum seed mucilage edible coating incorporated with chicoryessential oil[J]. Food Science & Nutrition, 2021, 9 (5) : 2458-2467.

[90] WANG D Y, DONG Y, CHEN X P, et al. Incorporation of apricot (*Prunus armeniaca*) kernel essential oil into chitosan films displaying antimicrobial effect against Listeria monocytogenes and improving quality indices of spiced beef[J]. International Journal of Biological Macromolecules, 2020, 162: 838-844.

[91] PATEIRO M, MUNEKATA P E S, SANT'ANA A S, et al. Application of essential oils as antimicrobial agents against spoilage andpathogenic microorganisms in meat products[J]. International Journal of Food Microbiology, 2021, 337: 108966.

[92] ALIZADEH-SANI M, MOHAMMADIAN E, MCCLEMENTS D J.Eco-friendly active packaging consisting of nanostructured biopolymer matrix reinforced with TiO$_2$ and essential oil: application forpreservation of refrigerated meat[J]. Food Chemistry, 2020, 322: 126782.

[93] 李维正, 杨丽华, 韩玲, 等. 果胶-迷迭香精油复合膜协同冰温贮藏对牛肉保鲜的影响[J]. 食品与发酵工业, 2021, 47 (20) :146-151.

[94] 李娜, 谢晶. 组合保鲜方式应用于水产品保鲜的研究进展[J]. 食品与机械, 2017,

33(11) : 204-207, 220.

[95] HEYDARIR, BAVANDI S, JAVADIAN S R. Effect of sodium alginate coating enriched with horsemint (*Mentha longifolia*) essentialoil on the quality of bighead carp fillets during storage at 4 ℃[J]. Food Science & Nutrition, 2015, 3(3) : 188-194.

[96] VIEIRA B B, MAFRA J F, BISPO A S, et al. Combination of chitosan coating and clove essential oil reduces lipid oxidation andmicrobial growth in frozen stored tambaqui (*Colossoma macropomum*) fillets[J]. LWT, 2019, 116: 108546.

[97] 姜悦. Nano-TiO$_2$改性抑菌薄膜制备及其对鲢鱼保鲜的应用研究[D]. 上海: 上海海洋大学, 2020.

[98] 袁黎明. 制备色谱技术及应用[M]. 北京: 化学工业出版社, 2012.

[99] 霍斯泰特曼, 马斯顿. 制备色谱技术[M]. 北京: 科学出版社, 2000.

[100] 柳仁民, 王海兵, 周建民. 制备色谱技术及装备研究进展[J]. 机电信息, 2011(2): 10-15.

[101] 贾丹, 陈啸飞, 丁璇, 等. 制备色谱及其在药物研究中的应用[J]. 药学服务与研究, 2015, 15(3): 161-165.

[102] 张瑞超, 赵朔, 白鹏. 模拟移动床色谱技术研究进展[J]. 现代化工, 2013, 33(11): 119-122.

[103] 王学军, 赵锁奇, 王仁安. 制备色谱技术进展[J]. 青岛大学学报(工程技术版), 2001, 16(4): 92-97.

[104] 张元, 闫加庆, 刘敏, 等. 超临界流体色谱技术在药物分析领域的应用研究进展[J]. 中国药房, 2018, 29(2): 283-288.

[105] YUAN Y, YU S, GE F, et al. GC-MS analysis of cortex magnolia officinalis oil separated by molecular distillation[J]. Chinese Journal of Natural Medicines, 2010, 8 (1) :47-50.

[106] DONG J, LIU Y, LIANG Z, et al. Investigation on ultrasound-assisted extraction of salvianolic acid from Salvia miltiorrhiza root[J]. Ultrason Sonochem, 2010, 17(1) : 61-65.

[107] HENG M, TAN S N, YONG J W H, et al. Emerging green technologies for the

chemical standardization ofbotanicals and herbal preparations[J]. Tr AC, 2013, 50: 1-10.

[108] OMAR J, ALONSO I, GARAIKOETXEA A, et al. Optimization of focused ultrasound extraction (FUSE) and supercritical fluid extraction (SFE) of citrus peel volatileoils and antioxidants[J]. Food Anal Methods, 2013, 6(4) : 1244-1252.

[109] RIERA E, BLANCO A, GARC A J, et al. High-power ultrasonic system for the enhancement of mass transfer insupercritical CO_2 extraction processes[J]. Physics Procedia, 2010, 3(1) : 141-146.

[110] FORNARI T, VICENTE G V,ZQUEZ E, et al. Isolation of essential oil from different plants and herbs by super-critical fluid extraction[J]. J Chromatogr A, 2012, 1250: 34-48.

[111] ARNIZ E, BERNAL J, MARTN M T, et al. Supercritical fluid extraction of free amino acids from broccoli leaves[J]. J Chromatogr A, 2012, 50(12) : 49-53.

[112] PATIL A A, SACHIN B S, WAKTE P S, et al. Optimized supercritical fluid extraction and effect of ionic liquidson picroside I and picroside II recovery from Picrorhizascrophulariiflora rhizomes[J]. J Pharm Inves, 2013, 43(3) : 1-14.

[113] LIANG G, QIAO X, BI Y, et al. Studies on purification of allicin by molecular distillation[J]. J Sci Food Agric, 2012, 92(7) : 1475-1478.

[114] LI S, GUO L, LIU C, et al. Application of supercritical fluid extraction coupled withcounter-current chromatography for extraction and online isolation of unstable chemical components from Rosa damascena[J]. J Sep Sci, 2013, 36: 2104-2113.

[115] LIU A, HAN C, ZHOU X, et al. Determination of three capsaicinoids in Capsicum annuum by pressurized liquid extraction combined with LC-MS/MS[J].J Sep Sci, 2013, 36(5) : 857-862.

[116] SHEN Y, HAN C, CHEN X, et al. Simultaneous determination of three curcuminoids in curcumawenyujin Y. H. chen et C. Ling. by liquid chromatography tandem mass spectrometry combined with pressurized liquid extraction[J]. J Pharmaceut Biomed A, 2013, 81-82: 146-150.

[117] SUN H, GE X, LV Y, et al. Application of accelerated solvent extraction in the

analysis of organic contaminants, bioactive and nutritional compounds in food and feed[J]. J Chromatogr A, 2012, 37(12) : 1-23.

[118] ZHANG Y, LIU C, QI Y, et al.Application of accelerated solvent extraction coupled with counter-current chromatography to extraction and online isolation of saponins with a broad range of polarity from Panax notoginseng[J]. Purif Technol, 2013, 106: 82-89.

[119] HAN Z, REN Y, ZHU J, et al. Multi-analysis of 35 mycotoxins in traditional Chinese medi-cines by ultra-high-performance liquid chromatography-tandem mass spectrometry coupled with accelerated solvent extraction[J]. J Agric Food Chem, 2012, 60(33) : 8233-8247.

[120] WANG H, LU Y, CHEN J, et al. Subcritical water extraction of alkaloids in Sophora flavescens Ait and determination by capillary electrophoresis with field-amplified sample stacking[J]. J Pharmaceut Biomed A, 2012, 58: 146-151.

[121] HE L, ZHANG X, XU H, et al. Subcriticalwater extraction of phenolic compounds from pomegranate (*Punica granatum* L.) seed residues and investigation into their antioxidant activities with HPLC-ABTS[+]assay[J]. Food Bioprod Process, 2012, 90 (2) : 215-223.

[122] CHEIGH C, CHUNG E, CHUNG M. Enhanced extraction of flavanones hesperidin and narirutin from Citrusunshiu peel using subcritical water[J]. J Food Eng, 2012, 110(3) : 472-477.

[123] ORIO L, ALEXANDRU L, CRAVOTTO G, et al. UAE, MAE, SFE-CO$_2$ and classical methods for the extraction of Mitragyna speciosa leaves[J]. Ultrason. Sonochem, 2012, 19(3) : 591-595.

[124] ZHANG Y, LI H, DOU H, et al. Optimization of nobiletin extraction assisted by microwave from orange by product using response surface methodology[J]. Food Sci Biotechnol, 2013, 22: 153-159.

[125] LAUTI E E, RASSE C, ROZET E, et al. Fast microwave-assisted extraction of rotenone for its quantification inseeds of yam bean (*Pachyrhizus* sp.)[J]. J Sep Sci, 2013, 36(4) : 758-763.

[126] RAHATH K I, KUMAR D, RAO L J M. Effect of microwave-assisted extraction on the release of polyphenolsfrom ginger (*Zingiber officinale*)[J]. Int J Food Sci Technol, 2013, 48: 1828-1833.

[127] ZENG W, ZHANG Z, GAO H, et al. Characterization of antioxidant polysaccharides from *Auricularia* auricular using microwave-assisted extraction[J]. Carbohyd Polym, 2012, 89(2) : 694-700.

[128] MISRA H, MEHTA D, MEHTA B K. Microwave-assisted extraction studies of target analyte artemisinin from dried leaves of *Artemisia annua* L.[J]. Org Chem Int, 2013, 2013: 1-6.

[129] VERMA S C, JAIN C L, NIGAM S, et al. Rapid extraction, isolation, and quantification of oleanolic acid from *Lantana camara* L. roots using microwave and HPLC-PDA techniques[J]. Acta Chromatogr, 2013, 25 (1) :181-199.

[130] VERMA S C, JAIN C L, KUMARI A, et al. Microwave-assisted extraction and rapid isolation of ursolic acid from the leaves of eucalyptus hybrida maiden and its quantification using HPLC-diode array technique[J]. J Sep Sci, 2013, 36: 1255-1262.

[131] MESA L B A, PADRO J M, RETA M. Analysis of non-polar heterocyclic aromatic amines in beef burguers by using microwave-assisted extraction and dispersive liquid-ionic liquid microextraction[J]. Food Chem, 2013, 141: 1694-1701.

[132] YANG L, SUN X, YANG F, et al. Application of ionic liquids in the microwave-assisted extraction of proanthocyanidins from larix gmelini bark[J]. Int J Mol Sci, 2012, 13(4) : 5163-5178.

[133] LIU X, HUANG X, WANG Y, et al. Designand performance evaluation of ionic liquid-based microwave-assisted simultaneous extraction of kaempferol andquercetin from Chinese medicinal plants[J]. AnalMethods, 2013, 5(10) : 2591-2601.

[134] XIAO X, SONG W, WANG J, et al. Microwave-assisted extraction performed in low temperature and in vacuo for the extraction of labile compounds in food samples[J]. Anal Chim Acta, 2012, 712: 85-93.

[135] LI Y, FABIANO-TIXIER A S, VIAN M A, et al. Solvent-free microwave extraction of bioactive compounds provides a tool for green analytical chemistry[J]. Tr AC, 2013, 47: 1-11.

[136] KUANG P, SONG D, YUAN Q, et al.Separation and purification of sulforaphene from radishseeds using macroporous resin and preparative high-performance liquid chromatography[J]. Food Chem, 2013, 136(2) : 342-347.

[137] ZHANG H, LIANG H, KUANG P, et al. Simultaneously preparative purification of Huperzine A and Huperzine B from Huperzia serrata by macroporous resin and preparative high performance liquid chromatography[J]. J Chromatogr B, 2012, 904: 65-72.

[138] ZHANG J, XIAO Y, FENG J, et al.Selectively preparative purification of aristolochic acidsand aristololactams from Aristolochia plants[J]. JPharm Biomed A, 2010, 52(4) : 446-451.

[139] WEI Y, HUANG W, GU Y. Onlineisolation and purification of four phthalide compoundsfrom Chuanxiong rhizoma using high-speed counter-current chromatography coupled with semi-preparative liquid chromatography[J]. J Chromatogr A, 2013, 1284:53-58.

[140] HOU Z, LUO J, WANG J, et al. Separation of minor coumarins from Peucedanum praeruptorum using HSCCC and preparative HPL Cguided by HPLC/MS[J]. Sep Purif Technol, 2010, 75(2) : 132-137.

[141] DE BEER D, JERZ G, JOUBERT E, et al. Isolation of isomangiferin from honeybush (*Cyclopia subternata*) using high-speed counter-current chromatography and high-performance liquid chromatography[J]. J Chromatogr A, 2009, 16(12) : 4282-4289.

[142] SHI S, PENG M, ZHANG Y, et al.Combination of preparative HPLC and HSCCC methods to separate phosphodiesterase inhibitors from Eucommia ulmoides bark guided by ultrafiltration-based ligand screening[J]. Anal Bioanal Chem, 2013, 40 (5) :4213-4223.

[143] ZHANG H, LI B, ZONG X, et al. Preparative separation of flavonoids in plant

extract of smilacisglabrae roxb. by high performance counter-current chromatography[J]. J Sep Sci, 2013, 36 (11) : 1853-1860.

[144] HAN Q, TANG W, DONG C, et al.An interesting two-phase solvent system and its use inpreparative isolation of aconitines from aconite roots by counter-current chromatography[J]. J Sep Sci, 2013, 36(7) : 1304-1310.

[145] WANG X, ZHENG Z, GUO X, et al.Preparative separation of gingerols from Zingiber officinale by high-speed counter-current chromatography using stepwise elution[J]. Food Chem, 2011, 125(4) :1476-1480.

[146] DAI X, HUANG Q, ZHOU B, et al.Preparative isolation and purification of seven main antioxidants from *Eucommia ulmoides Oliv.* (Duzhong) leaves using HSCCC guided by DPPH-HPLC experiment[J]. Food Chem, 2013, 139: 563-570.

[147] SCHR DER M, VETTER W. Investigation of unsaponifiable matter of plant oils and isolation of eight phytosterols by means of highspeed counter-current chromatography[J]. J Chromatogr A, 2012, 1237: 96-105.

[148] CHENG C, LI Y, XU P, et al. Preparative isolation of triterpenoids from Ganoderma lucidum by counter-current chromatography combined with pH-zone-refining[J]. Food Chem, 2012, 130 (4):1010-1016.

[149] CHENG Y, ZHANG M, LIANG Q, et al.Two-step preparation of ginsenoside-Re, Rb$_1$, Rc and Rb$_2$ from the root of *Panax ginseng* by high-performance counter-current chromatography[J]. Sep Purif Technol, 2011, 77(3): 347-354.

[150] ZHANG M, IGNATOVA S, HU P, et al. Cost-efficient and process-efficient separation of geniposide from gardenia jasminoides ellis by high-performance counter-current chromatography[J]. Sep Purif Technol, 2012, 89: 193-198.

[151] LÜ H, LI Y, ZHANG J, et al. Component and simulation of the 4 000-year-old noodles excavated from the archaeological site of Lajia in Qinghai, China[J]. Chinese Science Bulletin, 2014, 59(35): 5136-5152.

[152] 魏益民. 中华面条之起源[J]. 麦类作物学报, 2015, 35(7): 881-887.

[153] 何承云, 葛晓虹, 孙俊良, 等. 我国传统主食面条研究进展[J]. 粮油食品科技, 2017, 25(5): 5-7.

[154] 王超, 李世岩, 赵光辉, 等. 挂面工业化生产工艺及未来发展趋势[J]. 粮食加工, 2021, 46(1): 1-5.

[155] WANG C, KOVACS M I P, FOWLER D B, et al. Effects of protein content and composition on white noodle making quality: color[J]. Cereal Chemistry, 2004, 81(6): 777-784.

[156] HOU G G, SAINI R, NG P K W. Relationship between physicochemical properties of wheat flour, wheat protein composition, and textural properties of cooked Chinese white salted noodles[J]. Cereal Chemistry, 2013, 90(5): 419-429.

[157] BARAK S, MUDGIL D, KHATKAR B S. Effect of compositional variation of gluten proteins and rheological characteristics of wheat flour on the textural quality of white salted noodles[J]. International Journal of Food Properties, 2014, 17(4): 731-740.

[158] CHAUDHARY N, DANGI P, KHATKAR B S. Evaluation of molecular weight distribution of unreduced wheat gluten proteins associated with noodle quality[J]. Journal of Food Science and Technology, 2016, 53(6): 2695-2704.

[159] PARK C S, HONG B H, BAIK B K. Protein quality of wheat desirable for making fresh white salted noodles and its influences on processing and texture of noodles[J]. Cereal Chemistry, 2003, 80(3): 297-303.

[160] LIU R, WEI Y, REN X, et al. Effects of vacuum mixing, water addition, and mixing time on the quality of fresh Chinese white noodles and the optimization of the mixing process[J]. Cereal Chemistry, 2015, 92(5): 427-433.

[161] TUHUMURY H C D, SMALL D M, DAY L. Effects of Hofmeister salt series on gluten network formation: part I. cation series[J]. Food Chemistry, 2016, 212: 789-797.

[162] 桂俊, 陆启玉. 阴离子对面条品质影响机理[J]. 粮食与油脂, 2020, 33(3): 11-13.

[163] LI M, SUN Q J, HAN C W, et al. Comparative study of the quality characteristics of fresh noodles with regular salt and alkali and the underlying mechanisms[J]. Food Chemistry, 2018, 246: 335-342.

[164] 张梦迪, 陆启玉. 不同盐的添加对面条品质影响的研究进展[J]. 中国调味品, 2020, 45(3): 176-179.

[165] ROMBOUTS I, JANSENS K J A, LAGRAIN B, et al. The impact of salt and alkali on gluten polymerization and quality of fresh wheat noodles[J]. Journal of Cereal Science, 2014, 60(3): 507-513.

[166] 范会平, 陈月华, 符锋, 等. 碱性盐对小麦粉面筋特性和面条蛋白质组分的影响[J]. 现代食品科技, 2019, 35(12): 61-69.

[167] 张庆霞. 无机盐对面团流变学特性及面条品质影响的研究进展[J]. 粮食与油脂, 2020, 33(2): 4-6.

[168] CHOY A L, MAY B K, SMALL D M. The effects of acetylated potato starch and sodium carboxymethyl cellulose on the quality of instant fried noodles[J]. Food Hydrocolloids, 2012, 26(1): 2-8.

[169] EGUCHI S, KITAMOTO N, NISHINARI K, et al. Effects of esterified tapioca starch on the physical and thermal properties of Japanese white salted noodles prepared partly by residual heat[J]. Food Hydrocolloids, 2014, 35: 198-208.

[170] GUO Q, HE Z, XIA X, et al. Effects of wheat starch granule size distribution on qualities of Chinese steamed bread and raw white noodles[J]. Cereal Chemistry, 2014, 91(6): 623-630.

[171] YAN H L, LU Q Y. Effect of A-and B-granules of wheat starch on Chinese noodle quality[J]. Journal of Cereal Science, 2020, 91: 102860.

[172] ZHANG S B, LU Q Y, YANG H, et al. Effects of protein content, glutenin-to-gliadin ratio, amylose content, and starch damage on textural properties of Chinese fresh white noodles[J]. Cereal Chemistry, 2011, 88(3): 296-301.

[173] LI M, ZHU K X, SUN Q J, et al. Quality characteristics, structural changes, and storage stability of semi-dried noodles induced by moderate dehydration: understanding the quality changes in semi-dried noodles[J]. Food Chemistry, 2016, 194: 797-804.

[174] BRUNEEL C, PAREYT B, BRIJS K, et al. The impact of the protein network on the pasting and cooking properties of dry pasta products[J]. Food Chemistry, 2010,

120(2): 371-378.

[175] DELCOUR J A, JOYE I J, PAREYT B, et al. Wheat gluten functionality as a quality determinant in cereal-based food products[J]. Annual Review of Food Science and Technology, 2012, 3: 469-492.

[176] LI M, DHITAL S, WEI Y. Multilevel structure of wheat starch and its relationship to noodle eating qualities[J]. Comprehensive Reviews in Food Science and Food Safety, 2017, 16(5): 1042-1055.

[177] PÉREZ S, BERTOFT E. The molecular structures of starch components and their contribution to the architecture of starch granules:a comprehensive review[J]. Starch‐Stärke, 2010, 62(8): 389-420.

[178] HEO H, BAIK B K, KANG C S, et al. Influence of amylose content on cooking time and textural properties of white salted noodles[J]. Food Science and Biotechnology, 2012, 21(2): 345-353.

[179] CARINI E, VITTADINI E, CURTI E, et al. Effect of different mixers on physicochemical properties and water status of extruded and laminated fresh pasta[J]. Food Chemistry, 2010, 122(2): 462-469.

[180] LI R, WEI Y, LU Y, et al. Performance of industrial dough mixers and its effects on noodle quality[J]. Journal of Agricultural and Biological Engineering, 2016, 9(1): 125-134.

[181] 邵丽芳. 制面工艺对冷冻熟面品质的影响及其机理研究[D]. 无锡：江南大学, 2018.

[182] 惠滢. 高温高湿干燥工艺对挂面产品质量影响研究[D]. 杨凌：西北农林科技大学, 2018.

[183] 洪秀娟, 沈汪洋, 王展. 改良剂对面条品质影响的研究进展[J]. 粮食与油脂, 2021, 34(2): 11-13, 17.

[184] 孙小红, 郭兴凤. 酶制剂在面条加工中的应用[J]. 粮食加工, 2014, 39(6): 40-44, 75.

[185] NIU M, HOU G G, KINDELSPIRE J, et al. Microstructural, textural, and sensory properties of whole-wheat noodle modified by enzymes and emulsifiers[J]. Food

Chemistry, 2017, 223: 16-24.

[186] 张成东, 杨立娜, 吴昊桐, 等. 杂粮面条和馒头的研究进展[J]. 食品研究与开发, 2019, 40(10):212-216.

[187] NIU M, HOU G G, KINDELSPIRE J, et al. Microstructural, textural, and sensory properties of whole-wheat noodle modified by enzymes and emulsifiers[J]. Food Chemistry, 2017, 223: 16-24.

[188] AHN Y, PARK S J, KWACK H, et al. Rice-eating pattern and the risk of metabolic syndrome especially waist circumference in Korean Genome and Epidemiology Study (Ko GES)[J]. Bmc Public Health,2013, 13(1): 61.

[189] 刘丽宅, 谢晶, 卢曼曼, 等. 改良剂对燕麦面条品质影响的研究[J]. 粮食加工, 2016, 41(4):39-43.

[190] MAEDA I K，HORIGANE A, YOSHIDA M, et al. Water diffusion in buckwheat noodles and wheat noodles during boiling and holding as determined from MRI and rectangular cylinder diffusion model[J]. Food Science & Technology International Tokyo, 2009, 15(2): 107-116.

[191] 张美莉, 卢宇, 徐烨. 豌豆面条加工工艺的研究[J]. 食品工业, 2018, 39(9): 23-28.

[192] 李长凤, 陈光静, 谢佩言, 等. 薏米粒径和谷朊粉添加量对薏米挂面品质的影响[J]. 食品与发酵工业, 2018, 44(10): 196-203.

[193] GE H, ZANG Y, CAO Z, et al. Rheological properties, textural and compound preservative of kelpre combination noodles[J]. LWT, 2020, 118: 108729.

[194] YU K, ZHOU H, ZHU K, et al. Increasing the physicochemical stability of stored green tea noodles: analysis of the quality and chemical components[J]. Food Chemistry, 2019, 278: 333-341.

[195] 陈煜, 龚号迪, 赵贝贝, 等. 香菇多糖面条的制作及品质研究[J]. 粮食与油脂, 2019, 32(12): 34-37.

[196] 刘明, 田晓红, 汪丽萍, 等. 加水量对豌豆挂面品质的影响[J]. 粮油食品科技, 2015, 23(4): 7-12.

[197] 汪丽萍, 刘姣, 刘艳香, 等. 加工工艺对麸皮酶处理全麦挂面品质影响的研究

[J]. 粮油食品科技, 2017, (5): 8-13.

[198] 刘锐, 卢洋洋, 邢亚楠, 等. 双轴卧式和面机的和面效果及其对面条质量的影响[J]. 农业工程学报, 2013, 29(21): 264-270.

[199] 闫美姣, 李云龙, 仪鑫, 等. 杂粮面条改良技术研究进展[J]. 食品与发酵工业, 2019, 45(12): 291-295.

[200] 崔文甲, 刘骏, 王文亮, 等. 加工工艺对金针菇挂面品质影响的研究[J]. 粮食与油脂, 2018, 31(9): 18-21.

[201] 张艳艳, 李银丽, 吴萌萌, 等. 超声波对醒面过程中面团流变学特性、水分分布及蛋白二级结构的影响[J]. 食品科学, 2018, 39(21): 72-77.

[202] 马空军, 金思, 潘言亮. 超声波技术在食品研究开发中的应用现状与展望[J]. 食品工业, 2016, 37(9): 207-211.

[203] LUO D, WU R, ZHANG J, et al. Effects of ultrasound assisted dough fermentation on the quality of steamed bread[J]. Journal of Cereal Science, 2018, (83): 147-152.

[204] 陶春生, 王克俭, 陈存社. 压延的压力对小麦面条品质的影响[J]. 食品科学技术学报, 2016, 34(5): 84-88.

[205] 魏益民, 王杰, 张影全, 等. 挂面的干燥特性及其与干燥条件的关系[J]. 中国食品学报, 2017, 17(1): 62-68.

[206] 武亮, 张影全, 王振华, 等. 挂面干燥工艺过程研究进展及展望[J]. 中国粮油学报, 2017, 32(7): 133-140.

[207] 屈展平, 任广跃, 李叶贝, 等. 燕麦添加量对马铃薯复合面条品质特性的影响[J]. 食品与机械, 2019, 35(1): 186-192.

[208] CHEN J Y, ZHANG H, MIAO Y. The effect of quantity of salt on the drying characteristics of fresh noodles[J]. Agriculture and Agricultural Science Procedia, 2014(2): 207-211.

[209] 惠滢, 张影全, 张波, 等. 高温、高湿干燥工艺对挂面产品特性的影响[J]. 中国食品学报, 2019, 19(10): 117-125.

[210] 王杰, 张影全, 刘锐, 等. 挂面干燥工艺研究及其关键参数分析[J]. 中国粮油学报, 2014, 29(10): 88-93.

[211] 刘艳香, 汪丽萍, 谭斌, 等. 麸胚挤压稳定化处理对全麦挂面品质特性的影响

[J]. 食品科学, 2019, 40(19): 156-163.

[212] 郑卿. 面条品质的改良及新型面条的开发[J]. 宁夏农学院学报, 2000(3): 62-65.

[213] 康志敏, 张康逸, 盛威, 等. 青麦仁面条工艺优化及品质研究[J]. 食品工业科技, 2017, 38(7): 262-268.

[214] 王丽霞, 刘婧, 胡沉, 等. 山药复合营养面条加工工艺研究[J]. 食品研究与开发, 2020, 41(7): 143-148.

[215] 崔晚晚, 李利民, 郑学玲. 谷朊粉对面筋和面团流变学及面条质构特性的影响[J]. 食品科技, 2018,43(6): 165-171.

[216] 张慧娟, 黄莲燕, 张小爽, 等. 青稞面条品质改良的研究[J]. 食品研究与开发, 2017, 38(13): 75-81.

[217] 郭兴凤, 阎欣, 王瑞红, 等. 大豆分离蛋白与大豆蛋白酶水解产物复配对面条品质的影响[J]. 中国油脂, 2019, 44(2): 153-157.

[218] 张莹莹, 郭兴凤, 王瑞红, 等. TSP与SPH复合物对面团特性及面条品质的影响机制[J]. 食品科学, 2020, 41(2): 37-42.

[219] 闫慧丽, 陆啟玉, 李翠翠. 小麦淀粉结构、组成、改性对其理化性能及面条品质的影响研究进展[J]. 食品工业科技, 2019, 40(14): 307-313.

[220] ZHANG K, LU Q Y. Physicochemical properties of A- and B-tupe granules of wheat starch and effects on the quality of wheat-based noodle[J].International Journal of Food Engineering,2017, 13(7): 1-11.

[221] YAN H, LU Q. Effects of the size distribution of wheat starch on noodles with and without gluten[J]. J Texture Stud, 2021, 52: 101-109.

[222] 安迪, 郑学玲.市售小麦淀粉特性及其对面条品质的影响[J]. 粮食与油脂, 2018, 31(12): 58-63.

[223] 赵清宇. 小麦蛋白特性对面条品质的影响[D]. 郑州: 河南工业大学, 2012.

[224] 张辉, 贾敬敦, 王文月, 等. 国内食品添加剂研究进展及发展趋势[J]. 食品与生物技术学报, 2016, 35(3): 225-233.

[225] 雷恒森, 宋艳敏, 李洁彤, 等. 生鲜面条防黏连工艺的研究简[J]. 食品科技, 2017(12): 164-170, 177.

[226] 郭祥想, 常悦, 李雪琴, 等. 加工工艺对马铃薯全粉面条品质影响的研究[J].

食品工业科技, 2016, 37(5): 186-190, 195.

[227] 崔文甲, 刘骏, 王文亮, 等. 加工工艺对金针菇挂面品质影响的研究[J]. 粮食与油脂, 2018, 31(9): 18-21.

[228] 田晓红, 汪丽萍, 刘明, 等. 熟化条件对苦荞挂面蒸煮品质的影响[J]. 粮油食品科技, 2013(1): 1-3.

[229] LI M, LUO L J, ZHU K X, et al. Effect of vacuum mixing on the quality characteristics of fresh noodles[J]. Journal of Food Engineering, 2012, 110(4): 525-531.

[230] 王震. 挂面酥面产生的原因及防止措施[J]. 粮食加工, 2014(5): 64-65.

[231] SHIAU S Y, YEH A I. Effects of alkali and acid on dough rheological properties and characteristics of extruded noodles[J]. Journal of Cereal Science, 2001, 33(1): 27-37.

[232] FUB. Asian noodles: history, classification, raw materials, and processing[J]. Food Research International, 2009, 41(9): 888-902.

[233] BAIK B K, CZUCHAJOWSKA Z, POMERANZ Y. Role and contribution of starch and protein contents and quality to texture profile analysis of oriental noodles[J]. Cereal Chemistry, 1994, 71(4): 315-320.

[234] 檀革宝, 杨艳虹, 刘淑君, 等. 挂面酥条的控制技术研究[J]. 粮食与食品工业, 2011, 18(4): 19-21.

[235] 周占富. 面条品质改良剂的种类和作用探析[J]. 江苏调味副食品, 2016(1): 3-6.

[236] 刘强, 侯业茂, 张虎, 等. 中国传统主食面条的研究概述[J]. 现代面粉工业, 2013, 27(3): 31-33.

[237] TANKHIWALE R, BAJPAI S K. Preparation, characterization and antibacterial applications of Zn O-nanoparticles coated polyethylene films for food packaging[J]. Colloids & Surfaces B Biointerfaces, 2012, 90: 16-20.

[238] BAIK B K, LEE M R. Effects of starch amylose content of wheat on textural properties of white salted noodles[J]. Cereal Chemistry, 2003, 80(3): 304-309.

[239] 刘爱峰, 王灿国, 程敦公, 等. 添加糯小麦粉对小麦粉及其面条品质特性的影响[J]. 食品科学, 2017(3): 94-100.

[240] 姚大年, 李保云, 朱金宝, 等. 小麦品种主要淀粉性状及面条品质预测指标的研究[J]. 中国农业科学, 1999, 32(6): 84-88.

[241] OH N H, SEIB P A, DEYOE C W, et al. Noodles. Ⅰ. Measuring the textural characteristics of cooked noodles[J]. Cereal Chemistry, 1983,60(6): 433-441.

[242] GUAN E,PANG J,YANG Y, et al. Effects of wheat flour particle size on physicochemical properties and quality of noodles[J].Food Sci, 2020, 85: 4209-4214.

[243] 王军利, 陈夫山, 刘忠. 瓜尔胶及改性瓜尔胶的性质及应用[J]. 纸和造纸, 2003(1): 56-57.

[244] 顾振东, 刘晓艳. 瓜尔豆胶的生产及其应用研究进展[J]. 广西轻工业, 2010(7): 11-13.

[245] KRAITHONG S, RAWDKUEN S. Effects offood hydrocolloids on quality attributes of extruded red Jasmine rice noodle[J].Peer J, 2020, 8: e10235.

[246] 陈前, 李娜, 贺晓光, 等. 瓜尔豆胶对马铃薯-小麦混合粉面团质构和流变特性的影响[J]. 食品工业科技, 2020, 41(6): 198-203.

[247] 于沛沛, 毛延妮, 姜启兴, 等. 不同增稠剂对紫薯面条品质的影响[J]. 食品工业, 2018, 39(5): 13-16.

[248] 王春霞, 范素琴, 王晓梅, 等. 复配型面条改良剂的应用研究[J]. 现代食品科技, 2013, 29(1): 177-180.

[249] 修琳, 姜南, 郑明珠, 等. 复配改良剂对玉米面条老化特性的影响[J]. 食品工业, 2016, 37(2): 77-80.

[250] 孙皎皎, 董文宾, 许先猛. 不同改良剂对玉米面条品质的影响[J]. 粮油食品科技, 2015, 23(1): 51-54.

[251] 杨丹, 马鸿翔, 耿志明, 等. 利用响应面法研究改良剂对宁麦15面条品质的影响[J]. 麦类作物学报, 2012, 32(6): 1096-1101.

[252] 岳书杭, 刘忠义, 刘红艳, 等. 复配变性淀粉的性质及其在面团中的应用[J]. 中国粮油学报, 2020, 35(1): 34-40.

[253] FU W W, DOU D Q, SHIMIZU N, et al. Studies on the chemical constituents from the roots of platycodon grandiflorum[J]. Nat Med, 2006, 60: 68-72.

[254] 付文卫, 窦德强, 侯文彬, 等. 桔梗中三萜皂苷的分离与结构鉴定[J]. 中国药物化学杂志, 2005, 15(5): 297-301.

[255] YOON Y D, HAN S B, KANG J S, et al. Tool like receptor 4-dependent activation of macmphages by polysaccharide isolated from the radix of platycodon grandiflorum[J]. Int Immunopharmacol, 2003, 3(13-l4): 1873-1882.

[256] YOON Y D, KANG J S, HAN S B, et al. Activation of mitogen activated protein kinases and API by polysaccharide isolated from the radix of platycodon grandiflorum in raw 264.7 cells[J]. Int Immunopharmacol, 2004, 4(8): 1477-1487.

[257] 何美莲, 程小卫, 陈家宽, 等. 桔梗皂苷类成分及其质量分析[J]. 中药新药与临床药理, 2005, 16(6): 457-460.

[258] YALINKILIC O, ENGINAR H. Effect of X-radiation on lipid peroxidation and antioxidant systems in rats treated with saponin-containing compounds[J]. Photochemistry and Photobiology, 2008, 84(1): 236-242.

[259] 宋小妹, 唐志书. 中药化学成分提取分离与制备[M]. 北京: 人民卫生出版社, 2004.

[260] LEE K J, KIM J Y, JUNG K S, et al. Suppressive effects of platycodon grandiflorum on the progress of carbon tetrachloride-induced hepatic fibrosis[J]. Arch Pharm Res, 2004, 27(12): 1238-1244.

[261] LEE K J, CHOI C Y, CHUNG Y C, et al. Protective effect of saponins derived from roots of platycodon grandiflorum on terbutyl hydroperoxide-induced oxidative hepatotoxicity[J]. Toxicol Lett, 2004, 147(3): 271-282.

[262] WANG C, SCHULLER LEVIS G B, LEE E B, et al. Platycodin D and D_3 isolated from the root of platycodon grandiflorurn modulate the production of nitric oxide and secretion of TNF-α in activated raw 264.7 cells[J]. International Immonopharmacology, 2004, 4(8): 1039-1049.

[263] AHN K S, NOH E J, ZHAO H L, et al. Inhibition of inducible nitric oxide synthase and cycloxygenase II by platycodon grandiflorum saponins via suppression of nuclear factor-KB activation in raw 264.7 cells[J]. Life Sciences, 2005, 76(20): 2315-2328.

[264] PARK D I, LEE J H, MOON K, et al. Induction of apoptosis and inhibition of telomerase activity, by aqueous extract from *Platycodon grandflorum* in human lung carcinoma cues[J]. Pharmacological Research, 2005 (51): 437-443.

[265] 吴彦, 魏和平, 陈红梅, 等. 超临界 CO_2 萃取桔梗总皂苷的工艺研究[J]. 中国医药工业杂志, 2010, 41(2): 103-105.

[266] 黄海, 王卫清. 大孔吸附树脂纯化桔梗总皂苷的工艺研究[J]. 中国中医药, 2011, 9(9): 153-155.

[267] 王章存, 陆杰, 李乐静, 等. 酶解谷朊粉-卡拉胶复合体系凝胶特性研究[J]. 中国粮油学报, 2011, 26(10): 17-20.

[268] 李鑫, 赵燕廖, 廖斌, 等. 甘薯淀粉糊透明度及凝沉性初探[J]. 食品研究与开发, 2011, 32(3): 34-37.

[269] FLODENA, SCHILLINGEE. Using phylogenomics to reconstruct phylogenetic relationships within tribe Polygonateae (*Asparagaceae*), with a special focus on *Polygonatum*[J]. Molecular Phylogenetics and Evolution, 2018, 129: 202-213.

[270] 国家药典委员会.中华人民共和国药典. 一部[M]. 北京: 中国医药科技出版社, 2020.

[271] 苏文田, 刘跃钧, 蒋燕锋, 等. 黄精产业发展现状与可持续发展的建议[J]. 中国中药杂志, 2018, 43(13): 2831-2835.

[272] PING Z, ZHOU H, ZHAO C, et al. Purification, characterization and immunomodulatory activity of fructans from *Polygonatum odoratum* and *P. cyrtonema*[J]. Carbohydrate Polymers, 2019, 214: 44-52.

[273] 郑晓倩, 金传山, 张亚中, 等. 黄精九蒸九晒炮制过程中糖类成分动态变化[J]. 中成药, 2020, 42(7): 1837-1841.

[274] 张娇, 王元忠, 杨维泽, 等. 黄精属植物化学成分及药理活性研究进展[J]. 中国中药志, 2019, 44(10): 1989-2008.

[275] LI L, THAKUR K, LIAO B Y, et al. Antioxidant and antimicrobial potential of polysaccharides sequentially extracted from *Polygonatum cyrtonema* Hua[J]. International Journal of Biological Macromolecules, 2018, 114: 317-323.

[276] 李彦伟. 超高压提取黄精多糖工艺优化、结构分析及抗氧化性研究[D]. 大连:

大连理工大学, 2019.

[277] 于伟凯, 孔维楷, 郝斯璐, 等. 泰山黄精多糖提取工艺改进及抑菌作用[J]. 泰山医学院学报, 2020, 41(11): 830-833.

[278] DU L, NONG M N, ZHAO J M, et al. Polygonatum sibiricum polysaccharide inhibits osteoporosis by promoting osteoblast formation and blocking osteoclastogenesis through Wnt/β-catenin signalling pathway[J]. Scientific Reports, 2016, 6(1): 1523-1531.

[279] YI W, QIN S, PEN G, et al. Original Research: potential ocular protection and dynamic observation of Polygonatum sibiricum polysaccharide against streptozocin-induced diabetic rats' model[J]. Experimental Biology & Medicine, 2017, 242(1): 92-101.

[280] YAN H, LU J, WANG Y, et al. Intake of total saponins and polysaccharides from *Polygonatum kingianum* affects the gut microbiota in diabetic rats[J]. Phytomedicine, 2017, 26: 45-54.

[281] LI L, THAKUR K, CAO Y Y, et al. Anticancerous potential of polysaccharides sequentially extracted from *Polygonatum cyrtonema* Hua in Human cervical cancer Hela cells[J]. International Journal of Biological Macromolecules, 2020, 148: 843-850.

[282] 曹冠华, 李泽东, 赵荣华, 等. 生黄精多糖与制黄精多糖抑菌效果比较研究[J]. 食品科技, 2017(9): 202-206.

[283] 李志涛, 孙金旭, 朱会霞, 等. 黄精多糖的提取及其抑菌性研究[J]. 食品研究与开发, 2017, 38(15): 36-38.

[284] 王艺. 黄精、滇黄精多糖的结构表征与降血糖活性分析[D]. 西安: 陕西师范大学, 2019.

[285] ZHOU W Z. Effects of polygonatum sibiricum polysaccharides (PSP) on human esophageal squamous cell carcinoma (ESCC) via NF-κB signaling pathway[J]. International Journal of Polymer Science, 2019, 82(8): 1-9.

[286] 王杰, 江润生, 王秋艳, 等. 黄精多糖酸奶的 SDSG 研制及其品质分析[J]. 农产品加工, 2019(1): 4-9.

[287] 刘爱峰, 王灿国, 程敦公, 等. 添加糯小麦粉对小麦粉及其面条品质特性的影响[J]. 食品科学, 2017, 38(3): 94-100.

[288] BARAK S, MUDGIL D, KHATKAR B S, et al. Effect of compositional variation of gluten proteins and rheological characteristics of wheat flour on the textural quality of white salted noodles[J]. International Journal of Food Properties, 2014, 17(4) : 731-740.

[289] 许春华. 亲水胶体对面条品质影响的研究[J]. 粮食与食品工业, 2013, 20(6): 45-49.

[290] 孙欢欢, 刘世军, 唐志书, 等. 大枣膳食纤维面条的制作工艺研究[J]. 陕西农业科学, 2020, 66(3): 30-35.

[291] PU H, WEI J, WANG L, et al. Effects of potato/wheat flours ratio on mixing properties of dough and quality of noodles[J]. Journal of Cereal Science, 2017, 76: 236-242.

[292] 陈曦, 李叶贝, 屈展平, 等. 马铃薯-燕麦复合面条的研制[J]. 食品科技, 2017, 42(10): 148-152.

[293] 胡玲, 张俊, 雷激. 紫甘蓝挂面制备的关键技术研究[J]. 食品科技, 2019, 44(11): 185-191.

[294] 李玲. 连续制备的多花黄精多糖的理化性质及活性研究[D]. 合肥: 合肥工业大学, 2018.

[295] 宫江宁, 云成悦, 吴婕, 等. 黄精多糖的提取优化及抗氧化活性研究[J]. 贵州师范大学学报(自然科学版), 2019, 37(3): 18-23.

[296] 李智敏, 石瑶, 赵纯希, 等. 滇黄精多糖的提取工艺及其抗氧化活性研究[J]. 云南民族大学学报(自然科学版), 2020, 29(6): 535-540.

[297] XIE X, ZENGWANG R, SHI Y. Chemical constituents from the fruits of Cornus officinalis[J]. Biochemical Systematics and Ecology, 2012, 45: 120-123.

[298] WANG Y, LI Z Q, CHEN L R, et al. Antiviral compounds and one new iridoid glycoside from *Cornus officinalis*[J]. Progress in Natural Science-Materials International, 2006, 16(2): 142-146.

[299] MA W. Bioactive compounds from *Comus officinalis* fruits and their effects on

diabetic nephropathy[J]. Journal of Ethnopharmacology,2014, 153(3): 840-845.

[300] 曾富佳, 张违, 高玉琼, 等. 黔产山茱萸挥发性成分研究[J].中国民族民间医药, 2013, 22(7): 29-30.

[301] 杨明明, 袁晓旭, 赵桂琴, 等. 山茱萸化学成分和药理作用的研究进展[J]. 承德医学院学报, 2016, 33(5): 407-410.

[302] YUEE Z.Chemical constituents form the fruit of cornus officinalis[J].Chinese Journal of Natural Medicines, 2009(5): 365-367.

[303] 丁慧. 基于"性状-化学-活性"的山茱萸药材商品等级与品质评价研究[D]. 郑州: 郑州大学, 2019.

[304] SU J, ZHANG P, ZHANG J, et al. Effects of total glucosides of paeony on oxidative stress in the kidney fromdiabetic rats[J]. Phytomedicine, 2010, 17(3-4): 254-260.

[305] 杨浩. 山茱萸的应用价值与栽培技术[J]. 乡村科技, 2018 (23): 84-85.

[306] 应剑锋. 山茱萸的营养价值功能及其保健食品的开发与利用[J].食品研究与开发, 2003 (6): 116-119.

[307] 李雪杰, 张剑, 郑文刚, 等. 小麦麸皮挤压加工对全麦粉面团及馒头的影响[J]. 食品与发酵工业, 2019, 46(5): 181-187.

[308] 陆晓雨, 周慧丽. 山茱萸在食品加工中的应用进展[J]. 粮食科技与经济, 2020, 45(3): 125-126.

[309] 李玉彩, 李响明, 王文鹏, 等. 舒血宁注射液中蛋白质的含量测定研究[J]. 亚太传统医药, 2020, 16(5): 53-55.

[310] 刘玉洁. 鲜湿面蒸煮品质主要影响因素研究[D]. 郑州: 河南工业大学, 2020.

[311] 姜东辉, 郭晓娜, 邢俊杰, 等. 生鲜面条储藏过程中微生物指标、理化性质及组分变化规律[J]. 中国粮油学报, 2019, 34(11): 17-23.

[312] 刘紫鹏. 冷冻熟面品质改良研究[D]. 郑州: 河南工业大学, 2018.

[313] 潘治利, 张垚, 艾志录. 马铃薯淀粉糊化和凝胶特性与马铃薯粉品质的关系[J]. 食品科学, 2017, 38(5): 197-201.

[314] 李渊, 周惠明, 郭晓娜, 等. 大麦 β-葡聚糖对小麦粉糊化性质和流变学性质的影响[J]. 食品与机械, 2016, 32(4): 1-4.

[315] LI Y, ZHOU H, GUO X, et al. Effects of barley β-glucan on pasting and rheological properties of wheat flour[J]. Food & Machinery, 2016, 32(4): 1-4.

[316] SATRAPAI S, SUPHANTHARIKA M. Influence of spent brewer's yeast β-glucan on gelatinization and retrogradation of rice starch[J]. Carbohydrate Polymers, 2007, 67(4): 500-510.

[317] 马娟, 吴艳, 郭锐, 等. 乳清粉对高筋粉热力学和糊化特性及面团流变学特性的影响[J]. 现代食品科技, 2016 (10): 96-101.

[318] MORRIS C, MORRIS G A. The effect of inulin and fructo-oligosaccharide supplementation on the textural, rheological and sensory properties of bread and their role in weight management: a review[J]. Food Chemistry, 2012, 133(2): 237-248.

[319] 杨艳芳, 郭晓娜, 彭伟, 等. 糯小麦粉对混合粉性质及面团冻融稳定性的影响[J]. 现代面粉工业, 2014, 28(3): 23-28.

[320] 施悦, 包玉龙, 张文锦, 等. 蛋白强化对鲜面条食用品质的改善[J]. 食品与发酵工业, 2020, 405(9): 139-144.

[321] 刘锐, 邢亚楠, 张影全, 等. 挂面的理化特性和感官质量研究[J]. 中国粮油学报, 2015, 30(8): 13-19.

[322] TAKAHIRO M, NABANITA S, MIHOKO U, et al. Thermal-aggregation suppression of proteins by a structured PEG analogue: importance of denaturation temperature for effective aggregation suppression[J]. Biochemical Engineering Journal, 2014, 86: 41-48.

[323] HYMAVATHI T V, DAYAKAR RAO B, SPANDANA S, et al. Physicochemical, nutritional and sensory quality of soy fortified gluten free pearl millet (*Pennisetum glaucum*) vermicelli[J]. Quality Assurance and Safety of Crops and Foods, 2012, 4(3): 150.

[324] CHUNG H J, CHO A, LIM S T. Effect of heat-moisture treatment for utilization of germinated brown rice in wheat noodle[J]. LWT-Food Science and Technology, 2012, 47(2): 342-347.

[325] LAMBRECHT M A, ROMBOUTS I, NIVELLE M A, et al. The role of wheat and

egg constituents in the formation of a covalent and non-covalent protein network in fresh and cooked egg noodles[J]. Journal of Food Science, 2017, 82: 24-35.

[326] DOBLADO-MALDONADO A F, PIKE O A, SWELEY J C, et al. Key issues and challenges in whole wheat flour milling and storage[J]. Journal of Cereal Science, 2012, 56: 119-126.

[327] 钟晨滑, 贠婷婷, 张琳, 等. 谷朊粉应用及深加工技术研究进展[J]. 粮油食品科技, 2015, 23(1): 17-20.

[328] 许蒙蒙, 关二旗, 卞科. 谷朊粉和甘薯淀粉对面条品质的影响[J]. 粮食与饲料工业, 2015, 12(3): 28-34.

[329] 汪磊, 陈洁, 吕莹果, 等. 谷朊粉对烩面面团流变学性质及烩面品质的影响研究[J]. 食品科技, 2015 (6): 182-185.

[330] 董轩. 冷冻熟制型兰州拉面制面工艺研究[D]. 扬州: 扬州大学, 2019.

[331] CAI J, CHIANG J H，TAN M Y P, et al. Physicochemical properties of hydrothermally treated glutinous rice flour and xanthan gum mixture and its application in gluten-free noodles[J]. Journal of Food Engineering, 2016, 186: 1-9.

[332] 钱晶晶, 陈洁, 王春, 等. 冷冻面条的品质改良研究[J]. 河南工业大学学报, 2011, 32(1): 36-38.

[333] WENG Z J, WANG B J, WENG Y M. Preparation of white salted noodles using rice flour as the principal ingredient and the effects of transglutaminase on noodle qualities[J]. Food Bioscience, 2020, 33: 100501.

[334] NIU M, XIONG L C, ZHANG B J, et al. Comparative study on protein polymerization in whole-wheat dough modified by transglutaminase and glucose oxidase[J]. LWT-Food Science and Technology, 2018, 90(1): 323-330.

[335] 蔡宇洁. 玉米鲜湿面加工工艺及品质改良研究[D]. 郑州: 河南工业大学, 2014.

[336] 孔晓雪, 李蕴涵, 李柚, 等. 葡萄糖氧化酶和谷氨酰胺转氨酶对发酵麦麸面团加工品质的影响[J]. 食品工业科技, 2019, 40(9): 85-90.

[337] CERESINO E B, DE MELO R R, KUKTAITE R, et al. Transglutaminase from newly isolated Streptomyces sp.CBMAI 1617: production optimization, characterization and evaluation in wheat protein and dough systems[J]. Food Chem,

2018, 241(4): 403-410.

[338] 刘锐, 唐娜, 武亮, 等. 真空和面对面条面团谷蛋白大聚合体含量及粒度分布的影响[J]. 农业工程学报, 2015, 31(10): 289-295.

[339] 冯学轩, 王弋, 严家荣, 等. 天然蛋白与酵母 β-葡聚糖组合物增强免疫力功能研究[J]. 中国免疫学杂志, 2021, 37(16): 1938-1942.

[340] 刘淼, 吴玉冰. 药食同源植物茯苓的研究现状与展望[J]. 湖南中医药大学学报, 2018, 38(12): 1476-1480.

[341] 俞萍, 张庆贺, 姜虹延, 等. 不同分子质量的人参糖肽复合物增强小鼠免疫功能的研究[J]. 食品与发酵工业, 2021, 47(22): 109-114.